食用菌生產

EDIBLE FUNGI PRODUCTION

牛長滿，馬世宇　主編

目錄

第一章　職前必備基礎　　1

第一節　認知食用菌及行業 …… 2
專題1　食用菌的定義與價值 …… 2
專題2　食用菌生產優勢 …… 4
專題3　食用菌產業問題及對策 …… 5

第二節　食用菌的生物學特性 …… 7
專題1　食用菌的形態特徵 …… 7
專題2　食用菌的營養類型 …… 8
專題3　食用菌的分類 …… 9
專題4　食用菌的營養環境條件 …… 16

第三節　食用菌生產的設施、設備 …… 24
專題1　食用菌生產設施 …… 24
專題2　食用菌製種設備 …… 33

第四節　消毒與滅菌技術 …… 44
專題1　消毒 …… 44
專題2　滅菌 …… 46

第二章　食用菌製種　　49

第一節　母種生產 …… 50
專題1　母種培養基配方 …… 50
專題2　母種PDA培養基製作 …… 52
專題3　母種轉管擴繁 …… 53
專題4　母種鑑定、保藏 …… 55
專題5　母種擴繁與培養中常見問題 …… 55

第二節　原種生產 …… 58

  專題1 原種培養基配方 ·· 58
  專題2 原種穀粒培養基製作 ·· 60
  專題3 原種代用料培養基製作 ·· 61
  專題4 原種接種 ·· 63
  專題5 原種鑑定、保藏 ·· 65
  專題6 原種培養中常見問題 ·· 65
 第三節 栽培種生產 ·· 67
  專題1 栽培種培養基配方 ·· 67
  專題2 栽培種培養基製作 ·· 69
  專題3 栽培種接種具體操作 ·· 71
  專題4 栽培種鑑定、保藏 ·· 72
  專題5 栽培種培養中常見問題 ·· 73
  專題6 菌種常用保藏方法 ·· 73
  專題7 菌種常用復壯方法 ·· 75
 第四節 液體菌種生產 ·· 77
  專題1 液體菌種製種 ·· 77
  專題2 液體菌種滅菌 ·· 78
  專題3 液體菌種常用參數及指標 ······································ 79
  專題4 液體菌種常用配方 ·· 79
  專題5 液體菌種生產技術要點 ·· 80
 第五節 食用菌菌種選育 ·· 83
  專題1 食用菌的生活史和繁殖方式 ···································· 83
  專題2 食用菌人工選種 ·· 85
  專題3 食用菌組織分離法 ·· 87
  專題4 食用菌孢子分離法 ·· 90
  專題5 食用菌基內菌絲分離 ·· 93
  專題6 食用菌雜交育種 ·· 95

第三章 食用菌栽培 97

 第一節 秀珍菇栽培 ·· 98
  專題1 認識秀珍菇 ·· 98
  專題2 秀珍菇常見栽培技術 ·· 100
 第二節 香菇栽培 ·· 109
  專題1 認識香菇 ·· 109
  專題2 香菇常見栽培技術 ·· 111
 第三節 雙孢蘑菇栽培 ·· 122
  專題1 認識雙孢蘑菇 ·· 122
  專題2 雙孢蘑菇常見栽培技術 ·· 124

第四節　黑木耳栽培 …………………………………………………………… 134
　　專題1　認識黑木耳 …………………………………………………… 134
　　專題2　黑木耳常見栽培技術 ………………………………………… 136
第五節　金針菇栽培 …………………………………………………………… 143
　　專題1　認識金針菇 …………………………………………………… 143
　　專題2　金針菇常見栽培技術 ………………………………………… 145
第六節　雞腿菇栽培 …………………………………………………………… 153
　　專題1　認識雞腿菇 …………………………………………………… 153
　　專題2　雞腿菇常見栽培技術 ………………………………………… 155
第七節　猴頭菇栽培 …………………………………………………………… 162
　　專題1　認識猴頭菇 …………………………………………………… 162
　　專題2　猴頭菇袋式栽培技術 ………………………………………… 164
第八節　白靈菇栽培 …………………………………………………………… 168
　　專題1　認識白靈菇 …………………………………………………… 168
　　專題2　白靈菇袋式栽培技術 ………………………………………… 170
第九節　杏鮑菇栽培 …………………………………………………………… 175
　　專題1　認識杏鮑菇 …………………………………………………… 175
　　專題2　杏鮑菇袋式栽培技術 ………………………………………… 177
第十節　滑菇栽培 ……………………………………………………………… 182
　　專題1　認識滑菇 ……………………………………………………… 182
　　專題2　滑菇常見栽培技術 …………………………………………… 184
第十一節　靈芝栽培 …………………………………………………………… 190
　　專題1　認識靈芝 ……………………………………………………… 190
　　專題2　靈芝畦床栽培 ………………………………………………… 192
第十二節　蛹蟲草栽培 ………………………………………………………… 196
　　專題1　認識蛹蟲草 …………………………………………………… 196
　　專題2　蛹蟲草瓶式栽培 ……………………………………………… 198

第四章　食用菌病蟲害防治　　　　　　　　　　　　　　　203

第一節　食用菌病害防治 ………………………………………………………… 204
　　專題1　食用菌綠色生產背景、意義 ………………………………… 204
　　專題2　食用菌病害類型及發生原因 ………………………………… 205
　　專題3　食用菌病害防治措施 ………………………………………… 209
第二節　食用菌害蟲防治 ………………………………………………………… 212
　　專題1　食用菌害蟲類型及發生規律 ………………………………… 212
　　專題2　食用菌害蟲防治措施 ………………………………………… 214

第五章　食用菌加工　　217

第一節　食用菌保鮮　　218
專題1　食用菌保鮮原理及類型　　218
專題2　食用菌保鮮工藝　　219
專題3　常見菌類保鮮方法　　221

第二節　食用菌乾製　　226
專題1　食用菌乾製原理及類型　　226
專題2　食用菌乾製工藝　　227
專題3　常見菌類乾製方法　　229

第三節　食用菌罐藏　　232
專題1　食用菌罐藏原理及類型　　232
專題2　食用菌罐藏工藝　　233
專題3　常見菌類罐藏方法　　235

第四節　食用菌鹽漬　　238
專題1　食用菌鹽漬原理及類型　　238
專題2　食用菌鹽漬工藝　　239
專題3　常見菌類鹽漬方法　　241

第六章　特色菌類產品開發　　247

第一節　菌糠綜合利用　　248
專題1　飼料加工　　248
專題2　肥料加工　　249

第二節　特色菌類保健品加工　　252
專題1　食用菌保健品開發原則　　252
專題2　菌類保健品適應族群　　253
專題3　菌類功能型食品種類　　254
專題4　菌類常見保健商品種類　　257
專題5　菌類保健品加工技術　　258

主要參考文獻　　262
附錄　　264
附錄1　食用菌常用術語　　264

第一章
職前必備基礎

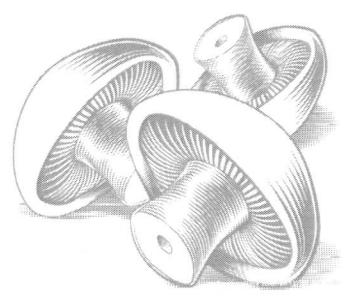

第一節　認知食用菌及行業

> **知識目標**
> 🍄 了解食用菌定義、行業產業現狀及發展動態趨勢。
> 🍄 了解食用菌生態循環知識。
>
> **能力目標**
> 🍄 能夠探索調查食用菌市場。
> 🍄 能夠了解食用菌生產在生態循環中的具體應用。
>
> **素養目標**
> 🍄 樹立生態環保意識，培養愛護環境的思維意識。
> 🍄 構建食用菌產業興農的大格局思維。

專題1　食用菌的定義與價值

一、食用菌的定義

食用菌指具有肥大多肉的子實體或膠狀子實體，或呈現棒狀或塊狀結構的菌絲複合體組織，是可供人類食用的大型真菌。中國已知的食用菌有1 000餘種，其中大多屬於擔子菌亞門，常見的有金針菇、秀珍菇、香菇、草菇、雙孢蘑菇、木耳、銀耳、猴頭菇、竹蓀、鬆口蘑、靈芝、紅菇和牛肝菌等；少數屬於子囊菌亞門，如冬蟲夏草、羊肚菌、塊菌等。這些真菌生長在不同的地區、不同的生態環境中。在山區森林中生長的種類和數量較多，如黑木耳、香菇、銀耳、猴頭菇、鬆口蘑、紅菇和牛肝菌等；還有生長在田頭、路邊、草原和草堆上的食用菌，如雞腿菇、草菇、口蘑、大球蓋菇等。總之，在我們周圍的環境中總能發現這些肥厚、有營養保健作用、味道鮮美的菌類（圖1-1-1）。

二、食用菌的重要價值

食用菌具有極高的藥食兼備的營養價值。隨著社會對綠色、有機食品追求的不斷提升，人們對食用菌營養、保健價值的認可度也與日俱增，這無疑增強了食用菌的經濟價值和社會價值。食用菌是自然界中的分解者，生產過程中可以高效利用農業廢棄物，整個過

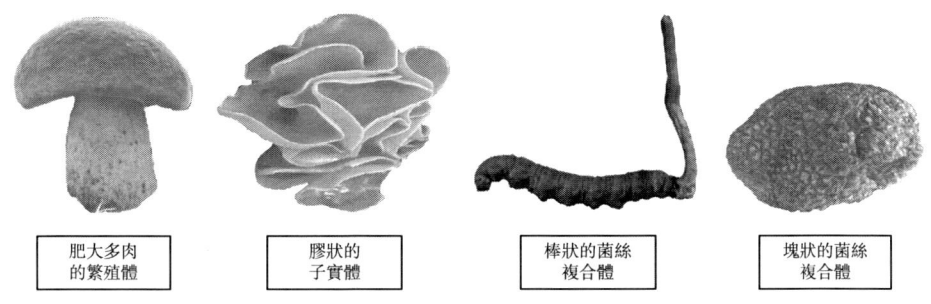

圖 1-1-1　食用菌典型形態

程均無汙染，實現了變農業廢棄物為寶、化害為利的可持續發展態勢，因此食用菌具有極高的生態價值。

（一）營養價值

1. 食用價值　食用菌含有豐富的胺基酸，大多數食用菌含有人類所必需的 8 種胺基酸，而且膽固醇含量低，多吃食用菌不會引起膽固醇偏高。食用菌還含有豐富的非飽和脂肪酸，主要為亞油酸。在人們的日常飲食中，非飽和脂肪酸是必需的營養物質。食用菌含有豐富的礦質元素，如鉀、磷、硫、鈉、鈣、鎂、銅、鐵、錳、鉬、鋅等。食用菌含有豐富的纖維素，纖維素被認為是有利於健康的食品成分，高纖維素膳食可以減少糖尿病人對胰島素的需求量，並能穩定病人的血糖。此外，食用菌中所含的多種維他命也對調節人體機能非常有益。

2. 藥用價值　食用菌是中國天然藥物資源極為重要的組成部分。1930 年德國科學家發現擔子菌有抗腫瘤的活性，特別是 1969 年日本科學家千原吳郎報導了香菇多醣具有抗腫瘤活性之後，全世界掀起了從真菌中尋找抗腫瘤藥物的熱潮，並證明 100 多種真菌具有顯著的抗腫瘤活性。中國真菌資源十分豐富，利用真菌入藥有著悠久的歷史，許多真菌已被用作生物製藥或製成中成藥。

（二）經濟價值和社會價值

人工培養栽培種的菌絲加快了食用菌的繁殖速度，增加了獲得高產的可能性。在掌握選育優良品種、改進製種和栽培技術的基礎上，食用菌的發展速度正迅速提高。科學家們曾預言，21 世紀食用菌將發展成為人類主要的蛋白質食品之一。中國食用菌生產數量也增長迅速。據統計，2020 年中國食用菌產量在 300 萬 t 以上的省份有 5 個，分別為河南省（561.85 萬 t）、福建省（452.5 萬 t）、山東省（332.53 萬 t）、黑龍江省（331.77 萬 t）、河北省（326.57 萬 t）；中國食用菌產量在 100 萬～300 萬 t 的省份有 10 個，分別為吉林省（237.75 萬 t）、四川省（230.44 萬 t）、江蘇省（225.02 萬 t）、湖北省（140.18 萬 t）、貴州省（138.58 萬 t）、江西省（134.10 萬 t）、遼寧省（126.68 萬 t）、陝西省（125.99 萬 t）、湖南省（118.25 萬 t）和廣西壯族自治區（110.26 萬 t），較 2019 年同比增加了 3 個。食用菌工廠化產業成為中國現代生物農業的新亮點，其栽培原料主要為農業廢棄物，產品收穫後的培養料又可作為綠色有機肥還田，使農業廢棄物實現循環利用，獲得較好的經濟效益和社會效益。

（三）生態價值

綠色植物能利用太陽能、CO_2、水和無機鹽製造有機物質，為動物和微生物提供物質和能源。許多微生物包括食用菌，可將死後的動植物遺體、殘體分解為綠色植物能利用的形式，即改良土壤、增加土壤肥力。植物所積累的碳水化合物、脂類和蛋白質又可被有益微生物（包括食用菌）轉變為優質菌體蛋白，從而為人類提供優質保健食品，而家畜、家禽則可利用這些菌體蛋白，或直接食用植物的種子及稭稈轉化為動物蛋白，進入下一次循環。發展食用菌產業可變廢為寶、促使農業區域生態平衡，有利於農業生態良性循環。生產食用菌除了利用有機廢物迅速轉化為菌體蛋白外，生產食用菌後的菌糠還是很好的農家肥，它可以增加土壤有機質、改善土壤理化性，克服長期使用化肥帶來的不良後果，也可製成花卉專用肥料，還可以加工成畜牧飼料。食用菌生產的社會效益顯著，它為多年來國家關注的稭稈利用問題提供了有效解決途徑。整個食用菌種植過程實現了無汙染，屬於一種循環農業（1-1-2）。

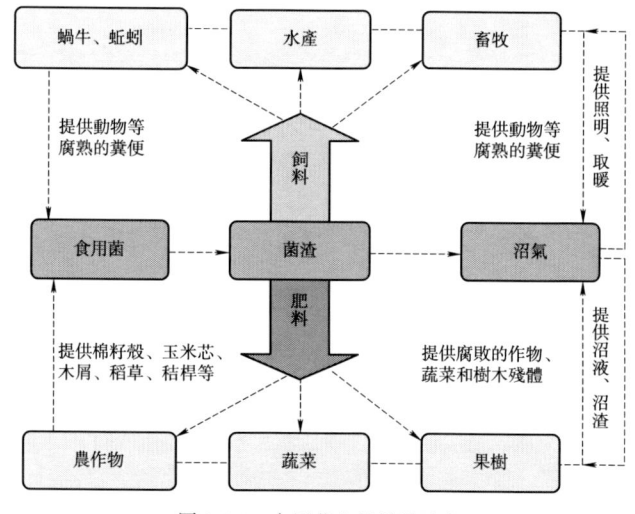

圖 1-1-2　食用菌生態循環示意

專題2　食用菌生產優勢

一、資源優勢

食用菌栽培大多利用農業、畜牧業廢棄物，包括稻稭稈、小麥稭稈、玉米稭稈、油菜稭稈、花生殼以及動物腐熟糞便等。據粗略統計，中國年產各類農作物稭稈以及林業副產品、畜禽副產品、食品、紡織工業副產品約 5 億 t，這些都是發展食用菌生產的優質原料，而且可持續性強，綜合利用率高。如果每年將其中 1/5 的原料用來發展食用菌生產，食用菌年產量將達到 1 億 t 左右，其經濟價值不可估算。

二、人力優勢

中國是一個人口大國，人均耕地占有量相對較少，勞動力資源相對較多。食用菌生產是一項勞動密集型產業，機械化操作程度相對較低，一些工藝流程不得不依靠手工操作，而中國恰好可將大量勞動力吸引到食用菌生產中，這正是參與市場競爭的有利條件和優勢所在。

三、地理優勢

中國幅員遼闊、四季分明，從東至西，從南向北，全國34個省份均可在不同季節生產不同溫型的菌類，具有獨特而優越的自然環境條件，適宜多種菌類生長繁育。最近幾年，由於「南菇北移」的產業轉移趨勢，以及南方對中國北方地區的資金和技術支援，使得中國北方地區形成了很多食用菌集群地。目前，食用菌產業已經成為很多省份的主導產業、優勢產業、新興產業和朝陽產業，發展很迅速。

專題3　食用菌產業問題及對策

目前中國的食用菌產業發展很不平衡，既有實力很強的產區，也有很多設備、條件簡陋的產區，這樣就造成了食用菌市場混亂。有的地方對食用菌市場行情還不了解就盲目生產；有的地方一個鄉鎮就有多種食用菌栽培品種，沒有形成規模化栽培；有的鄉鎮缺少食用菌方面的龍頭企業，技術和產品回收上沒有保障；有的企業和個體戶（在中國指以自然人名義開展經營活動的小規模經營者）亂用農藥，造成了食用菌產品品質下降；有的科學研究單位菌種保藏和研發中存在問題，造成了菌種品質下降、退化等問題。針對以上現象，應採取以下幾點對策：

1. 加強對國內外科技資訊和市場資訊的調查、蒐集與研究　只有了解和掌握了國內外市場的需求（如種類、數量等），才能夠組織各地的生產，做到心中有數，有的放矢，生產才能穩步發展。

2. 加強聯合　使千家萬戶小規模粗放型的栽培經營模式，逐漸向專業化集約型的經營模式轉變，形成各地的優勢商品和拳頭產品，才能有參與市場競爭的能力。

3. 重點培育龍頭企業　實踐證明，龍頭企業充當著內聯千家萬戶、外聯市場的重要角色，既是生產加工中心，又是資訊科學研究、服務中心，是發展產業化經營的核心，決定著產業化經營的規模和成效。走「公司＋基地＋農戶」的發展之路，只有依託大型加工企業，尤其是外向型創匯企業，食用菌產業化、規範化發展才有希望。

4. 增加科技投入　除栽培管理技術的普及提高、優良菌種的選育推廣外，在高科技產品的研究和高新技術的推廣應用、深加工技術的研究、產品包裝設計等方面均應增加投入。只有如此，生產才會不斷發展，產品才會不斷增值。

5. 加強行業管理　食用菌生產應做到有章可循、有法可依。在食用菌生產中需加強對菌種註冊登記、審定檢疫、農藥使用等方面的管理。

 實踐應用

請調查周邊的食用菌市場和菇農，了解食用菌的市場品種、種植前景、選用原材料、種植模式、存在問題等。結合本節所學知識，撰寫一份食用菌市場調查研究報告。

要求：1. 要深入細緻地了解食用菌市場及菇農，做好原始資料的收集工作，並及時拍照。

2. 以小組為單位進行，分工明確，加強團隊合作。

3. 調查研究報告要明確調查研究對象、地點、時間、過程和結果，將關鍵照片插入報告中，字數 1 000～1 500 字。

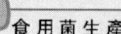 複習思考

良好的生態環境能給我們帶來顯著的經濟效益和社會價值。請結合食用菌的生態價值深入思考食用菌產業在社會發展中的重要作用。

第二節　食用菌的生物學特性

> **知識目標**
> 🍄 了解食用菌菌絲體和子實體的形態特徵。
> 🍄 了解食用菌分類知識。
> 🍄 了解食用菌生理生態類型。
>
> **能力目標**
> 🍄 學會常見食用菌的分類方法，能夠辨識常見的食用菌種類。
> 🍄 能夠辨明大型傘菌的結構。
>
> **素養目標**
> 🍄 培養食用菌種類辨識、調查等相關科學研究探索能力。
> 🍄 培養熱愛食用菌的情感意識。

專題 1　食用菌的形態特徵

食用菌都是由菌絲體和子實體兩大部分組成，菌絲體生長在基質內，是著生並供給子實體營養和水分的器官；而子實體則是人們食用的部分，形狀有傘狀、耳狀、頭狀、花狀、球狀、舌狀、筆狀等。

一、菌絲體

菌絲體是食用菌的營養器官，由無數纖細的菌絲組成。它在基質中蔓延生長，攝取水分、無機和有機營養物質，一邊吸取基質中的養分，一邊繁殖向四周擴展，並在一定季節、一定的發育階段產生繁殖器官——子實體。食用菌菌絲可分為初生菌絲、次生菌絲和三生菌絲。初生菌絲又稱單核菌絲，由孢子直接萌發形成，其每個細胞中只含有一個細胞核，初生菌絲不會產生子實體。次生菌絲也稱二次菌絲、雙核菌絲，當初生菌絲發育到一定階段，兩個初生菌絲在生長過程中結合，菌絲的細胞質融合在一起，變成雙核細胞，雙核細胞內含有兩個遺傳性不同的細胞核，常在兩個細胞橫膈膜上方產生鎖狀聯合，有形成子實體的能力。三生菌絲又稱結實性雙核菌絲，它不是散生的、無組織的雙核菌絲，而是有一定結構、能形成子實體的雙核菌絲。

二、子實體

菌絲生長後期，即生理成熟階段，菌絲體局部結構和生理性狀發生變化，形成許多小瘤狀的組織結構，稱為菌蕾或子實體原基。原基細胞迅速生長，體積逐漸增大，並不斷分化發育，形成成熟的食用菌子實體。在子實體上逐漸分化出具有繁殖功能的子實層。子實體是人們食用的部分，也是食用菌的繁殖器官，只有在特定的季節裡才會出現，而且壽命長短不一，有些種類能活幾週。常見傘菌的子實體是由菌蓋、菌褶、菌柄和其他附屬物組成的（圖 1-2-1）。

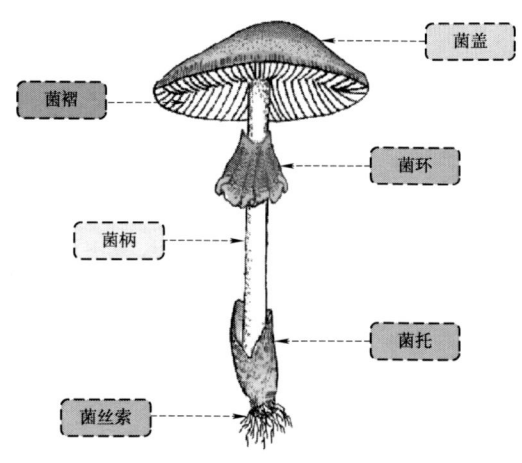

圖 1-2-1　典型傘菌子實體結構

專題 2　食用菌的營養類型

根據食用菌生活方式的不同，可將其分為 3 種類型：

1. 腐生　從動植物屍體或無生命的有機物中吸取養料的食用菌為腐生菌。根據腐生對象，主要分為木生菌和糞草生菌。木生菌又稱木腐菌，在自然界主要生長在死亡的樹木、樹樁、斷枝或活立木的死亡部分上，從中吸取營養，破壞其結構，導致木材腐朽，但一般不侵害活立木，如香菇、靈芝、秀珍菇、金針菇、茯苓等。糞草生菌又稱草腐菌，主要生長在腐熟的堆肥或廄肥、腐爛草堆、有機廢料上，如草菇、雙孢蘑菇、雞腿菇等。

2. 寄生　生活於寄主體內或體表，從活的寄主細胞中吸收養分進行生長繁殖的食用菌為寄生菌，如冬蟲夏草、蟬花。

3. 共生　與相應生物生活在一起，形成互惠互利、相互依存關係的為共生菌，如牛肝菌與松樹、口蘑與牧草、蜜環菌與天麻等。

專題 3　食用菌的分類

　　全世界目前已發現大約 25 萬種真菌，其中有 1 萬多種大型真菌，可食用的種類有 2 300 多種，但目前僅有 100 多種人工栽培成功。有 20 多種在世界範圍被廣泛栽培生產。中國的地理位置和自然條件十分優越，蘊藏著極為豐富的食用菌資源。到目前為止，在中國已經發現 1 000 多種食用菌，它們分別隸屬於 144 個屬、46 個科。食用菌的分類主要是以其形態結構、細胞、生理生化、生態學、遺傳等特徵為依據的，特別是以子實體的形態和孢子的顯微結構為主要依據（圖 1-2-2、表 1-2-1）。

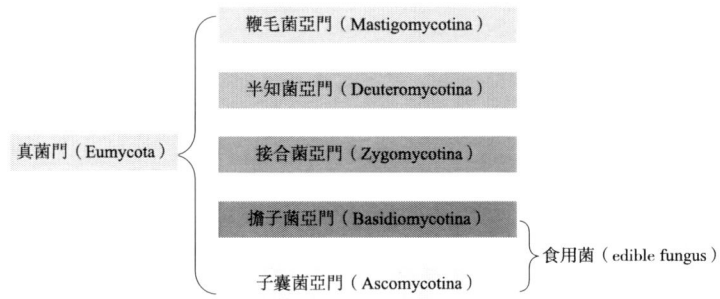

圖 1-2-2　食用菌在真菌門中的位置關係

表 1-2-1　中國典型食用菌分類

界	門	綱	目	科	典型代表種類
真菌界	子囊菌亞門	核菌綱	麥角菌目	麥角菌科	冬蟲夏草
			肉座菌目	肉座菌科	竹黃
			炭角菌目	炭角菌科	黑柄炭角菌

（續）

界	門	綱	目	科	典型代表種類
真菌界	子囊菌亞門	盤菌綱	盤菌目	肉盤菌科	大膠鼓
				肉杯菌科	紅白毛杯菌
				盤菌科	林地盤菌
				羊肚菌科	羊肚菌
				馬鞍菌科	白馬鞍菌
			柔膜菌目	錘舌菌科	子囊鎖瑚菌

(續)

界	門	綱	目	科	典型代表種類
真菌界	子囊菌亞門	盤菌綱	柔膜菌目	地舌菌科	地刁
				膠陀螺科	膠陀螺
			塊菌目	塊菌科	中國塊菌
	擔子菌亞門	層菌綱	傘菌目	側耳科	秀珍菇
				裂褶菌科	裂褶菌
				蠟傘科	白蠟傘

（續）

界	門	綱	目	科	典型代表種類
真菌界	擔子菌亞門	層菌綱	傘菌目	白蘑科	金針菇
				鵝膏菌科	橙蓋鵝膏菌
				光柄菇科	草菇
				蘑菇科	雙孢蘑菇
				鬼傘科	雞腿菇
				糞鏽傘科	楊樹菇

（續）

界	門	綱	目	科	典型代表種類
真菌界	擔子菌亞門	層菌綱	傘菌目	球蓋菇科	滑菇
				絲膜菌科	絲膜菌
				牛肝菌科	牛肝菌
				紅菇科	紅菇
		腹菌綱	鬼筆目	鬼筆科	竹蓀
				籠頭菌科	籠頭菌

（續）

界	門	綱	目	科	典型代表種類
真菌界	擔子菌亞門	腹菌綱	腹菌目	鬚腹菌科	鬚腹菌
				灰包菇科	灰包菇
			馬勃目	地星科	地星
				馬勃科	馬勃
		異隔擔子菌綱	銀耳目	銀耳科	銀耳
				黑膠菌科	黑膠菌
			木耳目	木耳科	黑木耳

（續）

界	門	綱	目	科	典型代表種類
真菌界	擔子菌亞門	異隔擔子菌綱	花耳目	花耳科	桂花耳
			非褶菌目	雞油菌科	雞油菌
				猴頭菌科	猴頭菇
				繡球菌科	繡球菌
				皺孔菌科	榆耳
				枝瑚菌科	枝瑚菌
				珊瑚菌科	珊瑚菌

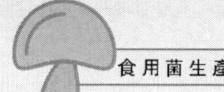

食用菌生產

（續）

界	門	綱	目	科	典型代表種類
真菌界	擔子菌亞門	異隔擔子菌綱	非褶菌目	革菌科	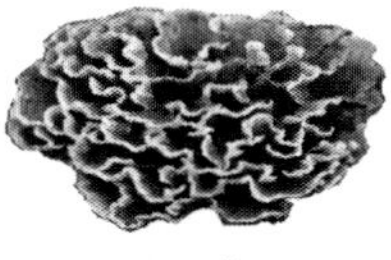 乾巴菌
				牛舌菌科	 牛舌菌
				多孔菌科	 灰樹花
				靈芝科	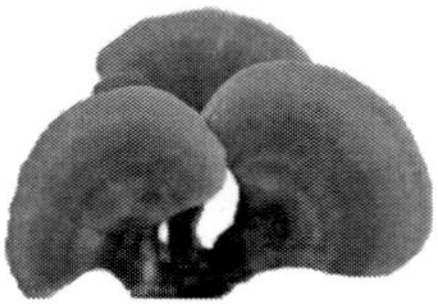 靈芝

專題 4　食用菌的營養環境條件

1. 營養物質　不同的營養源是食用菌生長發育的物質基礎，食用菌生長過程中所需的營養成分主要有碳源、氮源、礦質元素和維他命。碳源可利用的形式有單醣、雙醣、澱粉、纖維素、半纖維素、木質素以及甘油等。實際栽培過程中，主要以棉籽殼、稻稭、麥稭、玉米芯、木屑、甘蔗渣等作為主料來提供食用菌生長所需的碳源（表 1-2-2）。

表 1-2-2　食用菌栽培主要利用的碳源分析評價

材料類型	營養成分	利用形式	注意事項
 稻稭	一般稻稭中含碳量 45% 左右，含氮量僅 0.56% 左右，因此碳氮比較高。而且該類材料表面含蠟質較多	1. 首先透過浸泡、碾壓的方式破壞表面蠟質層；2. 截斷、粉碎成小段；3. 常和孔隙度較小的培養料混合使用	因稭程中含氮量較低，所以通常要往此類培養料內添加糞肥、麥麩、尿素等物質

16

（續）

材料類型	營養成分	利用形式	注意事項
木屑	一般木屑中含水分13%、粗蛋白0.28%、粗脂肪4.5%、粗纖維和木質素9.5%、粗灰分0.56%	1. 過篩，控制木屑顆粒的大小； 2. 常粗細混合搭配使用木屑； 3. 大木屑顆粒使用前要預濕發酵； 4. 常和孔隙度較大的培養料混合使用	松樹、杉樹和帶有芳香揮發性物質的樹木要慎用；一定要經過特殊處理和試驗後再用
棉籽殼	通常棉籽殼營養豐富，含纖維素45%左右、粗蛋白31.4%、粗脂肪3.5%、木質素35%左右、粗灰分6.2%，還含有多種礦質元素	為一種優良的培養原料，適合多種食用菌栽培，可用於生料栽培、發酵料栽培和全熟料栽培。棉籽殼使用前一般悶堆3 h以上	1. 棉籽殼有長絨和短絨的區別，往往長絨的栽培效果較好； 2. 要注意棉籽殼中游離棉酚含量偏高的應處理後使用
玉米芯	通常玉米芯含纖維素30%左右、可溶性醣類40%左右、粗蛋白2.5%、粗脂肪0.5%、木質素10%左右、粗灰分5%，還含有多種礦質元素	1. 過篩，控制玉米芯顆粒的大小； 2. 玉米芯使用前要預濕發酵； 3. 常和孔隙度較小的培養料混合使用，如木屑等	剛剛打完玉米粒的新鮮玉米芯，在存放前要經過晾晒後粉碎，否則新鮮玉米芯含糖量較高，易產生黴菌危害，尤其是鏈孢黴
蔗渣	通常蔗渣含纖維素45%左右、半纖維素25%左右、可溶性醣類40%左右、粗蛋白2.0%、粗脂肪0.5%、木質素20%左右、粗灰分4%，還含有多種礦質元素	為一種孔隙度良好的培養原料，特別適合秀珍菇、金針菇、杏鮑菇等食用菌的栽培，常晒乾粉碎後使用。由於其顯酸性，所以常在配製培養料時添加適量生石灰	因蔗渣中含氮量較低，所以通常要往此類培養料內添加米糠、麥麩、尿素等物質；熟料栽培應預防鏈孢黴危害

生產中主要透過添加麥麩、米糠、稻糠、豆餅、玉米粉、糞肥等輔料來提供食用菌生長所需的氮源（表1-2-3）。

表 1-2-3　食用菌栽培主要利用的氮源分析評價

材料類型	營養成分	利用形式	注意事項
麥麩	是小麥加工的副產品，通常含粗纖維10%左右、可溶性醣類55%左右、粗蛋白13%、粗脂肪3.8%、粗灰分4.8%，還含有多種礦質元素和豐富的維他命等	主要作為氮源添加在培養料中，用量占培養料的5%～15%，闊葉麥麩的效果較好，對菌絲長勢、抗病性、產量等有重要作用	1. 儲存前應注意進行乾燥處理； 2. 如聞到有異味，發現有發霉的麥麩則應謹慎使用； 3. 不宜長期存放
米糠	是稻穀加工的副產品，通常含粗纖維11%左右、可溶性醣類46%左右、粗蛋白9%、粗脂肪15%、粗灰分9.5%，還含有多種礦質元素和豐富的維他命等	主要作為氮源添加在培養料中，用量占培養料的5%～15%，新鮮米糠手感滑潤，游離脂肪酸含量低，並帶有少量白色胚芽	1. 儲存前應注意進行乾燥處理； 2. 如聞到有異味，發現有發霉的米糠則應謹慎使用； 3. 不宜長期存放
玉米粉	是玉米粒加工的產品，通常含粗纖維2%左右、可溶性醣類72%左右、粗蛋白9%、粗脂肪4.2%、粗灰分2%，還含有多種礦質元素和豐富的維他命等	主要作為氮源添加在培養料中，用量占培養料的5%左右，新鮮玉米粉手感滑潤，帶玉米清香，對菌絲長勢、抗病性、產量等有重要作用	1. 儲存前應注意進行乾燥處理； 2. 如聞到有異味，發現有發霉的玉米粉則應謹慎使用； 3. 不宜長期存放
豆餅	是大豆加工的產品，通常含粗纖維4.6%左右、可溶性醣類35%左右、粗蛋白36%、粗脂肪7%、粗灰分5.1%，還含有多種礦質元素和豐富的維他命等	主要作為氮源添加在培養料中，用量占培養料的5%左右，對菌絲長勢、抗病性、產量等有重要作用	1. 儲存前應注意進行乾燥處理； 2. 如聞到有異味，發現有發霉的豆餅則應謹慎使用； 3. 不宜長期存放

(續)

材料類型	營養成分	利用形式	注意事項
尿素	為淡黃色或白色結晶，常呈小球狀顆粒，含氮量45％左右，易溶於水，常溫下每100 g水能溶解尿素108 g。其化學性質穩定，但在高溫高濕下易吸水受潮	主要作為速效性的氮源溶於營養液之中添加在培養料中，用量通常不超過0.5％，對菌絲長勢、抗病性、產量等有重要作用	1. 儲存前應注意進行乾燥處理。 2. 如發現有受潮結塊的尿素則應謹慎使用。 3. 尿素添加量應嚴格控制，若過高會影響菌絲發育甚至導致其死亡

以上的碳源和氮源是食用菌生長發育過程中利用的主要營養物質，尤以碳源用量更大。二者之間添加的比例對食用菌生長發育影響較大，常用碳氮比（C/N）表示碳源和氮源的比例。一般而言，菌絲體生長階段C/N通常在（20～25）：1，子實體生長階段C/N通常在（30～40）：1。

礦質元素也是食用菌生長發育過程中必不可少的成分，鈣、磷、鉀、硫、鎂、鈉、錳、鐵、鋅等礦質元素對食用菌的生長發育有良好的作用，但需求量少，可以透過添加相應的無機鹽，如碳酸鈣、硫酸鎂、磷酸二氫鉀、生石灰、石膏等獲得，其餘一些所需甚微的礦質元素則無須添加，可從生長的培養料內獲得（表1-2-4）。

表 1-2-4　食用菌栽培主要利用的礦質營養分析評價

材料類型	理化性質	利用形式	注意事項
碳酸鈣	為白色粉末，難溶於水，但水中含較多CO_2時，則可促使其溶解形成可溶性的碳酸氫鈣，其化學性質穩定，遇酸易分解，遇鹼分解緩慢	作為食用菌培養料中的酸鹼調節劑，可給菌絲生長提供鈣素營養；同時該物質在培養料中具有緩慢持久釋放的作用，對菌絲生長較有利	1. 施用時應控制用量在0.5％～1％； 2. 應注意乾燥保存，同時避免與酸性液體接觸
硫酸鎂	為白色晶體，易溶於水，溶解溫度25℃，每100 g水能溶解硫酸鎂25 g，其化學性質穩定，遇酸鹼較為穩定	常以水溶液形式加入食用菌培養料中，可給菌絲生長提供硫元素和鎂元素；可調節菌絲活性，對菌絲生長有利	1. 施用時應控制用量在0.05％～0.1％； 2. 應注意乾燥保存，同時避免與酸性液體接觸

（續）

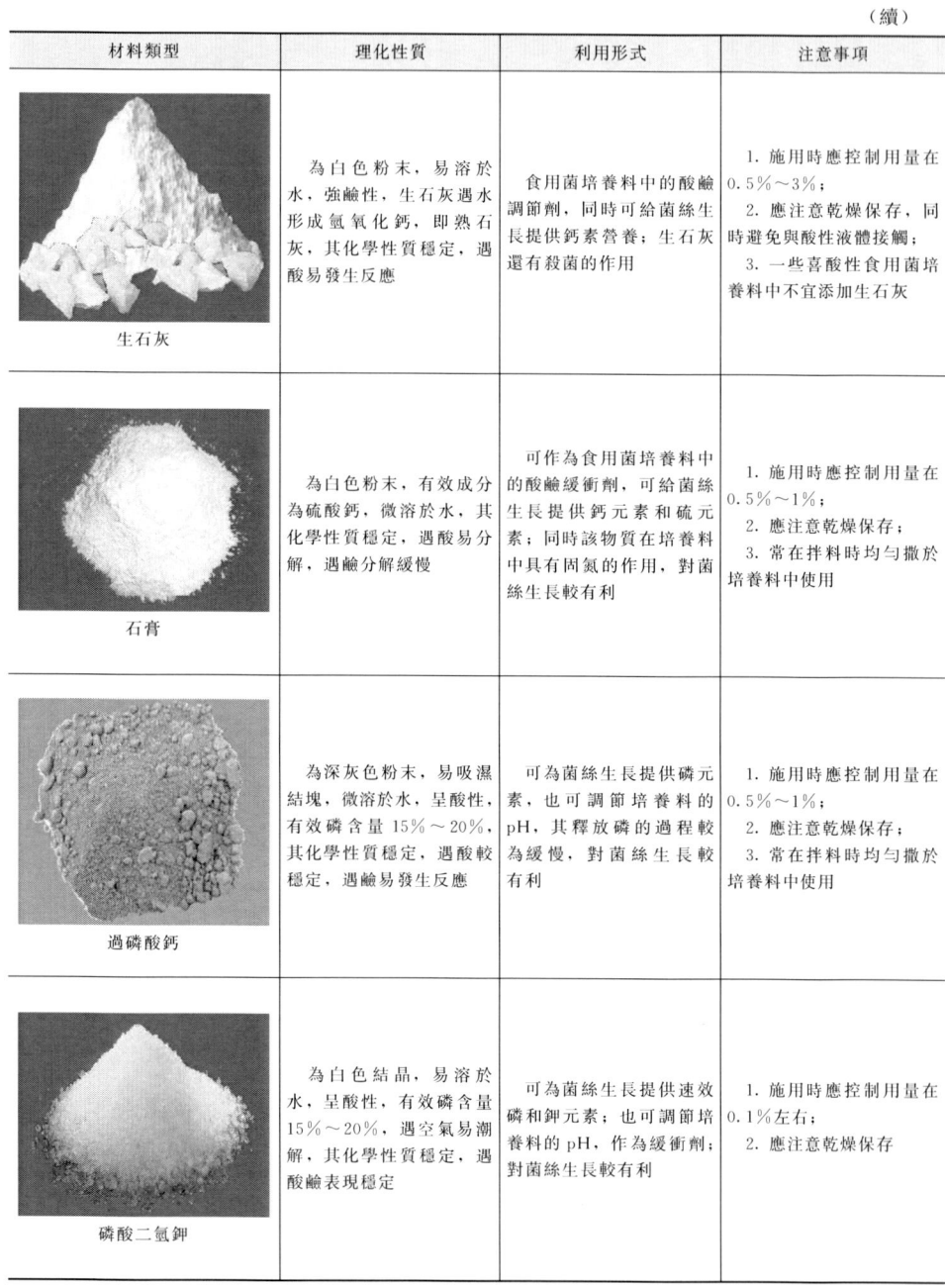

材料類型	理化性質	利用形式	注意事項
生石灰	為白色粉末，易溶於水，強鹼性，生石灰遇水形成氫氧化鈣，即熟石灰，其化學性質穩定，遇酸易發生反應	食用菌培養料中的酸鹼調節劑，同時可給菌絲生長提供鈣素營養；生石灰還有殺菌的作用	1. 施用時應控制用量在0.5%～3%；2. 應注意乾燥保存，同時避免與酸性液體接觸；3. 一些喜酸性食用菌培養料中不宜添加生石灰
石膏	為白色粉末，有效成分為硫酸鈣，微溶於水，其化學性質穩定，遇酸易分解，遇鹼分解緩慢	可作為食用菌培養料中的酸鹼緩衝劑，可給菌絲生長提供鈣元素和硫元素；同時該物質在培養料中具有固氮的作用，對菌絲生長較有利	1. 施用時應控制用量在0.5%～1%；2. 應注意乾燥保存；3. 常在拌料時均勻撒於培養料中使用
過磷酸鈣	為深灰色粉末，易吸濕結塊，微溶於水，呈酸性，有效磷含量15%～20%，其化學性質穩定，遇酸穩定，遇鹼易發生反應	可為菌絲生長提供磷元素，也可調節培養料的pH，其釋放的過程較為緩慢，對菌絲生長較有利	1. 施用時應控制用量在0.5%～1%；2. 應注意乾燥保存；3. 常在拌料時均勻撒於培養料中使用
磷酸二氫鉀	為白色結晶，易溶於水，呈酸性，有效磷含量15%～20%，遇空氣易潮解，其化學性質穩定，遇酸鹼表現穩定	可為菌絲生長提供速效磷和鉀元素；也可調節培養料的pH，作為緩衝劑；對菌絲生長較有利	1. 施用時應控制用量在0.1%左右；2. 應注意乾燥保存

　　維他命在食用菌生長發育過程中需量微小，但作用很大，其與食用菌酶的活性、代謝途徑和生物合成有關。對於缺乏某些維他命合成的食用菌，可向培養料內添加濃度為 10^{-6} mol/L 的維他命 B_1、維他命 B_2 或複合維他命 B 群（表 1-2-5）。

表 1-2-5　食用菌栽培主要利用的維他命分析評價

材料類型	理化性質	利用形式	注意事項
維他命 B_1	為白色晶體，易在空氣中吸收水分而受潮，在酸性溶液中很穩定，在鹼性溶液中不穩定，易被氧化和受熱破壞。pH 在 3.5 時可耐 100℃ 高溫，pH 大於 5 時易失效	在麥麩、米糠等原料中含量較豐富，可促進菌絲生長、產量增加等，市場上主要有片劑和粉劑兩種，食用菌栽培中一般不用專門添加	1. 應置於遮光、陰涼處儲存，不宜久儲； 2. 使用時應嚴格按濃度說明使用； 3. 即配即用
維他命 B_2	為黃色粉末晶體，微溶於水，在中性或酸性溶液中加熱是穩定的，在 27.5℃ 下溶解度為 120 mg/L，在強酸溶液中穩定，耐熱、耐氧化，光照特別是紫外線照射會引起維他命 B_2 不可逆的分解	在麥麩、米糠等原料中含量較豐富，可促進菌絲生長、產量增加等，市場上主要有片劑和粉劑兩種，食用菌栽培中一般不用專門添加	1. 應置於遮光、陰涼處儲存，不宜久儲； 2. 使用時應嚴格按濃度說明使用； 3. 即配即用

2. 溫度　溫度是食用菌生長發育的重要條件，根據食用菌品種對溫度的反應程度可分為低溫型品種、中溫型品種、高溫型品種、廣溫型品種。低溫型品種生長發育的適宜溫度在 20℃ 以下，中溫型品種生長發育的適宜溫度在 24～28℃，高溫型品種生長發育的適宜溫度在 30℃ 以上，廣溫型品種生長發育的適宜溫度範圍較廣，但仍以某一區間溫度為主。

食用菌在生長發育過程中，對溫度的需求一般有如下規律：

（1）在菌絲體生長階段所需環境溫度常要高於子實體生長發育階段的溫度。

（2）變溫結實型的食用菌在原基分化階段需要有較大的環境溫差刺激，而恆溫結實型的食用菌則無須有較大的環境溫差刺激。

（3）高溫結實型的食用菌需要有穩定的高溫效應累積，而低溫結實型的食用菌需要有穩定的低溫效應累積，達不到這些累積效應則難以出菇。

廣大食用菌種植者一定要注意在不同季節選擇相對應的溫型品種，否則容易導致大面積不出菇。岫岩有一農戶在高溫季節種植秀珍菇，但卻誤選了一個中低溫型的品種，結果菌絲早已長滿菌包卻遲遲不出菇，造成了不必要的經濟損失。

3. 水分　水分也是食用菌生長發育的重要條件。水分既指培養基質中的含水量，又指食用菌生長環境中的空氣相對濕度。不同的食用菌和同一食用菌生長發育的不同階段對水分的需求略有不同，但透過多年的研究發現，不同的食用菌和同一食用菌生長發育的不同階段對水分的需求也是有一些規律可循的：

（1）培養基質中的含水量以 60％～65％ 為宜，段木的含水量以 35％～40％ 為宜。

（2）培養基質中的含水量在高溫季節可適當增加1%～2%，在低溫季節可降低1%～2%。

（3）菌絲體培養階段空氣相對濕度可調控至55%～60%，在原基分化階段空氣相對濕度可調控至80%～85%，在出菇階段空氣相對濕度可調控至85%～95%。

有一些菌種場在培養菌種的過程中不注意調節空氣相對濕度，有的培養區內空氣過於乾燥，結果造成了菌袋脫水。尤其在冬季養菌，個別農戶拿火爐煙囪給菌袋加溫，造成局部空間濕度的降低，結果菌袋嚴重脫水。還有的菌種場在養菌過程中往菌袋上噴水，結果造成空氣相對濕度過大，出現了綠黴、青黴、曲黴等。所以在培養菌種的過程中空氣相對濕度一定要調節到合適的程度。

4. 光照 光照對於食用菌子實體分化和發育有重要作用，不同種類的食用菌對光照的需求不同。在食用菌生長發育過程中，對光照的需求一般有如下規律：

（1）菌絲體生長階段一般不需要光照。

（2）在原基分化和子實體生長發育階段需要一定量的光照刺激，根據不同食用菌對光照的需求進行調節，如秀珍菇、香菇、黑木耳、滑菇等對光照需求強，而雙孢蘑菇、大肥蘑菇等則無須光照。

有一些菌種場在培養菌種的過程中不注意調節光照，有的培養區內遮光不嚴，結果造成一些菌袋內菌絲發生提前轉色、老化等現象。所以培養室內最好要有黑布用來遮光。

5. 通風 食用菌都是好氧型真菌，從菌絲體生長階段到子實體生長階段，食用菌對周圍環境O_2的需求量是逐步增加的。尤其從食用菌原基分化開始，食用菌對O_2的需求量出現了質的變化，如果環境中O_2不充足將導致原基分化不良，嚴重影響今後產量、品質。如秀珍菇子實體在生長過程中，當CO_2濃度在1 311 mg/m^{3}以下時，子實體尚可形成，但當CO_2濃度超過1 705 mg/m^{3}時，子實體出現畸形。

對於有些菌類，如金針菇、杏鮑菇等，實際生產中需要人為增加環境中CO_2濃度，這並不是說這些食用菌不需要O_2，而是人們需要它們在缺O_2時形成畸形狀態以提高它們的經濟性狀。

6. pH 大多數食用菌喜歡酸性基質，一般能適應的pH範圍為3～8，香菇為4.5～6.0，黑木耳為5.5～6.5，雙孢蘑菇為6.8～7.0，金針菇為5.4～6.0，猴頭菇為3.5～4.0，草菇為6.8～7.5。加入適量磷酸氫二鉀等緩衝物質，可使培養基的pH穩定，培養基質酸性較強時，可添加適量的硫酸鈣、碳酸鈣等物質。

一些菇農在生產中喜歡往培養料內添加一定比例的生石灰，尤其在做發酵料栽培時。這時一定要注意pH不宜超過10。有的菇農就在這方面吃了虧，他們往培養料內添入過多的生石灰，引起鹼性過大，結果菌絲幾乎在料內沒有生長，造成很大的損失。還有的菇農在堆製培養料的過程中操作不當導致培養料過酸，這樣同樣會引起菌絲在料內生長不良，而且易發生病害。

實踐應用

請調查周邊的小樹林、草地、莊稼地等環境，看看你能發現的食用菌種類。結合本節所學知識，撰寫出一份食用菌種類調查研究報告。

要求：1. 要深入細緻地觀察野外發現的食用菌，做好原始資料的收集，並及時拍照。

2. 以小組為單位進行，分工明確，加強團隊合作，同時注意安全性防護措施。

3. 調查研究報告要包括時間、地點、食用菌形態特點、環境特點等資訊，將關鍵

照片插入報告中，字數1 000～1 500字。

複習思考

1. 請圖示大型傘菌的形態結構，標明各部分結構。

2. 請透過網路查閱、檢索出你最喜歡的5種食用菌圖片，並說明理由。

3. 2018年，一個食用菌合作社在種植秀珍菇的過程中，由於場地有限，所以一部分菌包在大棚內，另外一部分放到一個廢棄的防空洞出菇，結果一段時間後，大棚內的秀珍菇開始正常出菇，而防空洞內的秀珍菇卻一直沒有出菇跡象。請你分析可能的因素有哪些。

第三節　食用菌生產的設施、設備

> **知識目標**
> 🍄 了解菌種場的建廠原則和注意事項。
> 🍄 熟悉食用菌生產常見的設施、設備。
>
> **能力目標**
> 🍄 學會設計食用菌菌種場的基本布局。
> 🍄 掌握主要製種設備的操作使用方法。
>
> **素養目標**
> 🍄 培養操作設備認真細緻的工匠精神。
> 🍄 培養設計食用菌生產的系統性思維。

專題 1　食用菌生產設施

食用菌生產最好選擇地勢開闊、植被覆蓋良好、通風好、水電交通便利的向陽地塊，並遠離養殖場、垃圾場、汙水處理場及釋放汙染氣體的工廠及公路。廠房應根據菌種生產工藝流程合理布局，食用菌菌種生產工藝流程一般為備料、清洗、培養基的配製、滅菌、冷卻、接種、培養、檢驗、儲藏。因此，菌種廠必須建造相應的倉庫、洗滌間、原料配製室、滅菌工廠、冷卻室、接種室、培養室、化驗室及儲藏室等基本設施，此外還需要一些輔助設施，如晾晒場、出菇區、鍋爐房、配電室等（圖1-3-1）。

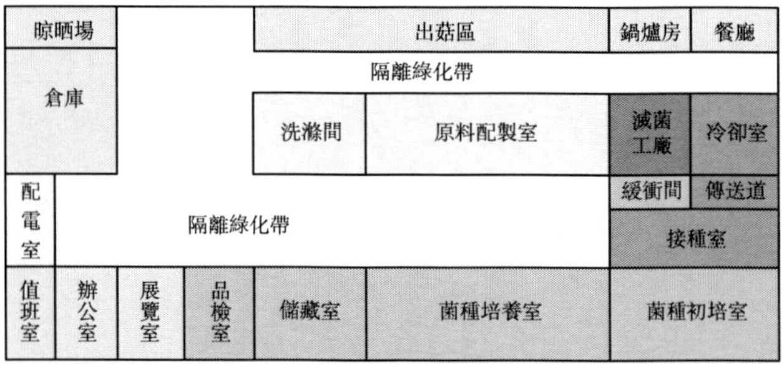

晾晒場			出菇區		鍋爐房	餐廳
倉庫		隔離綠化帶				
		洗滌間	原料配製室		滅菌工廠	冷卻室
配電室	隔離綠化帶				緩衝間	傳送道
					接種室	
值班室	辦公室	展覽室	品檢室	儲藏室	菌種培養室	菌種初培室

圖1-3-1　標準化簡易食用菌菌種生產廠區平面示意

1. 倉庫 倉庫用於盛放生產的原料，要求乾燥、通風良好、環境衛生良好，最好鋪設水泥地面（圖 1-3-2）。有條件的企業或個人可將輔料和主料分開放置。倉庫內要及時清理時間較長的原料，並定期防治一些蟲害、鼠害等。庫房要有詳細的出庫和入庫記錄，包括要記錄清楚原料的產地、時間、經手人、價格等。

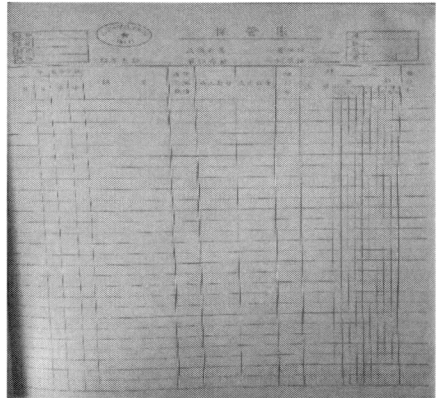

圖 1-3-2　標準化原料存儲倉庫及帳本

2. 洗滌間 主要用以洗刷菌種瓶、試管等。室內應修建洗刷池及上、下水道，以利排除汙水。並要配備搬運菌種瓶（袋）的筐籃、水管、大盆、瓶刷、洗衣粉等（圖 1-3-3、圖 1-3-4）。

3. 原料配製室 生產原料將要在這裡進行預處理，進行預濕、拌料、翻堆、裝瓶（袋）等操作，地面要求平整光滑的水泥地面，並有較開闊的面積。該地方要配備原料預處理室、拌料機、裝袋機、周轉筐、磅秤、天平、鍬、桶等（圖 1-3-5 至圖 1-3-11）。

食用菌生產

圖 1-3-3　食用菌機械洗瓶槽

圖 1-3-4　食用菌洗滌池

圖 1-3-5　原料預處理室

圖 1-3-6　原料配製室內的地坑式拌料設備

第一章　職前必備基礎

圖 1-3-7　原料配製室內的地上式拌料設備

圖 1-3-8　工廠化中小型拌料流水線

圖 1-3-9　工廠化中大型水平裝袋流水線

食用菌生產

圖 1-3-10　工廠化中型垂直裝袋流水線

圖 1-3-11　工廠化中大型自動裝袋流水線

4. 滅菌工廠　室內通常設有小型手提式高壓蒸汽滅菌鍋，立式、臥式高壓蒸汽滅菌鍋，同時根據每日預計生產用量確定相應規格的蒸汽滅菌櫃或常壓滅菌室等，以滿足各級菌種培養料滅菌用（圖 1-3-12 至圖 1-3-16）。滅菌工廠的占地面積無須太大，滅菌工廠的一端通常和原料配製室相通，而另一端通常和冷卻室相通。

圖 1-3-12　大型高壓滅菌鍋內部　　　　圖 1-3-13　大型高壓滅菌鍋裝鍋

圖 1-3-14　大型蒸汽鍋爐

圖 1-3-15　大型高壓滅菌鍋

圖 1-3-16　水泥槽式常壓滅菌鍋

5. 冷卻室　冷卻室內牆壁要求平滑，地面要求平整光滑的水泥地面，便於洗刷消毒。

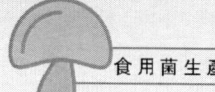

食用菌生產

室內要求配置 2～4 個紫外線燈管以及換氣扇等設備，有條件的可於室內安裝通往接種室的傳送帶。冷卻室要定期消毒、清潔，確保空間潔淨、無菌（圖 1-3-17、圖 1-3-18）。

圖 1-3-17　冷卻室

圖 1-3-18　工廠冷卻工廠

6. 接種室　接種室是生產中非常重要的核心設施。接種室要求無菌程度很高，目前有許多有實力的企業都建了百級無菌接種室。接種室常分內、外兩間，外間為緩衝室，面積為 3～5 m²，內間為接種室，面積為 20～30 m²，有淨化層流罩的企業可因需加大面積。內、外間設拉門。有條件的應安裝風淋室。接種室必須在消毒後能保持無菌狀態，所以要求密封性要好。室內地面和牆壁要求平滑無死角，便於洗刷消毒。接種室安裝紫外線燈、日光燈、木架、工作臺，備有酒精燈、無菌水、75％酒精及各種接種工具。條件較好的接種室應安裝空氣過濾器，操作過程中可不斷向接種室通入無菌空氣，使其內部壓強高於外部房間的壓強。緩衝間應安裝紫外線燈、日光燈、鞋架、衣架，備有臉盆、水管等，供工作人員消毒、換衣服鞋帽和洗手等（圖 1-3-19 至圖 1-3-21）。

圖 1-3-19　風淋室　　　　　　　　　　圖 1-3-20　緩衝間

圖 1-3-21　工廠接種生產線

7. 培養室　培養室是培養菌種的場所，要求閉光、通風良好、潔淨、保溫性好。培養室內安裝自動控溫裝置、空調、加濕器、換氣設備、燈管、多層培養架等，易於保溫、控濕、通風換氣、檢查、擺放菌種等（圖 1-3-22、圖 1-3-23）。

圖 1-3-22　多層培養箱擺放

圖 1-3-23　多層培養架

8. 品檢室　品檢室是檢查菌種品質好壞、觀察菌種生長發育情況、鑑定菌種、檢查雜菌和配製藥品的場所。品檢室內應配置儀器櫃、藥品櫃、工作臺、顯微鏡、菌落計數器、恆溫培養箱及相關試劑和藥品等（圖 1-3-24）。

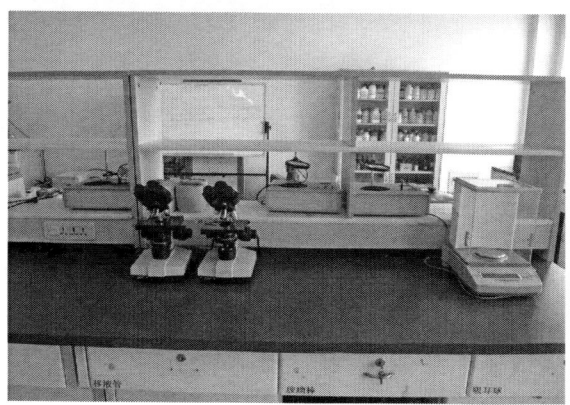

圖 1-3-24　品檢室

9. 儲藏室 儲藏室是存放菌種的場所（圖 1-3-25）。室內要求乾燥、低溫、通風好、潔淨、保溫、遮光。在存放菌種之前必須進行消毒處理，室內禁止存放有毒藥品及其他汙染物。地面可經常撒生石灰、噴灑、燻蒸殺菌藥以防止雜菌汙染，同時要有防蟲、防鼠等措施。

圖 1-3-25　儲藏室

10. 晾晒場 晾晒場要遠離生產廠區，最好有綠化帶隔離，同時位於當地主要風向的下風口（圖 1-3-26）。晾晒場內的汙染菌袋一定要及時處理，避免因長期日晒雨淋而致使雜菌迅速蔓延傳入廠區。

圖 1-3-26　晾晒場

專題 2　食用菌製種設備

一、固體菌種製種設備

1. 常用製料機 表 1-3-1 為常用製料機類型、用途及使用方法。

表 1-3-1　常用製料機

類　型	用　途	使用要求
木屑粉碎機	主要用於加工松木、雜木、杉木、原竹等物料	1. 檢查機器設備是否完好，確保電源符合功率的要求； 2. 接入符合設備功率和電壓的電源，調節好粉碎的細度即可； 3. 定期檢查刀片等部件
稭稈粉碎機	主要用於加工玉米稭稈、高粱稭稈、甘蔗、香蕉稭稈等物料	1. 檢查機器設備是否完好，確保電源符合設備功率的要求； 2. 接入符合設備功率和電壓的電源，調節好粉碎的細度即可； 3. 定期檢查刀片等部件

2. 常用拌料機　表 1-3-2 為常用拌料機類型、用途及使用方法。

表 1-3-2　常用拌料機

類　型	用　途	使用要求
定量拌料機	攪拌原料，同時可將營養液定量拌入	1. 檢查機器設備是否完好； 2. 接入符合設備功率和電壓的電源，啟動拌料機； 3. 將原料與水等物質計算好後於入料口放入即可
拌料機	攪拌原料，節省人們反覆翻堆的體力	1. 檢查接觸是良好，接觸是否鬆動應緊固； 2. 接入符合設備功率和電壓的電源，啟動拌料機； 3. 將初拌一次的原料放入入料口即可

3. 翻堆機　表 1-3-3 為翻堆機類型、用途及使用方法。

表 1-3-3　常用翻堆機

類　型	用　途	使用方法
機械式翻堆機	攪拌稭稈類原料，多用於食用菌發酵料翻堆	1. 檢查機器設備是否完好； 2. 開動攪拌車使其攪輪沿料堆反覆開動即可
人力自走式翻堆機	攪拌玉米芯、木屑、棉籽殼等原料	1. 檢查接觸是否良好，接觸是否鬆動應緊固； 2. 接入符合設備功率和電壓的電源，啟動翻堆機； 3. 調整測試使用時如反向，將開關調整正轉即可，手推用於平整場地拌料

4. 裝袋（瓶）機　表 1-3-4 為裝袋（瓶）機類型、用途及使用方法。

表 1-3-4　常用裝袋（瓶）機

類　型	用　途	使用方法
水平式裝袋機	水平式裝栽培袋，可根據裝袋口直徑來分裝不同規格的菌袋	1. 檢查機器設備是否完好； 2. 安裝好相應規格的裝料筒等部件； 3. 接入符合設備功率和電壓的電源，啟動設備。用腳踏踏板開始出料，出料口提前套好塑膠袋，透過手壓力的大小調節料的鬆緊度
垂直衝壓式裝袋機	垂直式裝栽培袋，可同時滿足 5～8 人的裝袋需求	1. 檢查接觸是否良好，接觸是否鬆動應緊固； 2. 接入符合設備功率和電壓的電源，啟動設備； 3. 將原料送入進料口，下部裝料口套上相應規格的菌袋於卡夾上即可

（續）

類　　型	用　　途	使 用 方 法
機械手	一種將盛有 16 個瓶子的筐按程序進行機械搬運的設備，配合自動裝瓶機生產線用	1. 檢查設備、電源等是否良好，機械手是否在安全位置； 2. 接入符合設備功率和電壓的電源，啟動設備，調節好搬運速度； 3. 若有突發情況按「急停」按鈕； 4. 每月定期檢查各部件和電源等
自動裝瓶機生產線	一種包括裝瓶、壓料、打孔、封口的自動生產線，每小時可裝 500 餘筐	1. 檢查設備、電源等是否良好； 2. 接入符合設備功率和電壓的電源，啟動設備，調節好裝料量和速度； 3. 將固定規格的瓶子裝入筐內，置於入口的傳輸帶上即可進入自動裝瓶程序； 4. 檢查裝瓶的情況，若有瓶蓋脫落的及時蓋好

5. 滅菌設備　表 1-3-5 為滅菌設備類型、用途及使用方法。

表 1-3-5　常用滅菌設備

類　　型	用　　途	使 用 方 法
手提式高壓滅菌鍋	小規模高壓滅菌，常用於母種培養基等	1. 往鍋裡加水與支架齊平或稍高出支架； 2. 往鍋中放入待滅菌物品； 3. 蓋好鍋蓋，對角線擰緊螺旋。關閉放氣閥和安全閥，接通電源，加熱； 4. 當壓力達到 0.05 MPa 時，打開放氣閥放冷氣；若是立式滅菌鍋則可直接打開底部排氣閥即可； 5. 壓力回「0」後，關閉放氣閥，繼續加熱加壓； 6. 當壓力達到 0.1 MPa 時計時，使壓力保持在 0.1～0.15 MPa，母種培養基維持 30～35 min，若為代用料培養基維持 1.5～2 h； 7. 滅菌完畢後，撤掉電源，壓力自然降到「0」時打開鍋蓋，取出滅菌物； 8. 長期不用設備時應排掉鍋內水
立式高壓滅菌鍋	小規模高壓滅菌，常用於母種培養基、三角瓶、培養皿和少量原種培養基等的滅菌，具有自動調控溫度、時間的優點	

第一章　職前必備基礎

（續）

類　型	用　途	使　用　方　法
臥式電加熱高壓滅菌鍋	小規模高壓滅菌，常用於母種培養基、三角瓶、培養皿和少量原種培養基等的滅菌	1. 往鍋裡加水與支架齊平或稍高出支架； 2. 往鍋中放入待滅菌物品； 3. 蓋好鍋蓋，對角線擰緊螺旋。關閉放氣閥和安全閥，接通電源，加熱； 4. 當壓力達到 0.05 MPa 時，打開放氣閥放冷氣；若是立式滅菌鍋則可直接打開底部排氣閥即可； 5. 壓力回「0」後，關閉放氣閥，繼續加熱加壓； 6. 當壓力達到 0.1 MPa 時計時，使壓力保持在 0.1～0.15 MPa，母種培養基維持 30～35 min，若為代用料培養基維持 1.5～2 h； 7. 滅菌完畢後，撤掉電源，壓力自然降到「0」時打開鍋蓋，取出滅菌物； 8. 長期不用設備時應排掉鍋內水
臥式蒸汽高壓滅菌櫃	可大規模高壓滅菌，常用於大量原種、栽培種培養基等的滅菌。使用鍋爐通常要建造相應規格的滅菌房	1. 檢查鍋爐，並向內加水至八分滿； 2. 裝滅菌櫃，要留有空隙，瓶、袋裝周轉筐內放入； 3. 關閉滅菌櫃門，封嚴； 4. 加熱鍋爐，將熱蒸汽通入高壓滅菌櫃內； 5. 設定時間、溫度，待壓力為 0.05 MPa 時排冷氣； 6. 滅菌時間設定 1.5～2 h，待達到滅菌時間後適當冷卻後出鍋
常壓蒸汽滅菌包	可大規模常壓滅菌，常用於大量原種、栽培種培養基等的滅菌，配合使用鍋爐	1. 檢查鍋爐，並向內加水至八分滿； 2. 裝滅菌包，要留有空隙，瓶、袋裝周轉筐內放入； 3. 利用塑膠、棉被等封閉滅菌包，封嚴； 4. 點火升溫，其間從底部縫隙排出冷空氣； 5. 加熱到大汽從氣孔上冒出時開始計時 8～10 h； 6. 滅完菌後悶一夜，待物料降溫後出鍋； 7. 夏季裝鍋要迅速，以防培養基酸敗，影響滅菌效果

6. 接種設備　表 1-3-6 為接種設備的類型、用途及使用方法。

表 1-3-6　常用接種設備

類　型	用　途	使　用　方　法
接種箱	無菌操作，具有實用、效果好、價格低廉的特點	1. 檢查接種箱是否密封完好； 2. 接種前向箱內噴灑消毒藥劑，並燻蒸消毒； 3. 燻蒸達到時間要求後，即可接種

37

（續）

類　型	用　途	使用方法
超淨工作臺	無菌操作，可利用無菌離子風和紫外殺菌營造良好的接種環境，但設備較貴	1. 檢查設備是否良好，並放入接種物品； 2. 開動電源，打開風機和紫外線燈； 3. 1 h 後關閉紫外線燈，風機照開即可接種； 4. 定期清洗初級過濾罩
接種帳	無菌操作，具有實用、效果好、價格低廉、一次性接種量大的特點	1. 檢查接種帳是否密封完好； 2. 接種前向接種帳內噴灑消毒藥劑，並燻蒸消毒； 3. 燻蒸達到時間要求後，人即可進入接種帳內接種
百級淨化層流罩	風機從百級淨化層流罩頂部將空氣吸入並經初、高效過濾器過濾，過濾後為不同尺寸和不同潔淨度等級的潔淨室、微環境提供高品質的潔淨空氣	1. 檢查設備是否良好，準備接種物品； 2. 開動電源，提前 1 h 打開風機； 3. 1 h 後風機照開，調節好出風量即可接種； 4. 定期清洗、更換初級過濾罩

7. 培養設備 表 1-3-7 為培養設備的類型、用途及使用方法。

表 1-3-7　常用培養設備

類　型	用　途	使用方法
生化培養箱	少量培養菌種，如母種培養，可很好地控制溫度、濕度，並調節光照	1. 檢查培養箱是否運行正常； 2. 接通電源，設定好培養溫度、濕度； 3. 定期清洗培養箱內部
培養架	可將原種、栽培種於架上培養	1. 檢查培養架是否完好； 2. 將培養架於使用前消毒； 3. 將菌種瓶（袋）整齊排放於上，不可過多

第一章　職前必備基礎

（續）

類　　型	用　　途	使　用　方　法
空調	用於調節培養室內的溫度	1. 檢查設備是否良好； 2. 開動電源，設定溫度、風力； 3. 定期檢查空調運行情況
工廠化加濕器	用於調節培養室內的空氣相對濕度	1. 檢查設備是否良好； 2. 開動電源，設定濕度範圍和風速； 3. 定期檢查空調運行情況
殺蟲燈	用於誘殺培養室內的蚊蟲	1. 檢查設備是否良好； 2. 定期清理燈內衛生
自動搔菌機	該設備有去蓋、搔菌、沖刷、補水等功能，菌種培養好後，本設備可以去除表層老化菌絲，並清理乾淨瓶口	1. 檢查設備是否良好； 2. 接入符合設備功率和電壓的電源，啟動設備，透過程式設定好旋刀入瓶口高度和速度； 3. 隨時觀測、檢查運行狀況； 4. 使用後關閉電源，清洗乾淨設備
挖瓶機	可以挖乾淨菌瓶內的培養基，而且不會損傷瓶子，每小時可挖400餘筐	1. 檢查設備是否良好； 2. 接入符合設備功率和電壓的電源，啟動設備； 3. 隨時觀測、檢查運行狀況； 4. 使用後關閉電源，清洗乾淨設備

二、液體菌種製種設備

1. 振盪設備　表 1-3-8 為振盪設備的類型、用途及使用方法。

表 1-3-8　常用振盪設備

類　型	用　途	使用方法
磁力攪拌器	利用電磁攪拌搖瓶種	1. 檢查設備是否良好； 2. 接入符合設備功率和電壓的電源，啟動磁力攪拌器； 3. 將三角瓶放在相應磁盤上，按下對應按鈕，設定好轉速即可
搖床	往復式大型搖床，40～200 r/min，用於培養搖瓶種	1. 檢查設備是否良好； 2. 接入符合設備功率和電壓的電源，啟動搖床； 3. 將轉數由小到大逐漸調節，直至達到所需轉數
恆溫搖床	恆溫式大型搖床，20～200 r/min，用於培養搖瓶種	1. 檢查設備是否良好； 2. 接入符合設備功率和電壓的電源，啟動搖床，由微電腦板設定振盪的溫度、頻率等； 3. 將轉數由小到大逐漸調節，直至達到所需轉數

2. 攪拌罐　表 1-3-9 為攪拌罐類型、用途及使用方法。

表 1-3-9　常用攪拌罐

類　型	用　途	使用方法
攪拌罐	用於液體菌種液體培養基內各成分的攪拌、加熱	1. 檢查設備是否良好； 2. 接入符合設備功率和電壓的電源，啟動攪拌罐； 3. 設定好轉速、溫度等即可運行

3. 液體菌種培養罐　表 1-3-10 為液體菌種培養罐類型、用途及使用方法。

第一章 職前必備基礎

表 1-3-10　常用液體菌種培養罐

類　型	用　途	使 用 方 法
液體菌種培養罐	用於液體菌種培養菌絲球	1. 檢查設備是否良好； 2. 接通符合設備功率和電壓的電源，啟動液體菌種培養罐； 3. 將配製好的營養液導入培養罐，透過控制板設定溫度 123℃、時間 40 min； 4. 營養液滅菌後經循環水冷涼； 5. 從接種口透過火焰圈迅速接種（氣泵不關閉）之後，設置不同的培養溫度； 6. 定期檢查菌液澄清度、氣味、菌球數量等

4. 液體淨化、接種設備　表 1-3-11 為液體淨化、接種設備類型、用途及使用方法。

表 1-3-11　常用液體淨化、接種設備

類　型	用　途	使 用 方 法
風淋室	用於人、物出入無菌室時的表面淨化	1. 檢查設備是否良好； 2. 接入符合設備功率和電壓的電源，啟動風淋設備； 3. 設定風淋時間和風速； 4. 定期檢查氣密性、濾塵效果等
百級淨化層流罩	用於流水生產接種傳送帶上部空間的空氣淨化	1. 檢查設備是否良好； 2. 接入符合設備功率和電壓的電源，啟動層流罩； 3. 設定風速，預熱 1 h 以上即可接種； 4. 定期檢查、清潔濾塵罩、密封等
液體接種槍	用於將液體種子罐內部液體菌種接入栽培容器的工具	1. 檢查液體接種槍是否良好，有無堵塞現象； 2. 提前將液體接種槍和管道包好後高壓滅菌，之後透過無菌操作連於液體菌種培養罐出料口； 3. 調節好液體菌種培養罐內壓力和接種量即可接種； 4. 定期檢查菌管道和槍噴嘴等部位

5. 顯微鏡　表 1-3-12 為顯微鏡類型、用途及使用方法。

表 1-3-12　常用顯微鏡

類　型	用　途	使用方法
顯微鏡	用於檢查液體菌種培養菌絲球以及雜菌等	1. 檢查設備是否良好； 2. 挑取適量樣本置於載物臺； 3. 透過調節焦距來觀察菌絲球數量、有無雜菌等； 4. 定期清潔鏡片

三、製種工具、器皿

1. 玻璃器皿　試管、三角瓶、培養皿、漏斗、燒杯、酒精燈、菌種瓶、試劑瓶等。
2. 秤量器具　天平、桿秤、磅秤、量杯、量筒等。
3. 其他器具　地泵、水桶、盆、鋁鍋、菌種袋、漏斗、電爐、溫度計、濕度計、塑膠繩、報紙以及 pH 試紙等。
4. 接種器具　常用接種器具如圖 1-3-27 所示。

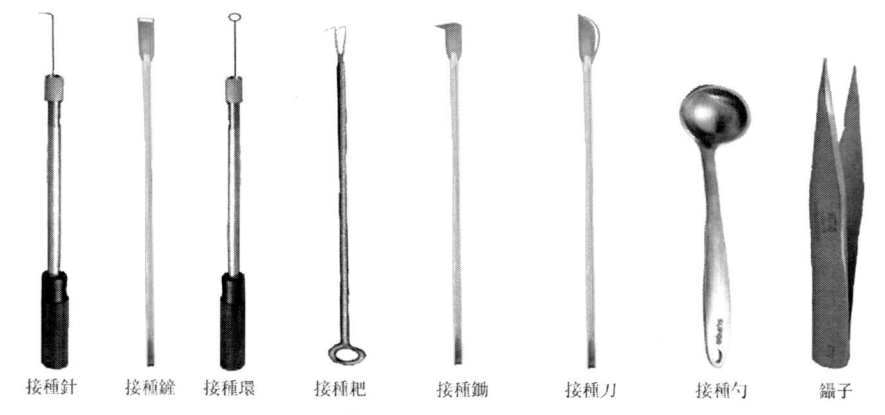

接種針　接種鏟　接種環　接種耙　接種鋤　接種刀　接種勺　鑷子

圖 1-3-27　常用接種器具

實踐應用

請調查參觀一個食用菌生產工廠，結合本節所學知識，畫出一份食用菌生產工廠布局圖。

要求：1. 要深入細緻地觀察食用菌工廠各生產工廠的布局和內部設備，並及時拍照。

2. 以小組為單位進行，分工明確，加強團隊合作。同時注意參觀期間遵守企業規章制度，不隨意碰觸正在運行的設備。

3. 規劃圖用 A4 紙，鉛筆畫平面圖。圖片清晰，並在各工廠內標明設備。

複習思考

1. 請列舉出食用菌工廠要求無菌程度較高的有哪些地方,並說明理由。
2. 請分類列舉出常用的製種設備有哪些。
3. 請分析食用菌各生產工廠在位置布局上遵循什麼原則。

第四節　消毒與滅菌技術

> ┌知識目標┐
> 🍄 熟悉消毒常用的藥品、方法。
> 🍄 熟悉滅菌常用的方法、設備。
> 🍄 掌握滅菌效果檢驗方法。
> ┌能力目標┐
> 🍄 能夠熟練配製相關消毒藥品。
> 🍄 掌握主要滅菌設備的操作方法。
> ┌素養目標┐
> 🍄 培養操作設備認真細緻的工匠精神。
> 🍄 培養安全負責的責任意識。

專題 1　消　毒

消毒是利用物理或化學的方法殺死環境中或物體表面絕大部分微生物的一種方法，消毒對微生物的抑制具有暫時性、不徹底性和隨機性。消毒在食用菌製種工作中應用很廣，如在各級菌種製備之前需要對皮膚、器皿、工具、菌袋（瓶）等消毒；在菌袋（瓶）滅好菌後往接種室（箱）擺放前，要提前對這些場所進行消毒；在大棚（菇房）內種植食用菌之前，需要對大棚（菇房）內進行燻蒸消毒。

一、常用消毒藥品

表 1-4-1 為常用消毒藥品種類、使用濃度、作用範圍及使用方法。

表 1-4-1　常用消毒藥品

藥品種類		使用濃度	作用範圍	使用方法
凝固蛋白類消毒劑	乙醇	70%～75%	皮膚、菌種管和瓶表面、工作臺面等	浸泡或用酒精棉球擦抹
	苯酚	3%～5%	器械、培養室、無菌室	浸泡或噴霧
	來蘇兒	1%～2%	皮膚	浸泡或擦抹

（續）

藥品種類		使用濃度	作用範圍	使用方法
凝固蛋白類消毒劑	來蘇兒	3%～5%	接種工具	浸泡或擦抹
		5%～10%	培養室、無菌室	噴霧
	六氯酚	2%～3%	器械、皮膚等	浸泡或擦抹
溶解蛋白類消毒劑	生石灰	粉劑	培養基、栽培場所地面	拌入培養基中或地面勻撒
	氫氧化鈉	2%～4%	培養室、無菌室	空間噴霧
氧化蛋白類消毒劑	高錳酸鉀	0.1%～0.2%	菌種袋（瓶）、器械（隨配隨用）	浸泡或擦抹
	二氯異氰尿酸鈉	粉劑	接種箱、接種帳、無菌室、培養室等	燻蒸
	過氧化氫	2%～4%	器械、培養室、無菌室	浸泡或噴霧
	次氯酸鈣	0.2%	菌種袋（瓶）、器械（隨配隨用）	浸泡或擦抹
	二氧化氯	0.13%	接種箱、接種帳、無菌室、培養室等	噴霧
		0.06%	接種工具	浸泡或沖洗
	氣霧消毒盒	粉劑	接種箱、接種帳、無菌室、培養室等	燻蒸
抑制蛋白活性類消毒劑	百菌清	0.1%	培養基	拌入培養基中
	多菌靈	0.1%	培養基	拌入培養基中
	甲基硫菌靈	0.1%～0.2%	培養基	拌入培養基中
	碘伏	1%～2%	皮膚、器械	浸泡或擦抹
烷基化消毒劑	甲醛	37%～40%	接種箱、接種帳、無菌室、培養室等	燻蒸
陽離子表面活性劑	新潔爾滅	0.25%	皮膚	浸泡或擦抹
	季銨鹽殺菌劑1227	50～100 mg/L	皮膚、器械	浸泡或擦抹

二、常用消毒方法

1. 化學藥品消毒 根據消毒的方式、類型選用相應的消毒藥品。上述消毒藥品中有一部分在對外出口貿易中為限制用藥，一定要根據出口標準少用或不用。

2. 物理方法消毒

（1）煮沸消毒法。將一般金屬器械、橡膠和塑膠製品等置於100℃水中經15～20 min煮沸的一種消毒方法。

（2）巴氏消毒法。將含有營養液的水拌入培養料中，之後建堆、發酵，透過料內嗜熱微生物的大量增殖散熱使料溫達到60℃以上後維持數小時而起到消毒作用的一種方法。

（3）紫外消毒法。利用30 W紫外線燈管在1.5 m範圍內照射30 min，之後暗光0.5 h可達到消毒效果的一種方法。

（4）臭氧消毒法。利用臭氧發生器等儀器，按照其使用方法開機30～40 min，維持環境中臭氧濃度在0.01 mg/m³，即可起到空間消毒效果的一種方法（表1-4-2）。

表 1-4-2　常用消毒方法

消毒類別			具 體 方 法
化學藥劑消毒法	空間消毒法	噴霧消毒法	5%～10%來蘇兒、0.13%二氧化氯、3%～5%苯酚等進行空間噴霧
		燻蒸消毒法	10 mL 甲醛加入 7 g 高錳酸鉀，可燻蒸 1 m³ 的環境空間，熏悶時間一般為 12～24 h；利用氯霧消毒盒（有效成分為二氯異氰尿酸鈉）進行燻蒸，使用量為 2 g/m³，效果很好；硫黃粉加入適量殺蟲藥進行燃燒，產生大量煙霧，對環境空間進行消毒
	表面消毒法		適當濃度的乙醇、來蘇兒、新潔爾滅、高錳酸鉀溶液等對皮膚、器械、工作臺、室內地面、牆壁等進行表面消毒
	基質消毒法		在培養基中拌入 0.1%多菌靈、2%～5%生石灰粉等
物理消毒法	煮沸消毒法		將待消毒物品放入水中煮沸 15～20 min
	巴氏消毒法		對培養料進行發酵處理，使料溫達到 60～70℃，之後透過翻堆保持 4～6 d 可以起到消毒的作用
	紫外消毒法		利用 30 W 紫外線燈管在 1.5 m 範圍內照射 30 min，之後暗光 0.5 h 可達到消毒效果。將培養基置於太陽光下曝曬也可有部分紫外消毒作用
	臭氧消毒法		利用臭氧發生器等儀器，按照其使用方法開機 30～40 min，維持環境中臭氧濃度在 0.01 mg/m³，即可起到空間消毒的效果

專題 2　滅　菌

滅菌是利用物理或化學的方法殺死環境中或物體表面一切微生物的一種方法，滅菌對微生物的抑制具有徹底性和相對穩定性。滅菌在食用菌製種工作中具有核心地位，如在各級菌種製備中需要對試管培養基、罐頭瓶培養基和塑膠袋培養基等滅菌，接種工具在使用前也必須進行滅菌。如果滅菌環節出現問題，就意味著生產出現了嚴重的問題，甚至可能會導致企業停產。由此可見，滅菌在食用菌生產環節中有著舉足輕重的地位。

一、常用滅菌方法

1. 火焰滅菌法　用酒精燈或火焰槍外焰對接種工具進行燒灼滅菌的一種方法。該法可殺死工具表面的所有微生物。

2. 乾熱滅菌法　使用電熱鼓風乾燥箱對玻璃器皿、金屬製品和陶瓷器皿等進行滅菌的一種方法。該法不適合塑膠製品、棉塞、紙張等的滅菌。

3. 濕熱滅菌法　透過常壓或高壓產生的高溫蒸汽對被滅菌物品進行滅菌的一種方法。該法廣泛應用於食用菌各級菌種培養基製作中。如對母種馬鈴薯葡萄糖瓊脂培養基（PDA 培養基）高壓滅菌的條件為 121～123℃、0.11～0.15 MPa、30～40 min；對原種棉籽殼、木屑等培養基高壓滅菌的條件為 121～123℃、0.12 MPa、1.5～2 h；常壓滅菌的條件為 100℃、8 h 以上。

4. 微波滅菌法　透過微波爐等設備產生的高頻電磁波在極短的時間內使細胞死亡從而達到無菌的一種方法（表 1-4-3）。

表 1-4-3　常用的滅菌方法

滅菌類別		具 體 方 法
火焰滅菌		常用酒精燈外焰對接種工具進行燒灼滅菌
乾熱滅菌		使用電熱鼓風乾燥箱對玻璃器皿、金屬製品和陶瓷器皿等進行滅菌，一般在 140～160℃的溫度下保持 2～3 h
濕熱滅菌	常壓濕熱滅菌	利用 100℃的常壓濕熱蒸汽進行滅菌，一般需要 8～10 h
	高壓濕熱滅菌	利用 121～123℃高壓蒸汽進行滅菌，需要的時間依被滅菌物的不同而不同
微波滅菌		利用高頻電磁波產生瞬間高溫對接種工具進行加熱滅菌，僅需 2～3 min。該法不能用於金屬物品殺菌消毒

二、滅菌效果檢驗方法

1. 母種培養基檢驗法　隨機抽取若干個已滅菌的母種培養基試管，將其放置於 25℃ 左右的恆溫培養箱內培養 3～5 d，若無雜菌出現，則滅菌效果良好，若有奶油狀、水漬狀或綠色、黃色及其他雜色菌落出現，則可能滅菌效果不好，該批母種培養基則棄用。另外需特別留意試管口處棉塞在滅菌過程中是否受潮，是否在培養過程中出現黴菌，如若發現以上現象，則無論培養基表面有無汙染都不用或慎用。

2. 原種、栽培種培養基檢驗法　若首次使用新滅菌設備，或更換生產場地，或更換生產工藝和配方等，則需要對原種、栽培種培養基進行檢驗。方法同母種培養基檢驗法，隨機抽取若干袋（瓶）已滅菌的原種或栽培種培養基，將其放置於 25℃ 左右的恆溫培養箱內培養 5～7 d，若無雜菌出現，則滅菌效果良好，若有雜色菌落出現，則可能滅菌效果不好。

3. 液體培養基檢驗法　在無菌環境下，用滅過菌的接種環蘸取培養液，用劃線法將其接種於平板培養基上，之後將平板放置於 25℃ 左右的恆溫培養箱內培養 3 d 左右，若無雜菌出現，則滅菌效果良好，若有雜色菌落出現，則可能滅菌效果不好。

❀ 實踐應用

請現場參觀立式高壓滅菌鍋，結合所學知識，畫出一份立式高壓滅菌鍋側視簡圖。
要求：1. 要深入細緻地觀察設備構造，並向老師詢問清楚各部分結構名稱及功能。
　　　2. 以小組為單位進行，分工明確，加強團隊合作。同時注意參觀期間遵守設備操作規程，不隨意碰觸正在運行的設備。
　　　3. 規劃圖用 A4 紙，鉛筆畫平面圖。圖片清晰，並標明設備結構。

❀ 複習思考

1. 有一些食用菌企業在生產中發生了高壓滅菌設備爆炸的事故，造成了人員傷亡。請結合所學知識分析造成高壓滅菌設備出現問題的因素有哪些。

2. 假如你要在一個廢棄的畜牧養殖場內進行食用菌生產，結合所學知識，你認為應該如何科學合理地進行環境消毒？

第二章 食用菌製種

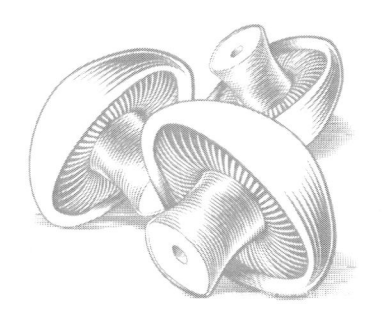

第一節　母種生產

> **知識目標**
> 🍄 熟悉母種培養基營養配方、製作工藝流程、製作方法等。
> 🍄 熟悉母種擴繁技術的工藝流程和操作方法等。
>
> **能力目標**
> 🍄 能夠熟練按照標準進行 PDA 培養基的製作。
> 🍄 能夠熟練進行母種轉管擴繁操作。
> 🍄 能夠熟練進行母種培養、鑑定和保藏。
>
> **素養目標**
> 🍄 培養職位技術操作認真細緻的工匠精神。
> 🍄 培養母種生產的系統性思維。

專題 1　母種培養基配方

母種培養基按照其營養成分的組成可分為天然培養基、合成培養基和半合成培養基；按照其物理狀態可分為液體培養基、固體培養基和半固體培養基；按照培養基的用途又可分為基礎培養基、加富培養基、選擇培養基和鑑別培養基等。構成母種培養基的營養成分有很多，所以相應的培養基也有許多。較常用的是 PDA 培養基、馬鈴薯綜合培養基（CPDA 培養基）和加富 PDA 培養基，這些培養基基本上適合絕大多數的食用菌生長（表 2-1-1）。此外，還有一些特殊的培養基更適合野生食用菌的生長，生產者可根據具體情況酌情選擇（表 2-1-2）。

表 2-1-1　常見母種培養基配方

培養基	配　　方	適用菇類
PDA	馬鈴薯（去皮）200 g、葡萄糖（或蔗糖）20 g、瓊脂 18～20 g、水 1 000 mL	秀珍菇、香菇、黑木耳、雞腿菇、金針菇、杏鮑菇、靈芝、雲芝等常規菌種以及一些特殊的菌種
CPDA	馬鈴薯（去皮）200 g、葡萄糖 20 g、瓊脂 18～20 g、磷酸二氫鉀 3 g、硫酸鎂 1.5 g、維他命 B_1 10 mg、水 1 000 mL	
CPDA	馬鈴薯（去皮）200 g、葡萄糖 20 g、瓊脂 18～20 g、磷酸二氫鉀 3 g、硫酸鎂 1.5 g、蛋白腖 1.5 g、維他命 B_1 10 mg、水 1 000 mL	

（續）

培養基	配方	適用菇類
加富 PDA	馬鈴薯 200 g、葡萄糖 20 g、瓊脂 18～20 g、水 1 000 mL、pH 自然、磷酸二氫鉀 2 g、硫酸鎂 2 g、維他命 B_1 10 mg。另外添加麥麩 20 g、玉米麵粉 5 g、黃豆粉 5 g	秀珍菇、香菇、黑木耳、雞腿菇、金針菇、杏鮑菇、靈芝、雲芝等常規菌種以及一些特殊的菌種

表 2-1-2　特殊培養基配方

適用菌類	培養基	配方
靈芝	米粉培養基	稻米粉 50 g、蔗糖 15 g、瓊脂 20 g、水 1 000 mL
	木屑培養基	雜木屑 200 g、蔗糖 15 g、瓊脂 20 g、水 1 000 mL
猴頭菇	黃豆芽培養基	黃豆芽 200 g、葡萄糖 20 g、酵母粉 5 g、瓊脂 25 g、水 1 000 mL，用檸檬酸調節 pH 至 5.0～5.5
	麥芽糖培養基	麥芽糖 20 g、磷酸二氫鉀 1.5 g、硫酸鎂 0.5 g、水 1 000 mL，用檸檬酸調節 pH 至 5.0～5.5
茯苓	葡萄糖蛋白腖培養基	葡萄糖 30 g、蛋白腖 15 g、磷酸二氫鉀 1.5 g、硫酸鎂 0.5 g、瓊脂 20 g、水 1 000 mL
	松木汁培養基	松木屑 200 g、麥麩 100 g、葡萄糖 20 g、維他命 B_1 10 mg、瓊脂 20 g、水 1 000 mL
蛹蟲草	蠶蛹粉培養基	蠶蛹 20 g、葡萄糖 20 g、磷酸二氫鉀 1 g、硫酸鎂 0.5 g、維他命 B_1 20 mg、維他命 B_2 20 mg、瓊脂 20 g、水 1 000 mL
	奶粉培養基	全脂奶粉 10 g、蛋白腖 5 g、葡萄糖 20 g、瓊脂 20 g、水 1 000 mL
	葡萄糖蛋白腖培養基	葡萄糖 20 g、蛋白腖 5 g、磷酸二氫鉀 1 g、硫酸鎂 0.5 g、氯化鈣 1.5 g、瓊脂 20 g、水 1 000 mL
蜜環菌	玉米粉培養基	玉米粉 100 g、黃豆粉 20 g、蔗糖 20 g、瓊脂 18 g、水 1 000 mL
	木屑培養基	雜木屑 100 g、麥麩 50 g、蔗糖 20 g、磷酸二氫鉀 1 g、硫酸鎂 0.5 g、瓊脂 20 g、水 1 000 mL
雲芝	木屑培養基	雜木屑 100 g、麥麩 50 g、蔗糖 20 g、磷酸二氫鉀 2 g、硫酸銨 1.5 g、瓊脂 20 g、水 1 000 mL
黑柄炭角菌	腐殖土培養基	腐殖土 200 g、果糖 15 g、蛋白腖 5 g、瓊脂 20 g、水 1 000 mL
安絡小皮傘	改良 PDA 培養基	馬鈴薯 200 g、葡萄糖 20 g、瓊脂 20 g、腐殖土 100 g、水 1 000 mL

注：以上各食用菌的配方並非僅表中所列，表中僅提供了一些食用菌的相應特殊配方，但並非最好的配方，僅對生產者提供一定的參考依據。

專題 2　母種 PDA 培養基製作

1. 母種 PDA 培養基製作流程（圖 2-1-1）

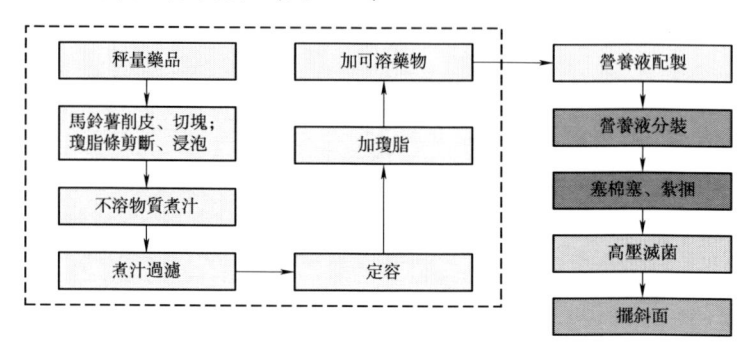

圖 2-1-1　母種 PDA 培養基製作流程

2. 母種 PDA 培養基製作步驟（表 2-1-3）

表 2-1-3　母種 PDA 培養基製作步驟

步驟	說明
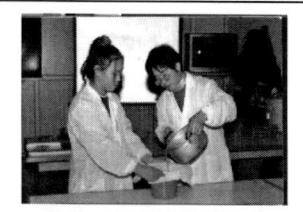 第 1 步：營養液配製	馬鈴薯去皮、挖眼，切成絲狀或黃豆粒大小的塊。鍋內加入 1 100 mL 清水，待水開後放入切好的馬鈴薯，煮 15～20 min，其間不停攪拌，至馬鈴薯酥而不爛為宜。之後用四層紗布過濾，取濾液並使用量筒定容至 1 000 mL。瓊脂秤好後用剪刀剪成 1 cm 長的小段，並提前用清水浸泡軟，之後將瓊脂放入濾液中繼續加熱至完全融化。撤除熱源，趁熱加入葡萄糖，並迅速攪拌，使營養分布均勻
 第 2 步：營養液分裝	營養液製好後趁熱分裝，可用 20 mL 針筒或漏斗、橡膠管等裝置。20 mm×200 mm 試管注入 10 mL 營養液，18 mm×180 mm 試管注入 8 mL 營養液。使用針筒期間注意不要用營養液玷汙管口。每分裝完 3～5 支試管後注意使用潔淨的紙擦淨針筒底部營養液，然後繼續分裝。分裝營養液後的試管先不要塞棉塞，應將其放入盛有冷水的容器中先行冷涼
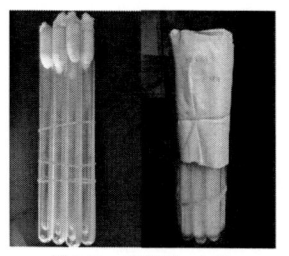 第 3 步：塞棉塞、包紮	分裝完營養液後的試管經冷涼後，培養基凝固且管壁內無冷凝水即可塞棉塞。棉塞鬆緊要適度，且不宜用潮濕舊棉塞，發霉的棉塞不要使用。棉塞長度為試管長度的 1/5，棉塞 2/3 塞於試管中，1/3 露於試管外。塞好的棉塞不宜太鬆，也不宜太緊，之後將 7～10 支試管紮一捆，然後用防潮紙（牛皮紙或報紙）包好試管口，以防止在滅菌過程中蒸汽將棉塞打濕。之後使用棉線繩或耐高溫高壓的皮筋將試管捆紮緊

（續）

 第4步：高壓滅菌	將包好的培養基試管裝入高壓滅菌鍋內，於121～123℃下滅菌30～40 min，通常冬春季滅菌30 min，夏秋季滅菌40 min。培養基內營養成分越豐富則滅菌時間越長。滅菌結束後，待指針歸零，排盡高壓鍋內殘餘蒸汽，打開鍋蓋留出小縫隙，利用鍋內餘熱，發現防潮紙由潮濕轉變為乾燥狀態時即可取出試管
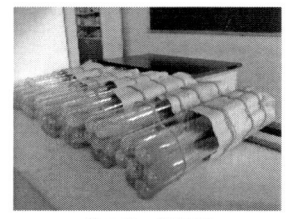 第5步：擺斜面	滅菌後的培養基趁熱擺斜面，擺斜面時可整捆試管同時擺放，斜面長度為試管長度的1/2～2/3，最好用乾淨保暖性好的棉被覆蓋使其緩慢降溫，以防管壁內形成大量冷凝水。同時注意擺斜面時動作應輕緩，切勿因動作劇烈而使營養液沾濕棉塞。而且擺斜面時注意不要使試管反覆滾動，以免造成試管壁上沾滿營養液以致影響到後期菌絲培養。擺斜面的環境應清潔、乾燥。做好的斜面在25℃環境下培養3 d，若無雜菌應及時使用

專題3　母種轉管擴繁

1. 母種轉管擴繁流程（圖2-1-2）

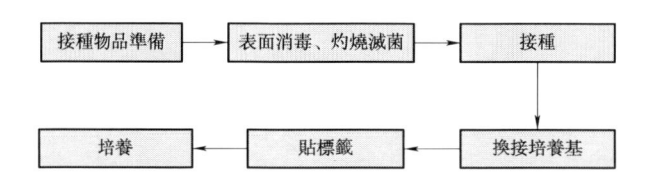

接種物品準備 → 表面消毒、灼燒滅菌 → 接種 → 換接培養基 → 貼標籤 → 培養

圖2-1-2　母種轉管擴繁流程

2. 母種轉管擴繁步驟（表2-1-4）

表2-1-4　母種轉管擴繁步驟

 第1步：接種物品準備	斜面母種、待接試管斜面培養基、酒精棉球、火柴、油筆、氣霧消毒劑、標籤紙、接種針、酒精燈、培養皿、鑷子整齊有序地放入超淨工作臺或接種箱中備用。超淨工作臺在接種操作前40 min開啟風機和紫外線燈，達到時間後，關閉紫外線燈，風機照開，暗光30 min後即可接菌。若是使用接種箱則用苯酚或來蘇兒進行空間噴霧，再以氣霧消毒劑燻蒸40 min後使用

食用菌生產

（續）

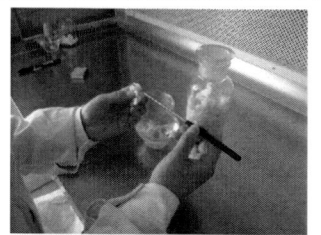 第2步：消毒處理	用75%的酒精棉球依次將雙手、接種臺面、培養皿、接種工具和母種試管外壁表面消毒。也可用1%～2%碘伏進行消毒，效果較好。消過毒的工具放於培養皿上，不要再亂放。另需說明，這裡的接種工具、培養皿等應提前包紮好滅菌，之後再擺放於接種臺面
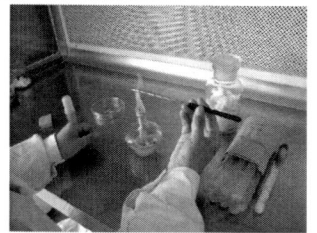 第3步：燒灼工具	點燃酒精燈，用鑷子夾住培養皿先在酒精燈外焰進行灼燒，再將接種工具利用酒精燈火焰灼燒滅菌，接種鉤應用酒精燈外焰將針頭部位灼燒紅後，再放培養皿上冷涼待用。若使用接種鋤，則利用酒精燈充分灼燒後，再冷涼相對比接種鉤更長的時間後再用
 第4步：接種	左手持母種試管，在酒精燈火焰無菌區，用右手的小指、無名指取下試管棉塞，用火焰封住管口，用接種鉤將母種斜面前端0.5 cm棄去，拿工具挑著母種試管，用左手拿起待接試管平行並排於母種下，斜面均向上，管口齊平。在火焰無菌區，用小指和手掌取下待接試管的棉塞，將試管口在火焰上稍微燒一下，以殺滅管口上的雜菌，隨用接種鉤挑取火柴頭大小菌種塊迅速移入待接試管培養基斜面中部，再利用酒精燈外焰燒一下試管口，同時火焰微燎待接試管棉塞塞住管口
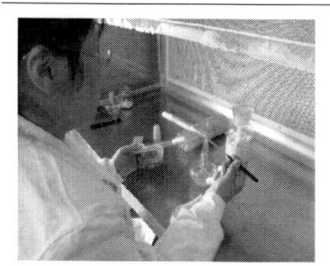 第5步：換接培養基	轉接下一支試管時，右手持接種鉤水準挑著母種試管，並使試管口處於酒精燈火焰無菌區。用左手去拿下一支待接試管，之後重複前面接種動作。如此反覆操作，1支試管母種可擴接50～80支試管繼代母種。接種結束後，及時清理乾淨接種臺面
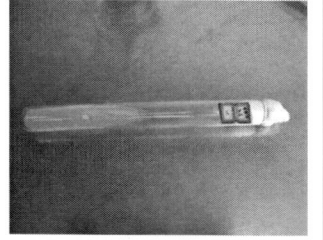 第6步：貼標籤、培養	接種完成後，在繼代母種的試管上逐支貼上標籤，寫明接種人、菌種名稱、接種日期、轉管次數等。繼代母種放入25～28℃的恆溫培養箱內，避光培養。通常7～10 d長滿斜面。培養初期要及時檢查，及時淘汰長速變緩、出現異常色素和雜菌菌落的菌種試管

第二章　食用菌製種

專題 4　母種鑑定、保藏

1. 優良母種的基本特徵　優良母種常常表現為菌絲生長整齊，同批試管間菌絲的生長外觀沒有明顯的差異，菌絲長速正常，符合該品種的形態特徵，菌落邊緣整齊、長勢旺盛（圖 2-1-3）。

圖 2-1-3　優良母種狀態

2. 不良母種的基本特徵　母種退化、老化的表現為菌絲長速減慢，同批試管間菌絲長速差異明顯，生長狀態呈現多樣性，甚至有的菌種轉接後出現雜菌菌落（圖 2-1-4）。

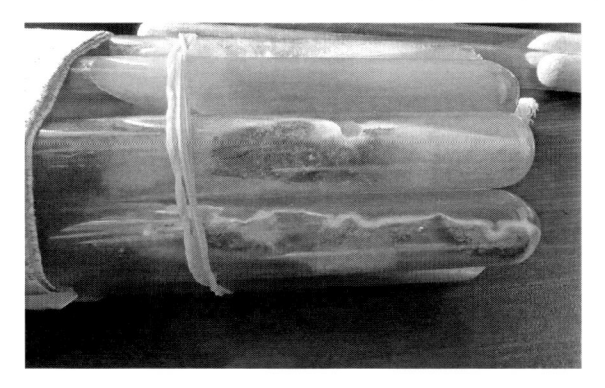

圖 2-1-4　劣質母種狀態

專題 5　母種擴繁與培養中常見問題

1. 接種塊不萌發菌絲　首先觀察所接母種塊顏色是否變黑，如果變為黑色則是在接種過程中被燙死；如果所接母種塊顏色未變黑，並且上面沒有菌絲生長跡象，則可能是母種已經老化。解決措施如下：

（1）如果母種塊被燙死，要注意在接種過程中的接種動作，接種速度要快，尤其在母種塊轉出試管口經過酒精燈火焰無菌區的一瞬間，要迅速把母種塊轉接入待接試管培養基斜面中央。

（2）如果母種自身老化，要進一步確定原先母種是否喪失活力。可以將剩餘的母種轉接至新的培養基內，如果依然不生長，就可以確定該母種已喪失活力；如果菌種正常萌發，則不是母種老化的原因，而是培養基的原因。

2. 母種轉接後，接種塊周圍出現黴菌汙染　可能是由於接種者對接種工具消毒、滅菌不徹底，造成了工具上帶菌；或是由於母種自身帶菌。解決措施如下：

（1）如果是工具的原因，則要對接種工具進行充分灼燒滅菌，且接種前要將工具拿防水紙包好隨同培養基一同滅菌後使用。

（2）如果是由於母種自身帶菌，則該母種不能再用於生產。但該品種如果是珍稀品種，則要花力氣對該母種進行提純後使用。

3. 母種轉接後，棉塞部位感染雜菌　這是由於培養基製作過程中管口沾染了營養液；或是由於滅菌過程中棉塞被打濕；或是由於培養過程中環境潮濕引起棉塞受潮所致。解決措施如下：

（1）培養基製作過程中要防止營養液沾濕試管口。

（2）在滅菌過程中要將待滅菌試管拿防水紙包嚴，同時試管上部再用一層防水紙蓋嚴，出鍋時先利用鍋內餘熱將防水紙烘乾後再擺斜面。

（3）母種試管培養要放在清潔、乾燥、黑暗的環境中培養，不能置於不衛生、環境潮濕的地方培養。

4. 母種轉接後，母種塊萌發的菌絲在培養基內生長很慢，遠低於正常長速　首先判斷該母種是否喪失活力；也可能是由於培養基配製不合理，導致菌絲不能正常利用培養基內養分。解決措施如下：

（1）判斷該母種是否喪失活力的方法同前。

（2）如果是由於培養基配製不合理，要查明培養基配製時哪種成分加的比例不適宜，同時可將該母種轉接到其他培養基內培養。

5. 母種轉接後，培養基表面和貼近試管壁處出現淺黃色黏稠菌落　這是由於培養基滅菌不徹底，或是接種操作不嚴格造成細菌感染。解決措施如下：

（1）要嚴格按照滅菌時間去滅菌，不能縮短滅菌時間。

（2）接種要嚴格操作過程，特別要在接種前對接種工具充分消毒、滅菌。

實踐應用

實踐專案1（PDA培養基製作）：以小組為單位，每組製作母種PDA培養基500支。要求各組按照所學知識，分工明確，加強團隊配合。透過小組間競賽，查看哪些小組速度快且製作的培養基標準、合格，由此進行評價。【建議1 d】

實踐專案2（母種轉管擴繁）：以考查個體為單位，要求每名同學按照所學知識，在規定時間內每人完成5支試管的擴繁任務。透過其動作規範性、熟練度和效果等進行評價。【建議1 d，其中練習0.5 d，實操0.5 d】

要求：2個實踐專案結束後，均需完成實驗報告。實驗報告內容包括實驗目的、實驗材料準備、實驗設備準備、工藝流程、實驗過程、總結等。

教師考評表如下：

學生姓名	所在科系、班級	考核評價時間	技能考核得分	素養評價得分	製作品質評價得分	最後得分	教師簽名

複習思考

1. 請總結 PDA 培養基的製作技術要點。
2. 請總結母種轉管擴繁技術的要點。
3. 一位在企業多年的老技術員說：「母種生產至關重要，每一個環節都要嚴格把控，一旦一個環節出問題，則影響到整個食用菌生產。」請問你是如何理解這句話的？

第二節　原種生產

> **知識目標**
> 🍄 熟悉原種培養基營養配方、製作工藝流程、製作方法等。
> 🍄 熟悉原種接種的工藝流程和操作方法等。
>
> **能力目標**
> 🍄 能夠熟練按照標準進行原種培養基的製作。
> 🍄 能夠熟練進行原種接種操作。
> 🍄 能夠熟練進行原種培養、鑑定和保藏。
>
> **素養目標**
> 🍄 培養職位技術操作認真細緻的工匠精神。
> 🍄 培養實踐出真知的科學思維。

專題 1　原種培養基配方

原種培養基的配方很多，在選用這些配方的時候要根據食用菌的特性來選擇。經常選用的原料有木屑、玉米芯、棉籽殼、稻稭、穀粒等。可以單一地利用這些原料，也可以將這些原料中的兩種或幾種組合起來共同栽培一種食用菌，這樣可以起到改善、優化培養基物理性狀的效果。如木屑顆粒小、密度大、吸水性強，但透氣性差，而玉米芯、稻稭等顆粒較大、透氣性好，但持水性差，所以經常將木屑同玉米芯、稻稭以一定比例混合起來，這樣可以很好地改善培養基的物理性狀（表 2-2-1）。

表 2-2-1　原種培養基配方

穀粒	1. 麥粒培養基　小麥粒 98%、石膏粉 2%。適宜雙孢蘑菇、秀珍菇、香菇、黑木耳、杏鮑菇等菌絲的生長； 2. 高粱粒培養基　高粱粒 98%、石膏粉 2%。適宜秀珍菇、香菇、靈芝、猴頭菇、金針菇等菌絲的生長； 3. 玉米粒培養基　玉米粒 98%、石膏粉 2%。適宜秀珍菇、香菇、靈芝、杏鮑菇、金針菇等菌絲的生長

（續）

 木屑	1. 闊葉樹木屑78%、麥麩（或米糠）20%、蔗糖1%、石膏粉1%，含水量55%～60%。適宜秀珍菇、香菇、靈芝、黑木耳、滑菇、猴頭菇、杏鮑菇、金針菇、大球蓋菇等菌絲的生長； 2. 小松木塊65%、松木屑14%、米糠18%、蔗糖2%、石膏粉1%，含水量60%～65%。適宜茯苓等菌絲的生長
 玉米芯	玉米芯78%、麥麩20%、蔗糖1%、石膏粉1%，含水量65%。適宜黑木耳、秀珍菇、雞腿菇、杏鮑菇等菌絲的生長。對於秀珍菇、雞腿菇可在配方內額外添加1%～3%的生石灰，使培養基呈鹼性。另外，剛剛採收的玉米芯應太陽晒乾後粉碎使用
 棉籽殼	棉籽殼78%、麥麩20%、蔗糖1%、石膏粉1%，含水量60%～65%。適宜大多數食用菌菌絲的生長，由於棉籽殼成本較高、營養豐富，所以常用於製作原種培養基
 小麥稭稈	1. 小麥稭稈74%、麥麩25%、石膏1%。適宜雞腿菇、大球蓋菇、秀珍菇、雙孢蘑菇等菌絲的生長； 2. 玉米稭稈碎段78%、麥麩20%、石膏粉1%、生石灰1%。適宜雞腿菇、秀珍菇等菌絲的生長，用之前要注意將玉米稭稈提前進行碾壓處理

專題 2　原種穀粒培養基製作

1. 原種穀粒培養基製作流程（圖 2-2-1）

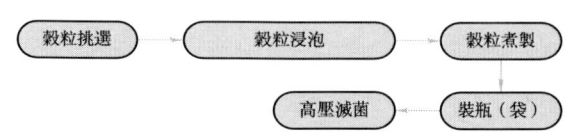

```
穀粒挑選 → 穀粒浸泡 → 穀粒煮製
            高壓滅菌 ← 裝瓶（袋）
```

圖 2-2-1　原種穀粒培養基製作流程

2. 原種穀粒培養基製作步驟（表 2-2-2）

表 2-2-2　原種穀粒培養基製作步驟

步驟	說明
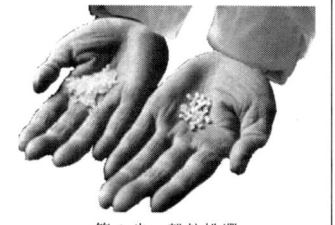 第 1 步：穀粒挑選	選擇新鮮、無發霉、無蟲蛀、完整的穀粒，特別對於多年存放的穀粒一定要慎用，否則很容易影響菌絲的生長品質。對於高粱粒和小麥粒，如帶外殼則培養的菌絲長勢相對較好
 第 2 步：穀粒浸泡	根據穀粒的大小、含水量以及環境溫度等確定穀粒的浸泡時間。麥粒、高粱粒通常浸泡 0.5～1 d，玉米粒浸泡 1～2 d，夏天浸泡時間可適當縮短，同時為防止變酸可添加適量生石灰，冬季則應適當延長浸泡時間。穀粒泡至內部吸水充分為宜
 第 3 步：穀粒煮製	將泡好的穀粒放於沸水中一邊煮一邊攪動，煮至穀粒無白心即可，切不可煮的時間過長而導致穀粒破裂。煮好後撈出，於紗布上瀝乾水分。不同的穀粒煮製的時間不同

(續)

 第 4 步：裝瓶	在瀝乾水分的穀粒內拌入石膏，混勻。之後將其裝入 500 mL 或 750 mL 罐頭瓶或高壓聚丙烯袋內中，裝量占空間的一半，之後擦淨瓶（袋）口，用高壓聚丙烯膜封瓶口，用耐高溫、高壓的皮套綁緊，塑膠袋則要繫緊袋口上端
 第 5 步：高壓滅菌	將穀粒培養基置於高壓滅菌鍋內 121～123℃滅菌 1.5～2 h。若是常壓滅菌則要 100℃溫度下滅菌 8 h 以上。滅菌結束後，常冷涼 5～7 h 後再出鍋，以避免瓶（袋）內壓力、溫度驟然改變導致瓶（袋）炸裂

專題 3　原種代用料培養基製作

1. 原種代用料培養基製作流程（圖 2-2-2）

培養料預處理 → 拌料 → 裝瓶 → 滅菌

圖 2-2-2　原種代用料培養基製作流程

2. 原種代用料培養基製作步驟（表 2-2-3）

表 2-2-3　原種代用料培養基製作步驟

 第 1 步：培養料預處理	選擇新鮮乾燥、無發霉、無蟲蛀的原料，使用前最好經過陽光曝晒 1～2 d。木屑通常要經過預濕、堆積，待吸水充足、散盡不良氣味後使用；玉米芯也要提前預濕；秸稈類原料通常要先破壞秸稈外層蠟質層，之後也要提前預濕；棉籽殼由於吸水較快，不必提前預濕

（續）

 第 2 步：拌料	將主輔料混勻，水溶性的營養物質溶於水中加入，邊拌邊加，一定要將培養料充分混勻，否則易造成接種後菌絲生長不勻。同時培養料含水量要符合標準，不能過低或過高。拌完的料可用手握法測含水量，用手緊握，以手指縫有水滴間滴滴落為宜
 第 3 步：裝瓶	將拌好的培養料悶堆 1～2 h，之後將其裝入 500 mL 或 750 mL 罐頭瓶中，裝至罐頭瓶瓶肩處壓緊實，用打孔錐於料面中部打孔之後擦淨瓶口，用高壓聚丙烯膜封口，用耐高溫、高壓的皮套綁紮，封嚴瓶口。之後應盡快進入滅菌環節，以免培養料變酸
 第 4 步：滅菌	將培養基置於高壓滅菌鍋內 121～123℃ 滅菌 1.5～2 h，或在常壓滅菌鍋內 100℃ 滅菌 8 h 以上。滅菌時間根據環境中雜菌數量、裝瓶數、季節等確定。冬季可適當縮短滅菌時間，夏季則要延長滅菌時間。當一次性滅菌數量達 5 000 瓶以上時，則應在原有滅菌時間上增加 4～6 h

專題 4　原種接種

1. 原種接種流程（圖 2-2-3）

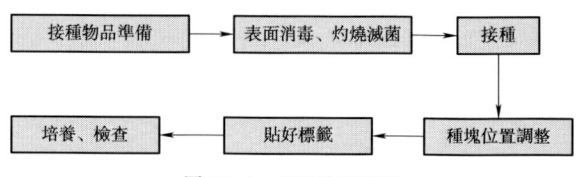

接種物品準備 → 表面消毒、灼燒滅菌 → 接種 → 種塊位置調整 → 貼好標籤 → 培養、檢查

圖 2-2-3　原種接種流程

2. 原種接種技術（表 2-2-4）

表 2-2-4　原種接種技術

 第 1 步：接種前準備	待接母種和待接原種培養基、酒精棉球、火柴、油筆、氣霧消毒劑、標籤紙、接種鏟、酒精燈、培養皿、鑷子整齊有序地放入超淨工作臺或接種箱中備用。超淨工作臺在接種操作前 40 min 開啟風機和紫外線燈，達到時間後，關閉紫外線燈，風機照開，暗光 30 min 後即可接種。接種箱用苯酚或來蘇兒進行空間噴霧，再以氣霧消毒劑燻蒸 40 min 後使用
 第 2 步：表面消毒	用 75％的酒精棉球依次將雙手、接種臺面、培養皿、接種工具和母種試管外壁消毒。消過毒的工具放於培養皿上，不要再亂放。原種培養基溫度在 25℃以下後應及時接種，否則會增加被汙染的機率。所使用的母種也應在合適生長期，否則原種生活力可能會降低。原種培養基在放入超淨工作臺或接種箱前，最好使用高錳酸鉀進行擦拭消毒
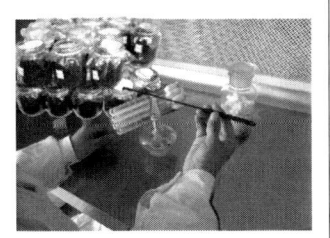 第 3 步：灼燒滅菌	點燃酒精燈，用鑷子夾住培養皿先在酒精燈外焰進行灼燒，再將接種鏟利用酒精燈火焰灼燒滅菌，接種鏟在灼燒之前可先蘸取 95％的酒精，之後放培養皿上冷涼待用。未完全冷涼的工具切勿急於接種，否則易燙傷菌種。有條件的，也可使用紅外加熱滅菌器對工具進行滅菌處理
 第 4 步：接種	一般需 2～3 人接種。一人左手持母種試管在酒精燈火焰無菌區，用右手的小指、無名指取下試管棉塞，用火焰封住管口，用接種鏟將母種斜面前端 0.5 cm 棄去，之後用工具將母種斜面平均割成 5～6 段。在火焰無菌區，用接種鏟迅速將割好的母種塊接入待接原種培養基穴內，拿原種培養基的人要注意在酒精燈火焰無菌區打開封口膜，同時要用原種瓶口迎接母種試管口，不能反向。接種後迅速拿封口膜封好瓶口

（續）

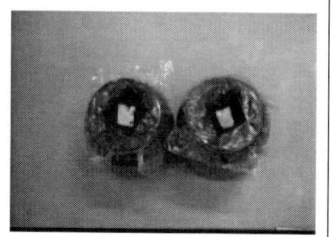 第 5 步：種塊位置調整	接種後的母種塊處於空白原種培養基的接種穴內，透過輕輕磕碰菌種瓶使菌種塊處於接種穴中部。不要讓所接母種塊偏離接種穴中部位置，否則容易造成菌絲在瓶壁一側生長，以致菌絲不能在規定時間內及時封滿原種培養基瓶口的料面而引起不必要的汙染。同時還應注意封口膜一定要密封緊密，避免雜菌進入菌種瓶內
 第 6 步：貼好標籤	接種後的原種培養基逐瓶貼上標籤，寫明接種人、菌種名稱、接種日期等，放入 25～28℃ 的恆溫培養箱內或培養架上，暗光培養。通常 25～30 d 菌絲長滿原種瓶。培養初期要及時檢查，及時淘汰長速變緩、出現異常色素和雜菌菌落的菌種
 第 7 步：培養、檢查	規模化生產時，可 2 d 檢查一次，一般待菌絲封滿瓶口並向下生長 1 cm 後，則不易發生汙染。培養過程中培養室內應懸掛溫度計隨時測溫，一旦發現環境溫度超過 28℃ 時，就要進行降溫處理。同時空氣相對濕度控制在 60% 左右

專題 5　原種鑑定、保藏

原種接種後第 3 天即應開始進行檢查。正常的原種應生長整齊，相同品種長速一致，色澤潔白，無綠色、灰綠色、暗褐色、橘紅色、灰白色、黑灰色等雜菌菌落顏色，菌絲豐滿、濃密、均勻，菇香味濃郁，無酸臭味和酒精味。具備以上特徵的原種才是優良菌種。長滿的原種應及時使用。若不及時使用則應在 5℃ 溫度下保藏，在高溫條件下，盡量縮短存放時間，否則會影響菌絲活力。

專題 6　原種培養中常見問題

1. 接種塊不萌發菌絲　首先觀察所接母種塊顏色是否變黑，如果變為黑色則是在接種過程中被燙死；如果所接母種塊顏色未變黑，並且上面菌絲沒有生長跡象，則可能是母

種已經老化，或是原種培養基配製不合理抑制了菌絲的萌發。解決措施如下：

（1）如果母種塊被燙死，要注意在接種過程中嚴格接種動作，注意接種時速度要快，尤其在母種塊轉出試管口經過酒精燈火焰無菌區的一瞬間，要迅速把母種塊轉接入待接原種培養基中央。

（2）如果是母種自身老化的原因，要進一步確定原先母種是否喪失活力。可以將剩餘的母種轉接至新的培養基內生長，如果依然不生長，就可以確定該母種已喪失活力。

（3）在製作培養基時，嚴格按照各營養成分比例配製並充分拌勻。

2. 原種瓶接種塊周圍出現黴菌汙染 可能是由於接種環境不清潔，或接種者操作不規範，或菌種自身帶菌。解決措施如下：

（1）如果是由接種環境不清潔所致，要對接種環境提前燻蒸消毒。

（2）如果是由接種者操作不規範所致，在接種過程中則要對接種工具進行充分灼燒滅菌，同時接種動作要規範、迅速。

（3）如果是由菌種自身帶菌所致，則該菌種應淘汰。

實踐應用

實踐專案 1（原種穀粒培養基製作）：以小組為單位，每組製作以帶殼小麥粒為主料的原種培養基 50 瓶。要求各組按照所學知識，分工明確，加強團隊配合。透過小組間競賽，查看哪些小組速度快且製作的培養基標準、合格，由此進行評價。【建議 1 d】

實踐專案 2（原種棉籽殼培養基製作）：以小組為單位，每組製作以棉籽殼為主料的原種培養基 50 瓶。要求各組按照所學知識，分工明確，加強團隊配合。透過小組間競賽，查看哪些小組速度快且製作的培養基標準、合格，由此進行評價。【建議 1 d】

實踐專案 3（原種接種）：以考查雙人組為單位，要求每兩名同學為一組，按照所學知識，在規定時間內每組完成 5 瓶原種的接種任務。透過動作規範性、熟練度和品質效果等進行評價。【建議 1 d，其中準備、練習 0.5 d，實操 0.5 d】

要求：3 個實踐專案結束後，均需完成實驗報告。實驗報告內容包括實驗目的、實驗材料準備、實驗設備準備、工藝流程、實驗過程、總結等。

教師考評表如下：

學生姓名	所在科系、班級	考核評價時間	技能考核得分	素養評價得分	製作品質評價得分	最後得分	教師簽名

複習思考

1. 請總結穀粒培養基和代用料培養基製作技術要點的異同。
2. 請總結原種接種的技術要點。

3. 根據客戶訂單需要，一個食用菌企業想在 5 月 20 日生產出 5 000 瓶 750 mL 罐頭瓶裝的穀粒菌種，要求屆時瓶內剛剛發滿菌絲。請你運用所學知識，幫企業制訂一份生產計劃書，要求內容包括原材料準備、設備工具準備、時間安排等。

第三節　栽培種生產

知識目標
- 熟悉栽培種培養基營養配方、製作工藝流程、製作方法等。
- 熟悉栽培種接種的工藝流程和操作方法等。

能力目標
- 能夠熟練按照標準進行栽培種培養基的製作。
- 能夠熟練進行栽培種接種操作。
- 能夠熟練進行栽培種培養、鑑定和保藏。

素養目標
- 培養職位技術操作認真細緻的工匠精神。
- 培養實踐出真知的科學思維。

專題 1　栽培種培養基配方

　　栽培種培養基配方與原種培養基配方有很多相似之處，但為降低栽培種培養基製作成本，可將麥麩、稻糠的用量調至 10%～15%，而增加玉米芯、木屑等主料的量。製作栽培種培養基宜選用混合型基質，以滿足菌絲對多種營養的需求（表 2-3-1、表 2-3-2）。

表 2-3-1　常用栽培原料物理性狀及利用方法

栽培原料	物理性狀	利用方法
棉籽殼	結構疏鬆、孔隙度大、通氣性好、內含營養豐富、C/N 合理	使用前最好過篩，除去多餘棉籽，同時將棉籽殼利用陽光曝晒 1～2 d 之後悶堆使用，適宜的含水量為 55%～60%
木屑	顆粒較細、密度較高、孔隙度小、吸水力強、含有較多的木質素、含氮量差、常要補充氮素營養、使 C/N 合理	常選用除松、杉、柏等有異味樹種之外的闊葉樹木。常將粗、細木屑以體積比 1∶1 等量混合，為改善通氣性常在木屑內混入玉米芯、棉籽殼等原料，同時要補充 15% 左右的氮素營養，之後悶堆使用，適宜的含水量為 55%～60%
玉米芯	結構疏鬆、孔隙度大、通氣性好、持水力差，內含碳素營養豐富、C/N 較合理	常加工成直徑為 0.5～1 cm 的顆粒，利用陽光曝晒 1～2 d 之後悶堆使用，適宜的含水量為 60%～65%

（續）

栽培原料	物理性狀	利用方法
甘蔗渣	結構疏鬆、孔隙度大、通氣性好、持水力強，富含纖維素、半纖維素，內含一定量糖分	將經過糖分提取後的甘蔗渣晾曬乾、粉碎，通常在其中添加15%左右麥麩和1%生石灰，混合悶堆3～5 d之後進行裝袋，用全熟料滅菌法滅菌
高粱殼	結構疏鬆、孔隙度大、通氣性好、持水力差，具有較高的纖維素含量和較多的碳素營養	高粱米脫粒後，不能完全利用剩下的外殼，因為單純用它持水力較差，通常將40%左右的高粱殼粉碎成粉再與其餘高粱殼混用，或高粱殼內摻上一部分棉籽殼用。利用陽光曝曬1～2 d之後悶堆使用，適宜的含水量為60%～65%
稻稭	結構緻密，表層披有蠟質層，持水力強、孔隙度大、通氣性好，纖維素、半纖維素含量豐富，含氮素差，常要補充氮素營養使C/N合理	常對稻稭進行預處理，先將稻稭置於陽光下晾曬乾，之後可採用碾壓、粉碎、浸泡等手段破壞稻稭表面蠟質層，使其變得鬆散、柔軟，吸水力增強、孔隙度降低。使用中還要加入15%左右的氮素營養和一定量的肥土或糞肥，之後一層稻稭一層糞肥層層堆積發酵15～20 d，待稻稭變為醬褐色、一拉即斷，富有稻稭香味時即可使用
豆稭	結構疏鬆、孔隙度大、通氣性好，內含較多的纖維素和氮素營養，C/N合理	常對豆稭進行預處理，先將豆稭置於陽光下晾曬乾，之後可採用碾壓、粉碎等手段使其變得鬆散、柔軟，吸水力增強、孔隙度降低。之後堆積發酵4～6 d，待豆稭變為醬褐色、柔軟，富有清香味時即可使用
麥麩	質地疏鬆、片狀、米黃色，營養豐富，粗蛋白含量較高，還含有較豐富的維他命	作為氮素營養向玉米芯、木屑等主料內添加，以改變培養料的C/N，增加營養成分。利用陽光曝曬1～2 d後使用。添加量以10%～20%為宜，不宜過多
玉米麵粉	顆粒細密、金黃色、有玉米清香，其營養豐富，含有較多的醣類和維他命，以及各種微量元素	作為氮素營養向棉籽殼、木屑等主料內添加，以改變培養料的C/N，增加營養成分。添加量以3%～5%為宜
糞肥	質地疏鬆、營養豐富、富含有機氮和多種微量元素	先將所選用糞肥堆積腐熟，之後晒乾、打碎，同稻稭、麥稭等以一定比例混合起來堆積發酵，發酵腐熟後使用

表 2-3-2　常見菌類培養基配方

適用菌株	培養基配方
香菇	硬雜木屑84%、麥麩15%、石膏粉0.5%、生石灰0.5%、含水量55%～60%
秀珍菇	玉米芯81%、麥麩15%、石膏粉0.5%、蔗糖0.5%、尿素0.5%、氮磷鉀緩釋複合肥0.5%、生石灰2%、含水量60%～65%
黑木耳	硬雜木屑80%、麥麩19%、石膏粉0.5%、蔗糖0.5%、含水量60%～65%
金針菇	闊葉木屑80%、麥麩19%、石膏粉0.5%、氮磷鉀緩釋複合肥0.5%、含水量60%～65%
靈芝	甘蔗渣80%、麥麩19%、石膏粉0.5%、生石灰0.5%、含水量60%～65%
大球蓋菇	稻稭40%、稻殼30%、麥麩25%、糖2%、玉米粉3%，添加硫酸鎂0.05%、磷酸二氫鉀0.1%、氮磷鉀緩釋複合肥0.5%、含水量65%～70%
猴頭菇	金剛刺渣80%、麥麩8%、米糠10%、石膏粉2%、含水量60%～65%
茯苓	小松木塊57%、松木屑20%、米糠或麥麩20%、蔗糖2%、石膏粉1%、含水量60%左右
滑菇	闊葉木屑84%、麥麩15%、生石灰0.5%、氮磷鉀緩釋複合肥0.5%、含水量60%～65%
蛹蟲草	高粱殼85%、麥麩15%，添加磷酸二氫鉀1%、硫酸鎂0.5%、維他命B_1 10 mg/L、含水量55%
蜜環菌	棉籽殼45%、雜木屑43%、麥麩10%、糖1%、石膏粉1%、含水量55%～60%
雲芝	闊葉樹木片55%、木屑25%、麥麩19%、糖0.8%、硫酸銨0.2%、含水量55%～60%

(續)

適用菌株	培養基配方
安絡小皮傘	稻殼 70％、麥麩 25％、糖 1.5％、玉米粉 3％、硫酸鎂 0.05％、磷酸二氫鉀 0.05％、碳酸鈣 0.4％，含水量 55％～60％
灰樹花	闊葉樹木枝（1 cm 左右）50％、木屑 30％、麥麩 15％、玉米粉 3％、糖 1％、石膏粉 1％，含水量 55％～60％
榆耳	棉籽殼 50％、木屑 30％、麥麩 15％、玉米粉 3％、石膏粉 1％、蔗糖 1％，含水量 55％～60％
裂褶菌	棉籽殼 58％、甘蔗渣 20％、麥麩 18％、玉米粉 2％、石膏粉 1％、磷肥 0.5％、稀土 0.5％，含水量 55％～60％
桑黃	闊葉硬雜木屑 90％、玉米粉 5％、黃豆粉 3％、石膏粉 0.8％、磷酸二氫鉀 0.2％、蔗糖 0.5％、硫酸銨 0.5％，含水量 65％左右

注：以上僅列舉了一些較為常用的配方，不一定為最適配方，僅供參考。

專題 2　栽培種培養基製作

1. 栽培種培養基製作流程（圖 2-3-1）

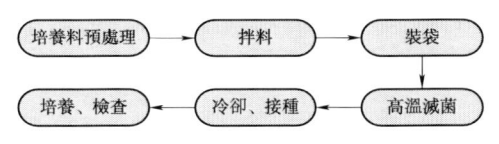

培養料預處理 → 拌料 → 裝袋 → 高溫滅菌 → 冷卻、接種 → 培養、檢查

圖 2-3-1　栽培種培養基製作流程

2. 栽培種培養基製作步驟（表 2-3-3）

表 2-3-3　栽培種培養基製作步驟

 第 1 步：培養料預處理	選擇新鮮乾燥、無發霉、無蟲蛀的原料，使用前最好經過陽光曝晒 1～2 d。木屑通常要經過預濕、堆積，待吸水充足、散盡不良氣味後使用；玉米芯也要提前預濕；稭稈類原料通常要先破壞稭稈外層蠟質層，之後也要提前建堆、預濕；棉籽殼由於吸水較快，不必提前預濕
 第 2 步：拌料	將主輔料混勻，水溶性的營養物質溶於水中加入，邊拌邊加，一定要將培養料充分混勻，否則易造成接種後菌絲生長不勻。同時培養料含水量要符合標準，不能過低或過高。目前市場上的拌料機基本可以滿足拌料的標準，但使用過程中一定要嚴格監控加水量

（續）

 第3步：裝袋	將拌好的培養料悶堆 1~2 h，之後將其裝入 (15~18) cm×(33~35) cm×(0.04~0.045) cm 的高壓聚丙烯塑膠袋或低壓聚乙烯塑膠袋中，裝量為每袋乾料量 0.5~0.75 kg，做到鬆緊適宜、有彈性、裝袋四周均勻。目前市場上的裝袋機一人操作，可同時供 5~7 人繫袋。繫袋有如下幾種方法：直接拿線繩繫緊成活扣；或將袋口套上套環和無棉蓋體；或將袋口套上套環，再插入塑膠錐狀棒，然後將暴露出的袋口繫緊
 第4步：高溫滅菌	通常我們應用周轉筐將培養基移至常壓滅菌鍋內。周轉筐若為鐵製品，則要在筐架上纏裹布條；塑膠周轉筐則要刮掉筐壁內尖銳的塑膠渣，以防裝袋過程中扎破袋壁。周轉筐在鍋內應擺放整齊，筐與筐之間留有縫隙以便蒸汽流通。常壓滅菌鍋應在 100℃ 溫度下滅菌 8 h 以上，鍋內冒出大汽、排盡鍋內冷空氣後開始計時。滅菌時間根據環境中雜菌數量、裝袋數量、季節等確定。高壓滅菌應在 121~123℃ 溫度下滅菌 2~3 h
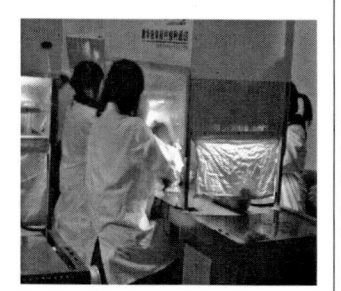 第5步：冷卻、接種	冷卻室內提前用高錳酸鉀水溶液拖地，環境噴灑苯酚、二氧化氯等消毒水，並提前 1 d 用甲醛、高錳酸鉀進行燻蒸，一定要保證冷卻室的潔淨無菌。之後將滅菌後的栽培種培養基放置於乾淨無菌處冷涼，當溫度降至 25℃ 以下時則可接種。接種要在無菌環境下迅速接完，量小可在接種房、接種箱；量大可於室外空氣流通處搭建接種帳就地接種，接種帳也需消毒。有條件的可在具有百級淨化層流罩的接種線上接種，效果更好
 第6步：培養、檢查	接種後的菌種放於 25℃ 潔淨環境中暗光培養，發現汙染菌袋及時挑出。規模化生產時，可 2 d 檢查一次，一般待菌絲封住袋口並向下生長 1 cm 後，則不易發生汙染。隨著菌絲的生長要注意不斷加大通風量，並隨時調整菌袋間距離、層數，密切關注培養溫度，一定防止燒菌

專題 3　栽培種接種具體操作

1. 栽培種接種流程（圖 2-3-2）

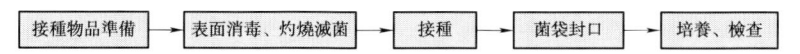

接種物品準備 → 表面消毒、灼燒滅菌 → 接種 → 菌袋封口 → 培養、檢查

圖 2-3-2　栽培種接種流程

2. 栽培種接種技術（表 2-3-4）

表 2-3-4　栽培種接種技術

圖示	說明
 第 1 步：接種物品準備	待接原種和待接栽培種培養基、酒精棉球、火柴、油筆、氣霧消毒劑、標籤紙、接種勺、酒精燈、培養皿、鑷子整齊有序地放入接種箱或接種帳工作臺面。用苯酚或來蘇兒進行空間噴霧消毒，再燻蒸消毒 40 min 後使用
 第 2 步：表面消毒	用 75％ 的酒精棉球依次將雙手、接種臺面、培養皿、接種工具進行消毒，消過毒的接種勺放於培養皿上，不要再亂放。原種在放入接種臺面之前外壁應用 0.1％ 高錳酸鉀溶液擦拭消毒。若於接種帳內接種，工作服也要提前進行消毒
 第 3 步：灼燒滅菌	點燃酒精燈，用鑷子夾住培養皿先進行灼燒，再將接種勺利用酒精燈火焰灼燒滅菌，可用接種勺蘸取 95％ 酒精後灼燒，之後放培養皿上冷涼待用。接種勺和培養皿在接種之前都最好用防潮紙包好後進行高壓滅菌

（續）

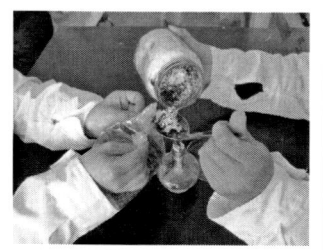 第 4 步：接種	一般需 2~3 人接種。一人左手持原種，在酒精燈火焰無菌區取下原種封口膜，用火焰封住瓶口，用接種勺將原種表層 0.5 cm 棄去，之後拿工具將原種輕輕挑成黃豆粒大小。在火焰無菌區，用接種勺迅速將原種顆粒接入待接栽培種培養基內，最好使原種顆粒散布滿栽培種培養基料面。拿栽培種培養基的人要注意在酒精燈火焰無菌區打開袋口，手指不能接觸袋口內壁，同時要用菌袋口迎接原種瓶口，不能反向
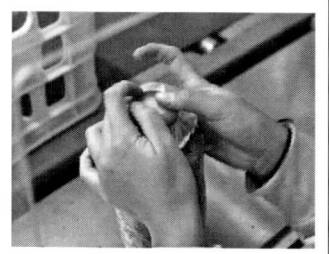 第 5 步：菌袋封口	所接的原種應呈小顆粒狀並基本均勻地散布在栽培種培養基的表層料面上。同時袋口及時拿細繩繫緊，也可使用套圈和無棉蓋體進行封口。1 瓶 750 mL 原種以一端接種可擴接 35~40 袋栽培種培養基。接種後的菌袋按培養架逐架貼上標籤，寫明接種人、菌種名稱、接種日期等
 第 6 步：培養、檢查	培養架也要提前消毒，再把接種後的菌袋放在培養架上，不可擺放過於緊密，暗光培養，溫度維持在 25℃ 左右，空氣相對濕度維持在 60% 左右。培養初期要及時檢查，及時淘汰長速變緩、出現異常色素和雜菌菌落的菌種。培養室內每隔 5 d 應噴灑消毒水 1 次。通常 35~40 d 長滿栽培袋

專題 4　栽培種鑑定、保藏

栽培種接種後第 3 天即應開始進行檢查。正常的栽培種應生長整齊，相同品種長速一致，色澤潔白，無綠色、灰綠色、暗褐色、橘紅色、灰白色、黑灰色等雜菌菌落顏色，菌絲豐滿、濃密、均勻，菇香味濃郁，無酸臭味和酒精味。具備以上特徵的栽培種才是優良菌種（圖 2-3-3）。

長滿的栽培種應及時使用。若不及時使用則應在 5~10℃ 條件下保藏，在高溫條件下盡量縮短存放時間，否則會因袋壁脫水影響到菌絲活力。

圖 2-3-3　優良栽培種

專題 5　栽培種培養中常見問題

1. 菌袋中出現大量汙染菌落　這種現象主要是由於菌袋滅菌不徹底所致。解決措施為要嚴格按照要求達到滅菌時長；在滅菌過程中不要一次性放入大量的菌袋，造成菌袋之間過於緊密，濕熱蒸汽難以到達每個菌袋。滅菌時最好將菌袋置於周轉筐內，將筐之間留有一定縫隙擺放。

2. 前期菌絲萌發良好，後期生長緩慢甚至停止生長　這種現象可能是由於菌袋裝料過於緊密，造成菌種生長後期缺氧；或培養料營養成分配比不適宜菌種生長；或培養料內水分含量過高，以及培養環境不適宜。解決措施如下：

（1）裝料時要將料裝得鬆緊適度，不能過於緊密，也不可過鬆。

（2）菌種通常要在適宜的培養環境中才能生長，料內不能添加某種礦質營養、生長因子超量，一旦過量則會導致菌絲停止生長。當料內 pH 過高或過低時，同樣會造成菌絲停止生長。

（3）在配製培養料時，料內不可一次加入過多的水，當料內含水量大於 70％ 時則會導致菌絲停止生長，並有拮抗線的形成。

（4）當培養環境處於通風不良的狀況或溫度偏低時，也常常導致菌絲生長緩慢甚至停止生長。

專題 6　菌種常用保藏方法

1. 斜面低溫菌種保藏法　該法在保藏母種中是較為簡便、實用的方法之一。這種方法的技術要點如下：

（1）培養基選擇。因為保藏母種要經歷較長時間的存放，所以要用營養豐富的半合成培養基，如 PDA 培養基、麥芽糖瓊脂培養基等，以防菌種保藏過程中營養缺乏。

（2）培養基成分特點。斜面低溫保藏菌種時為防止培養基內水分散失過快，瓊脂用量應增至 2.5％，並增加每管培養基的裝量，不少於 12 mL。

斜面低溫保藏菌種時，菌絲雖然代謝微弱，但仍在緩慢生長，這個過程中會產生有機

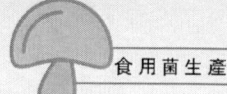

酸而使菌絲處於酸性環境，不利生長又易引起汙染，所以在培養基中再加入0.2％的磷酸氫二鉀和磷酸二氫鉀等緩衝劑。

（3）具體操作要點。按保藏培養基要求，用常規方法製作母種培養基，之後無菌接種。用適宜溫度培養到菌絲長滿斜面。選擇菌絲生長健壯的試管，先用高壓聚丙烯塑膠袋或硫酸紙包紮好管口棉塞，再將若干支試管用牛皮紙包好；也可以用無菌膠塞代替棉塞（圖2-3-4），既能防止汙染，又可隔絕氧氣，避免斜面乾燥。之後將試管放入4～5℃冰箱內保存，每隔3～4個月轉管1次。

（4）注意事項。保藏過程中一定注意不要讓冰箱內冷凝水打濕試管防護材料。草菇菌種不耐低溫，保藏溫度應提高到10～15℃。發現培養基缺水、菌絲變色、老化等現象時，一定要及時轉管。

2. 液體石蠟保藏法　該法利用了液體石蠟隔絕了菌種四周O_2的特點，菌絲得不到充足O_2則其新陳代謝強度降低，細胞老化延緩。同時培養基水分蒸發變慢，由此達到延長菌種壽命的效果（圖2-3-5）。

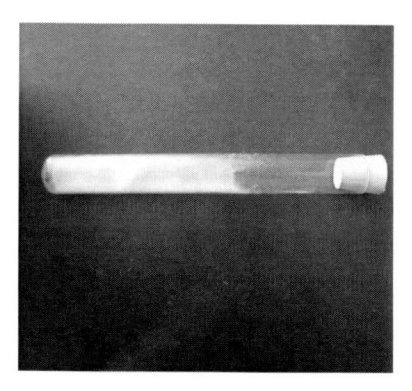

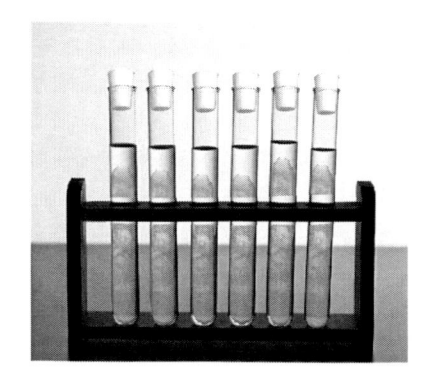

圖 2-3-4　用膠塞保藏的菌種　　　　圖 2-3-5　液體石蠟保藏的菌種

（1）培養基選擇。要用營養豐富的培養基以防止菌種保藏過程中營養貧乏。

（2）液體石蠟處理。使用前液體石蠟要用高壓滅菌鍋125℃滅菌0.5 h，然後將其置於40℃烘箱中，蒸發掉高壓滅菌時滲入的水蒸氣至完全透明為止。

（3）具體操作要點。按保藏培養基要求，用常規方法製作母種培養基，之後無菌接種。用適宜溫度培養到菌絲長滿斜面。之後在無菌環境下，用無菌吸管或針筒吸取經處理好的液體石蠟，垂直注入母種試管內，注入量以高出斜面頂端1 cm為宜，塞上橡皮塞，再用石蠟密封。將試管豎放於試管架上，於乾燥涼爽的低溫處保藏，常可保藏1年以上。

（4）注意事項。保藏過程中一定要注意避免發生火災。在使用母種時，要注意將母種進行活化後使用。

3. 木屑塊保藏法　該法利用了菌絲在木屑塊中生長緩慢卻又保藏效果較好的特點。該法適於保藏木腐菌的菌種（圖2-3-6）。這種方法的技術要點如下：

（1）培養基選擇。選取長2～2.5 cm、直徑0.5～1 cm的小木段，置於1％有機肥水中浸泡6～8 h。另取雜木屑78％、麥麩20％、糖及石膏粉各1％，加水拌勻，配成木屑培養基。

（2）培養基製作要點。取 20 mm×200 mm 的試管，先裝少量木屑培養基，再放入一些木段，然後再用木屑培養基填滿木段與管壁的空隙，之後再放入一些木段，再用木屑培養基填滿木段與管壁的空隙。如此往復操作，最上一層為細木屑，裝量占試管長度的 2/3。塞好棉塞，經 125℃ 高壓滅菌 2.5 h，冷凉後在無菌環境中接入要保藏的菌種。

（3）具體操作要點。菌絲即將長滿試管時，於無菌條件下取下棉塞，塞上滅過菌的橡皮塞，再用石蠟密封。4～5℃ 冰箱內常可保藏 1 年以上。

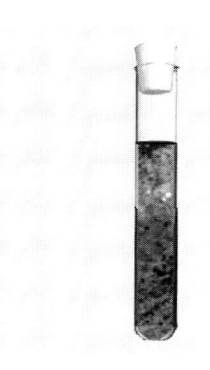

還有很多菌種保藏方法，有條件的可以採取真空保藏法，或乾燥保藏法，或低溫、乾燥、真空三者合一的方法。

圖 2-3-6 木屑保藏的菌種

專題 7　菌種常用復壯方法

1. 菌種退化的原因　菌種退化的原因很複雜，有的是由菌種傳代次數過多造成的，有的是由於環境條件的改變，有的是由於營養條件的改變，還有的是由於菌種內部遺傳物質發生改變。

2. 防止菌種退化的措施

（1）控制傳代次數。母種的傳代次數應控制在 4 次以內，擴繁次數越多，後代的生活力就越弱。原種和栽培種也應盡量減少傳代次數。有的農戶買上一支母種會擴繁 6 次，結果產量一年不如一年，病害越來越多。

（2）控制環境條件。食用菌菌種的代謝越活躍則發生變異的機率越高，如食用菌周圍生長環境溫度高，菌絲代謝、繁殖旺盛，則發生變異的機率就高。有的農戶夏天保藏滑菇菌種時，往往由於控制不住環境溫度而引起滑菇菌絲發生不好的變異。

（3）改善營養條件。很多食用菌菌種退化是由於營養條件的改變或缺乏而引起的。為了避免菌種生長中得不到充足的營養，常用的方法是採用加富 PDA 來恢復菌絲活力，待菌種恢復良好性狀後，再移植到普通 PDA 培養基上。

（4）分離純化菌種。長期單一使用食用菌也會引起菌種退化，常用的方法是每年在生產上將性狀表現優良的子實體進行組織分離、培養，或透過與野生品種雜交來提高菌種活力。

實踐應用

實踐專案 1（栽培種培養基製作）：以小組為單位，每組製作以玉米芯為主料的栽培種培養基 200 袋。要求各組按照所學知識，分工明確，加強團隊配合。透過小組間競賽，查看哪些小組速度快且製作的培養基標準、合格，由此進行評價。【建議 1 d】

實踐專案 2（栽培種接種）：以小組為單位，要求每組同學按照所學知識，在規定時間內每組完成 200 袋栽培種的接種任務。根據動作規範性、熟練度和接種品質效果等進行

食用菌生產

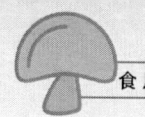

評價。【建議 1 d，其中準備、練習 0.5 d，實操 0.5 d】

要求：2 個實踐專案結束後，均需完成實驗報告。實驗報告內容包括實驗目的、實驗材料準備、實驗設備準備、工藝流程、實驗過程、總結等。

教師考評表如下：

學生姓名	所在科系、班級	考核評價時間	技能考核得分	素養評價得分	製作品質評價得分	最後得分	教師簽名

複習思考

1. 請總結母種、原種和栽培種三者之間的菌種擴繁體系思維導圖。

2. 請總結食用菌菌種保藏的方法有哪些。

3. 根據客戶訂單需要，一個食用菌企業想在 10 月 1 日生產出 10 000 袋 17 cm × 35 cm 規格秀珍菇栽培種，要求屆時剛剛發滿菌絲。請運用所學知識，幫企業制訂一份生產計劃書，要求內容包括原材料準備、設備工具準備、時間安排等。

第四節　液體菌種生產

> ┌ 知識目標 ┐
> 🍄 熟悉液體培養基營養配方、製作工藝流程、所需設備工具等。
> 🍄 熟悉液體菌種接種的工藝流程和操作方法等。
>
> ┌ 能力目標 ┐
> 🍄 能夠熟練按照標準進行液體培養基的製作。
> 🍄 能夠熟練進行液體菌種接種操作。
> 🍄 能夠熟練進行液體菌種培養和無菌檢測。
>
> ┌ 素養目標 ┐
> 🍄 培養職位技術操作認真細緻的工匠精神。
> 🍄 培養實踐出真知的科學思維。

專題 1　液體菌種製種

1. 液體菌種製種流程（圖 2-4-1）

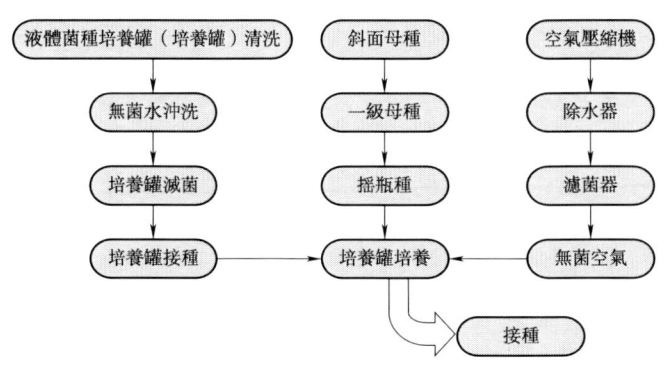

圖 2-4-1　液體菌種製種流程

專題 2　液體菌種滅菌

我們在製作液體菌種時，滅菌是核心的工作，要比做固體菌種更加嚴格，稍有不慎則會導致操作失敗。

一、滅菌的不同階段

1. 準備期滅菌　培養罐在每次生產前都必須對其進行徹底的清洗、滅菌後使用。內壁黏附的汙物要清洗掉，檢查各個閥門、加熱棒、控制櫃、氣泵等是否正常，如有故障需及時排除。然後對罐體內部進行徹底殺菌，必用的方法是煮罐。煮罐要關閉罐底部的接種閥和進氣閥，加水至視鏡中線，啟動加熱器，當溫度達到123℃時維持35 min後關閉排氣閥，20 min後把煮罐水放出即可進入生產。

2. 營養液製作期滅菌　液體培養基在進入培養罐內後，要在罐內進行滅菌，與製作固體菌種時對固體培養基滅菌的原理是相同的。液體培養基在123℃下滅菌35～40 min。該過程要透過排料對管道進行消毒。同時氣泵中的濾芯要在使用前30 min滅好菌裝好，並在滅菌計時開始時就打開泵通氣，以便保證空氣的無菌狀態。

3. 接種期滅菌　液體培養基在培養罐內滅菌完成後，經冷水降溫後要在進氣閥接上通氣管，所以通氣管和進氣閥都要經過滅菌，尤其在二者連接時要用火焰灼燒滅菌。接種時開閉排氣閥並點燃火圈，使火圈火焰封住接種口，之後旋開接種口蓋，按照無菌操作要求於火圈無菌區拔下棉塞並倒入菌種，然後旋緊接種蓋。

4. 培養期滅菌　液體菌種在培養過程中要定期對培養基內的菌絲生長情況進行觀察、檢測。檢測要透過排料口取樣。每次取樣完畢都要拿酒精燈外焰對排料口進行灼燒滅菌。

二、培養罐的煮罐

正常液體菌種生產中不需煮罐，上一批生產完只需將種子罐洗淨就可進入下批生產。但在特殊條件下，必須要對種子罐全面滅菌，俗稱「煮罐」。

1. 目的　對發酵罐內徹底滅菌。

2. 需要煮罐的情況

（1）新購置的種子罐首次使用時。

（2）上一罐感染雜菌發生汙染時。

（3）種子罐長期不用時。

（4）同一種子罐更換生產品種時。

3. 方法　關閉種子罐底部的接種閥和進氣閥，加水至視鏡中線，啟動加熱器加熱，當溫度達到121～123℃時，維持30～50 min，然後關閉排氣閥，30 min後把煮罐水放出即可正常投入生產。

專題 3　液體菌種常用參數及指標

表 2-4-1 和表 2-4-2 為液體菌種常用參數及指標。

表 2-4-1　培養罐培養工藝參數控制

參數	控制標準
菌齡	搖瓶種菌齡控制在 4～10 d，一、二級種菌為 48～96 h
接種量	接種量通常為 10%～20%
溫度	溫度通常在 25～28℃生長最快，菌絲體得率最高
通氣量	前 48 h 每分鐘的通氣體積與培養液體積之比為 0.5：1，後 48 h 每分鐘的通氣體積與培養液體積之比為 1：1
攪拌速度	香菇深層發酵的攪拌速度一般是 200～250 r/min
pH	香菇在深層發酵中適宜 pH 為 4.5～6.5
罐壓	發酵過程中罐壓通常為 0.15～0.2 MPa
泡沫控制	加入約 0.006% 消泡劑進行消泡處理

表 2-4-2　培養罐培養重要指標檢查

指標		檢查標準
發酵中期	菌絲量	採用離心法，量取一定體積的樣品液離心後秤菌泥重量
	菌絲體大小	取少量菌絲球於加有蒸餾水的培養皿中用游標卡尺測量
	純度	透過平板培養或顯微鏡檢查是否存在汙染
	pH	檢查發酵液的 pH 變化了解發酵的進程並接了解汙染情況
	總糖量	選用蒽酮比色定糖法或 3,5-二硝基水楊酸比色法測定
	胺基氮	選用微量凱氏定氮法或甲醛滴定法進行測定
發酵後期		產物濃度、過濾濃度、含氮量、殘糖量、菌絲形態、pH、發酵液純度等
發酵結束		經 4 000 r/min 離心 10 min，菌泥濕重為每 100 mL 20～25 g 時放罐

專題 4　液體菌種常用配方

基礎培養基配方為馬鈴薯 200 g，玉米粉 20 g，維他命 B_1 和維他命 B_2 各 10 mg，消泡劑 0.3 g，水 1 000 mL，之後再根據不同食用菌種類額外添加表 2-4-3 中的成分。

表 2-4-3　常用液體菌種培養配方

種類	紅糖	葡萄糖	麥麩	蛋白腖	磷酸二氫鉀	硫酸鎂
秀珍菇	15 g	10 g	30 g	2.0 g	1.5 g	0.75 g
金針菇	15 g	10 g	40 g	2.0 g	2.0 g	1.0 g
香菇	15 g	10 g	40 g	2.0 g	2.0 g	1.0 g
杏鮑菇	15 g	10 g	40 g	2.0 g	2.0 g	1.0 g
雞腿菇	12 g	10 g	40 g	2.0 g	2.0 g	1.0 g

（續）

種類	紅糖	葡萄糖	麥麩	蛋白腖	磷酸二氫鉀	硫酸鎂
靈芝	12 g	12 g	40 g	2.0 g	2.0 g	1.0 g
黑木耳	15 g	10 g	40 g	2.0 g	2.0 g	1.0 g
雙孢蘑菇	15 g	10 g	50 g	2.0 g	2.0 g	1.0 g
滑菇	15 g	12 g	50 g	2.0 g	2.0 g	1.0 g
基礎配方	馬鈴薯 200 g，玉米粉 20 g，維他命 B_1 和維他命 B_2 各 10 mg，消泡劑 0.3 g，水 1 000 mL						

註：麥麩使用時應和基礎配方中馬鈴薯、玉米粉一起熬煮，之後使用 4 層紗布過濾後使用濾液。

專題 5　液體菌種生產技術要點

1. 液體菌種生產流程（圖 2-4-2）

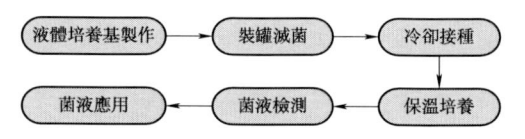

液體培養基製作 → 裝罐滅菌 → 冷卻接種
↓
菌液應用 ← 菌液檢測 ← 保溫培養

圖 2-4-2　液體菌種生產流程

2. 液體菌種生產技術（表 2-4-4）

表 2-4-4　液體菌種生產技術

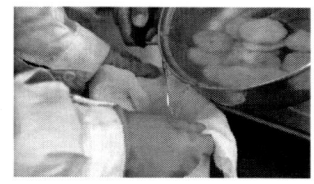 第 1 步：液體培養基製作	取新鮮馬鈴薯，去皮洗淨後切 2～4 mm 厚的片，新鮮麥麩和玉米粉秤好後和馬鈴薯片一同放入鍋內熬煮，當馬鈴薯片煮至酥而不爛時，用 6～8 層紗布過濾取濾液。定容完成後，依次加入紅糖、葡萄糖、蛋白腖、磷酸二氫鉀、硫酸鎂、維他命 B_1 和維他命 B_2（碾成細末加入攪勻）、消泡劑等，充分攪拌均勻
 第 2 步：裝罐滅菌	培養罐經煮罐滅菌後，將漏斗插入上料口，用小鍋將料液分批分次倒入處理好的發酵罐中或用水泵抽入發酵罐中，之後加入自來水調整料液至標準量，擰緊接種蓋，即可滅菌。將轉換開關打到「滅菌」檔，設定好滅菌溫度 125℃，按「啟動」開關，兩個加熱管開始加熱工作。當壓力達到 0.05 MPa 時，可稍開啟排氣閥 3～5 min 以排除冷氣，當溫度達到設定溫度後，開始計時，共計 40 min，在計時過程中，分前、中、後分別放料 1 次，3 次共放料 3～5 L。

第二章　食用菌製種

（續）

 第 3 步：冷卻接種	液體培養基在培養罐內滅菌完成後，讓冷水經罐體循環降溫，當罐內壓力降至 0.02 MPa 時要給進氣閥無菌操作接上通氣管，然後接通氣泵。把接種用的物品如手套、菌種、火圈備好，火圈澆足 95％ 的酒精。接種時將排氣閥開至最大，並點燃火圈，使火圈火焰封住接種口，之後旋開接種口蓋，按照無菌操作於火圈無菌區拔下棉塞並倒入專用液體母種，然後旋緊接種蓋，再調節罐內壓力至 0.02 MPa
 第 4 步：保溫培養	將轉換開關打到「培養」檔，透過電腦面板設定好不同食用菌的不同培養溫度，金針菇常選擇 20～26℃ 培養檔，空氣流量調至 1.2 m³/h 以上，罐壓在 0.02～0.04 MPa。培養期間不用專人管理，接種 24 h 以後，每隔 12 h 可從接種管取樣 1 次，觀察菌種生長和萌發情況，一般檢查菌液澄清度、氣味、菌球數量等
 第 5 步：菌液檢測	透過感觀檢測，發現菌液變清澈、菇香味濃郁、菌球和菌絲體占整個培養液體積的 80％，菌球與菌液界線分明，周邊毛刺明顯，菌絲活力強，即為培養好的象徵。同時要鏡檢有無雜菌菌絲體。此外還有培養皿檢測、菌包（瓶）檢測等方法
 第 6 步：菌液應用	液體菌種培養好後，要透過液體導管和接種槍將菌液注射至栽培料袋內，栽培料通常要經過半熟料或全熟料滅菌，於超淨工作臺上或淨化層流罩下接種，房間布局如圖 2-4-3 所示。在醫藥和食品領域也可進行進一步的深層發酵培養

圖 2-4-3　液體菌種接種房間示意

🍄 實踐應用

實踐專案 1（培養罐結構辨識）：以小組為單位，每組按照所學知識，對照培養罐實物，弄清楚每一個結構的名稱和功能，並畫好線條圖，標清各結構。【建議 2 學時】

實踐專案 2（培養罐模擬操作使用）：以小組為單位，要求每組同學按照培養罐操作工藝流程，一步一步按照要求模擬操作。【建議 0.5 d】

要求：2 個實踐專案結束後，均需完成實驗報告。實驗報告內容包括實驗目的、實驗材料準備、實驗設備準備、工藝流程、實驗過程、總結等。

教師考評表如下：

學生姓名	所在科系、班級	考核評價時間	技能考核得分	素養評價得分	製作品質評價得分	最後得分	教師簽名

🍄 複習思考

有一位食用菌企業家說：「誰掌握了液體菌種生產的核心技術，誰就占領了菌種市場的最尖端高地，液體菌種具有很多傳統固體菌種沒有的優勢。」請透過本節所學知識，並透過網路查閱相關背景知識來分析這位企業家話裡的深刻含義。

第五節　食用菌菌種選育

> **知識目標**
> 🍄 了解食用菌的生活史和繁殖方式。
> 🍄 熟悉人工選種的基本流程和常用的菌種分離方法等。
> 🍄 了解食用菌孢子雜交育種的流程及方法等。
>
> **能力目標**
> 🍄 能夠熟練按照標準進行食用菌組織分離的操作。
> 🍄 能夠熟練進行食用菌多孢分離的操作。
>
> **素養目標**
> 🍄 培養職位技術操作認真細緻的工匠精神。
> 🍄 培養熱愛食用菌科學的興趣和科學研究探索精神。

專題 1　食用菌的生活史和繁殖方式

一、食用菌的生活史

食用菌的生活史，是指從孢子萌發到經歷菌絲體、子實體階段，直到產生第二代孢子的一個生命週期。下面以傘菌的生活史為例來說明其繁殖過程（圖 2-5-1）。

（1）孢子形成，生命週期起點的開始。

（2）適宜條件下，孢子萌發形成單核菌絲。

（3）兩條可親和的單核菌絲間進行質配，形成異核的雙核菌絲。多數種類的雙核菌絲可見鎖狀聯合。

（4）在適宜的環境條件下，雙核菌絲體組織特異化，形成食用菌的幼嫩子實體（菇蕾）。

（5）菇蕾進一步長大形成成熟子實體，子實體內的菌褶表面發育出擔子，擔子經核配、減數分裂形成擔孢子。

（6）孢子成熟、彈射，形成新的種性一致的孢子，完成一個生命週期。

食用菌生產

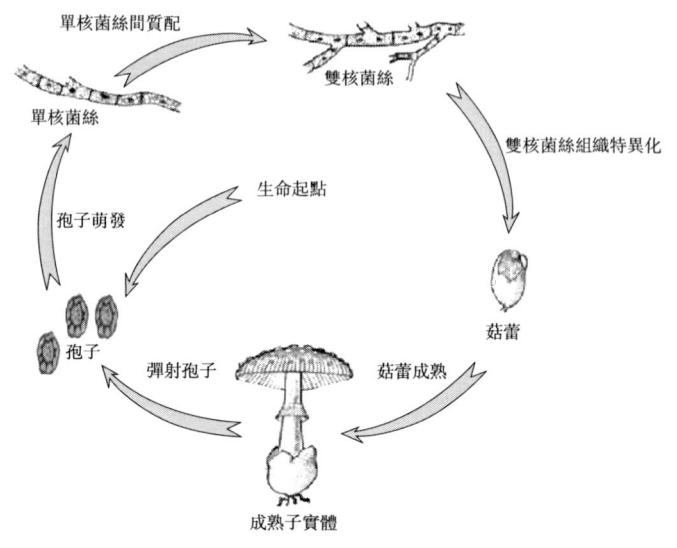

圖 2-5-1　食用菌傘菌生活史

二、食用菌的繁殖方式

食用菌的繁殖方式共有 3 種，即無性繁殖、有性繁殖和準性繁殖。

（一）無性繁殖

利用親代食用菌上的一部分組織塊而不透過有性孢子直接產生新個體的繁殖方式稱為無性繁殖。食用菌的無性繁殖可以以菌絲斷裂的方式繁殖，也可以以產生無性孢子的方式繁殖，還可以以出芽方式繁殖。組織分離技術就是典型的無性繁殖。

（二）有性繁殖

透過有性生殖細胞（如擔孢子的結合），產生食用菌新個體的繁殖方式稱為有性繁殖（圖 2-5-2）。該法表現為可親和有性孢子萌發生成的兩種形態無差別，但性別不同或相同的初生菌絲之間的結合。初生菌絲的性別是由萌發成孢子的不同核基因決定的。有性繁殖根據進行質配的單核菌絲的性別，又可以分為同宗結合和異宗結合。

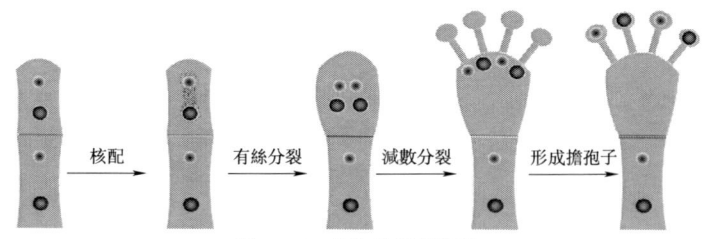

圖 2-5-2　擔孢子形成過程

（三）準性繁殖

準性繁殖在食用菌繁殖中不常見。它是食用菌菌絲發生突變或菌絲間融合生成異核體，進而分裂形成雜合二倍體，並發生有絲分裂交換與單倍體化的一種生殖方式。

專題 2　食用菌人工選種

一、人工選種技術

1. 人工選種基本流程（圖 2-5-3）

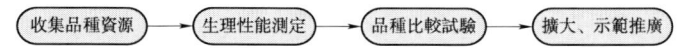

收集品種資源 → 生理性能測定 → 品種比較試驗 → 擴大、示範推廣

圖 2-5-3　人工選種基本流程

2. 人工選種步驟（表 2-5-1）

表 2-5-1　人工選種步驟

步驟	說明
 第 1 步：收集品種資源	盡可能地收集有足夠代表性的野生菌株或生產中表現優良的菌種。為了獲得較好的效果，應首先確定選種的目標，是以菇質為主還是以溫型為主。採集點的地理條件應有明顯的地域差異。為了便於以後對品種資源進行分析，應做好詳細的採集記錄，如該野生菌株周圍的植被、著生基質、生長的環境、地理位置、發生季節等
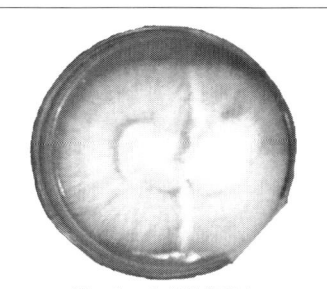 第 2 步：生理性能測定	標本採集後應盡快採用適宜的菌種分離方法攝取純菌株，隨後採用平板與生產中同種的食用菌菌株做拮抗試驗，適溫培養 1～2 週，若有明顯拮抗說明該菌株為新的品種。同時應對該新品種做不同營養類型、不同溫度、不同 pH、不同微量元素等的生理性能測定。透過一系列的試驗來確定該新品種的生理習性
 第 3 步：品種比較試驗	為了比較各菌株的優劣，應嚴格單收、單記各菌株的產量，同時還應對菇形、溫型、乾鮮比、始菇期、菇潮間隔、形態等進行詳細記錄。為了試驗的準確性，要保證菌種的品質、培養基配方、接種操作、管理措施等可能影響結果的因素盡可能一致。試驗還應按生物統計原理進行安排。不同食用菌品種比較試驗表如表 2-5-2 和 2-5-3 所示

(續)

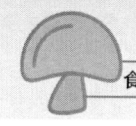

第 4 步：擴大、示範推廣

上述的品種評比結果僅是階段性成果，還應和當地的當家菌株同時進行栽培，證實它是更優良的菌株。經擴大試驗後，將選出的優良品種放到有代表性的試驗點進行示範性生產，待試驗結果進一步確定之後，再由點到面推廣。最後形成完整資料後上報相關部門申請新品種，並形成該品種的生產技術標準

表 2-5-2　食用菌出菇品比試驗單

試驗人：　　　　　　　　　　　　　　　　　　　　　　　　年　　月　　日

品種編號	菇形				出菇色澤	單朵鮮重 (g)	單朵乾重 (g)	小區 100 袋產量 (kg)	二潮菇 100 袋產量 (kg)
	菌蓋直徑 (mm)	菌蓋厚度 (mm)	菌柄長度 (mm)	菌柄直徑 (mm)					
1									
2									
⋮									
CK									

表 2-5-3　食用菌出菇條件試驗單

試驗人：　　　　　　　　　　　　　　　　　　　　　　　　年　　月　　日

品種編號	發菌溫度 (℃)	空氣相對濕度 (%)	光照度 (lx)	O_2 含量 (mg/m³)	菌絲長速 (mm/d)	滿袋天數 (d)	低溫刺激天數 (d)	現蕾天數 (d)	成熟天數 (d)	轉潮天數 (d)
1										
2										
⋮										
CK										

二、人工選種方法

1. 自然選種　該法是透過廣泛異地引種、野生採集、孢子分離等途徑獲得菌種，將其進行馴化移栽，使其逐漸適應當地環境條件，並從中選優汰劣，選出性狀優異的菌株。在菌種生產以及試驗性栽培中，反覆進行比較和選擇，最終確定優良的食用菌品種。

2. 雜交育種　該法是將具有不同遺傳性狀的親本進行交配，使遺傳物質重新組合配對，透過雙親性狀的優勢互補或藉助於一個親本的優點去克服另一親本的缺點，產生具有雙親優點的後代的育種方法。雜交育種一般有單孢雜交、多孢雜交、單雙核雜交、原生質

體融合等方法，一般科學研究、育種上多採用單孢雜交或原生質體融合，透過這些方法處理的菌種常常可表現出較強的雜交優勢。

3. 誘變育種　該法是利用物理或化學方法處理細胞群體，促使菌種的細胞遺傳物質發生性狀改變，然後從變異的菌種中選出具有優良性狀的菌種的方法。科學研究上常用的主要有輻射誘變育種，如紫外線、X射線照射，以及用一些化學藥劑進行誘變育種。

4. 基因工程育種　該法是在基因分子水準上的遺傳工程，又稱基因操作、基因複製、DNA重組技術等。基本原理就是把我們需要的目標基因透過載體DNA與原品種的去氧核糖核酸（DNA）結合，然後人工導入一個受體細胞內，讓外來的遺傳物質在其中「著生」，進行正常複製，從而獲得預先設計的新菌種。

專題3　食用菌組織分離法

食用菌組織分離法是利用子實體的部分組織在無菌條件下培養、提純來分離獲得純菌絲的一種方法。該法操作簡便、材料易得、變異率小，同時能較好保持食用菌品種的種性。下面介紹幾種典型的食用菌組織分離法。

1. 大型傘菌組織分離流程　一些大型的食用菌，如香菇、秀珍菇、雙孢蘑菇、大球蓋菇等，其菇蓋肥厚、菌柄粗壯，可以方便地從其子實體上獲得組織塊。子實體組織分離流程如圖2-5-4所示。

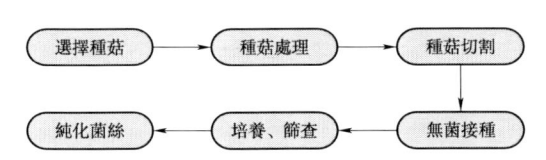

選擇種菇 → 種菇處理 → 種菇切割 → 無菌接種 → 培養、篩查 → 純化菌絲

圖2-5-4　大型傘菌組織分離流程

2. 大型傘菌組織分離技術（表2-5-4）

表2-5-4　大型傘菌組織分離技術

第1步：選擇種菇	挑選發育正常、菇形完好、符合品種特徵、無病蟲害的五六分成熟的菇作為分離種菇。香菇選擇菇形圓整、菌蓋肥厚、呈深褐色且銅鑼邊明顯、邊緣內捲、柄粗面短、出菇早、無病蟲害的五六分成熟的子實體；秀珍菇選擇出菇早、轉潮快、菌蓋厚實、菌柄粗短、色澤較好的五六分成熟而無病蟲害的子實體；雙孢蘑菇選擇菇形圓整、光滑、色澤潔白、柄粗蓋厚、無病蟲害且健壯的五六分成熟的子實體

食用菌生產

（續）

 第 2 步：種菇處理	將選好的子實體用無菌水沖洗，注意不可以浸泡，也不能沖洗時間過長。靜置一段時間使其脫去表層部分水分。將處理好的種菇放入超淨工作臺內，用 0.2％氯化汞溶液或 75％酒精擦拭種菇，再用無菌水沖洗 1～2 次，之後用無菌紗布吸乾菇體表層水，放入經過滅菌的培養皿內
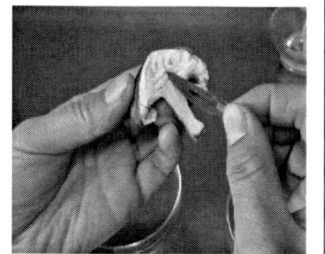 第 3 步：種菇切割	在超淨工作臺內點燃酒精燈，將消毒過的小刀進行火焰灼燒，待小刀冷涼後，把菇蕾縱剖為二，在菇蓋與菇柄相接處的部切取綠豆大小菌肉，注意所選取的部分不要帶著菌蓋的外表皮，否則易造成汙染。切割後的子實體不要亂放，應放入已滅菌培養皿內，同時要注意一定要在最短的時間內利用切割好的子實體
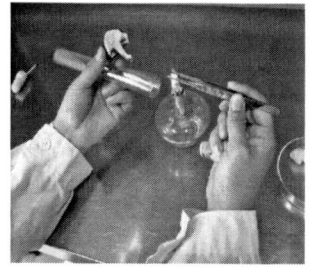 第 4 步：無菌接種	點燃酒精燈灼燒接種鑷子。之後左手利用拇指和食指捏住切割好的菌蓋的外表面，所切割的菌肉面朝向酒精燈火焰無菌區，同時待接試管利用拇指、食指和中指夾緊。右手拿無菌鑷子，利用小手指和手掌在酒精燈火焰無菌區拔掉棉塞，迅速利用鑷子將菌肉塊移接在斜面培養基中央，之後棉塞用火焰輕燎後塞住試管口。整個接種過程要注意始終將試管口處於酒精燈火焰無菌區，動作要迅速
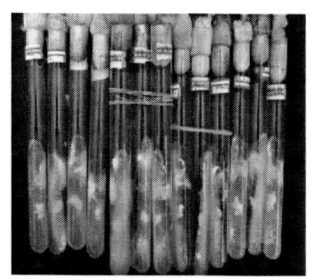 第 5 步：培養、篩查	接種後的母種試管於 25℃ 溫度下暗光培養，及時檢查母種試管，發現黃色、綠色或其他雜色汙染的母種試管要剔除掉，留下沒有汙染的菌種。檢查過程一定要嚴格，寧缺毋濫，不好的菌種堅決不用。同時做好記錄，記錄清楚時間、品種、接種人等資訊

第二章 食用菌製種

（續）

 第6步：純化菌絲	3～5 d後，發現菌落直徑達0.5～1 cm時，及時在無菌環境下挑取菌落先端菌絲移至空白母種培養基上培養，培養條件同上。如此反覆操作2～3次後即可獲得較純的母種。同時做好記錄，記錄清楚時間、品種、接種人、純化次數等資訊，並做好編號、妥善保藏等工作。經組織分離得到的菌種一定要做出菇試驗

3. 特殊菌類組織分離技術（表2-5-5）

表2-5-5　特殊菌類組織分離技術

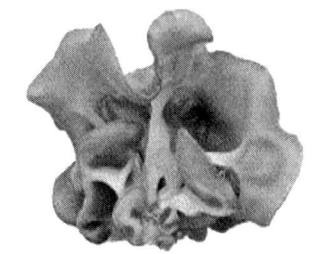 耳類組織	一些呈片狀的食用菌種類，如黑木耳、銀耳、花耳等，應挑選大朵型、肉厚、富有彈性、健壯的七分熟耳類作為分離種耳。將選好的子實體用清水洗淨，靜置一段時間使其脫水。將處理好的種耳放入超淨工作臺內，用無菌水反覆沖洗1～2次，之後用無菌紗布吸乾耳片表層水，放入經過滅菌的培養皿內。點燃酒精燈，將小刀進行火焰灼燒，待其冷涼後，切取綠豆粒大小的耳片，用無菌鑷子移接在斜面培養基中央。其餘步驟同大型傘菌子實體組織分離培養
 菌核組織	一些食用菌的地下菌核很適合組織分離。挑選皮薄、顏色為棕紅色、肉質白色、重量適宜的新鮮菌核作為分離材料。將選好的菌核用清水洗淨，靜置待表皮略顯收縮。將處理好的菌核放入超淨工作臺內，用75％酒精消毒，之後用無菌水反覆沖洗，之後用無菌紗布吸乾菌核表層水後放入經過滅菌的培養皿內。點燃酒精燈，將消毒過的小刀進行火焰灼燒，待小刀冷涼後，將菌核一分為二，切取靠近表皮的一塊菌肉，用無菌鑷子移接在斜面培養基中央，之後棉塞輕微過火塞住試管口。其餘步驟同大型傘菌子實體組織分離培養
 小型傘菌組織	一些小型的食用菌品種，如金針菇、茶樹菇等，其菇蓋較薄、菌柄細長，不易從其菇蓋上獲得組織塊。應挑選顏色好、發育正常、叢生性好、產量高、無病蟲害的六分熟的菇作為分離種菇。將金針菇放入超淨工作臺內，再用無菌水沖洗1～2次，之後用無菌紗布吸乾菇體表層水，放入經滅菌的培養皿內。點燃酒精燈，將鑷子進行火焰灼燒，待鑷子冷涼後，沿菌柄向上去掉菌蓋，在菇柄尖端處夾取綠豆大小菌肉，迅速移接在斜面培養基中央，之後棉塞輕微過火塞住試管口。其餘步驟同大型傘菌子實體組織分離培養

（續）

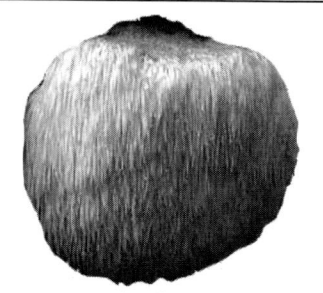 猴頭菇組織	猴頭菇菌刺細長，不易從其菌刺上獲得組織塊。應挑選顏色好、菇形好、產量高、無病蟲害的六分熟的猴頭菇作為分離種菇。將猴頭菇放入超淨工作臺內，再用無菌水沖洗 1～2 次，之後用無菌紗布吸乾菇體表層水，放入經滅菌的培養皿內。點燃酒精燈，將刀片和鑷子進行火焰灼燒，待刀片和鑷子冷涼後，將猴頭菇縱向切開，從其內部取綠豆大小菌肉，迅速移接在斜面培養基中央，之後棉塞輕微過火塞住試管口。其餘步驟同大型傘菌子實體組織分離培養
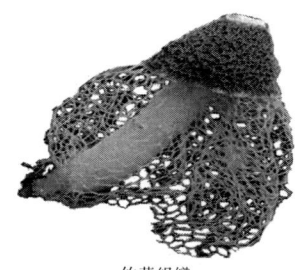 竹蓀組織	竹蓀的成熟子實體較特殊，菌蓋呈蜂窩狀且質脆，菌柄呈海綿狀且柔軟，這些組織均不宜做組織分離。應挑選剛剛長好的菌蕾作為分離對象。將菌蕾放入超淨工作臺內，再用無菌水沖洗 1～2 次，之後用無菌紗布吸乾菌蕾表層水，放入經滅菌的培養皿內。點燃酒精燈，將刀片、鑷子進行火焰灼燒，待刀片、鑷子冷涼後，將菌蕾一分為二，在菌蕾內部夾取綠豆大小菌肉，迅速移接在斜面培養基中央，之後棉塞輕微過火塞住試管口。其餘步驟同大型傘菌子實體組織分離培養
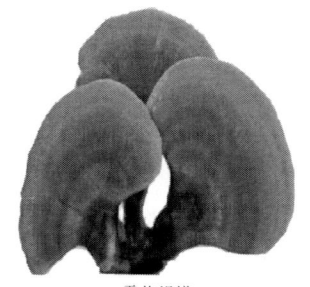 靈芝組織	靈芝的子實體質地偏硬，不易從其菇蓋上獲得組織塊。應挑選顏色好、發育正常、菇形好、尚有白邊、無病蟲害的五分熟的幼芝作為分離對象。將幼芝放入超淨工作臺內，再用無菌水沖洗 1～2 次，之後用無菌紗布吸乾菇體表層水，放入經滅菌的培養皿內。點燃酒精燈，將刀片和鑷子進行火焰灼燒，待刀片和鑷子冷涼後，用刀片在菇蓋邊緣處割取綠豆大小菌塊，再用鑷子迅速移接在斜面培養基中央，之後棉塞輕微過火塞住試管口。其餘步驟同大型傘菌子實體組織分離培養

專題 4　食用菌孢子分離法

　　食用菌孢子分離法是在無菌條件下，利用成熟子實體彈射出來的有性孢子在適宜的培養基上萌發成菌絲，從而獲得純種的一種方法。幾種典型的食用菌孢子分離法如下：

　　1. 多孢分離法　該法是利用子實體彈射許多孢子在同一培養基上，讓其萌發、自由交配，從而獲得純母種的方法。該法簡便易行，在食用菌選種中應用普遍（圖 2-5-5）。

　　（1）整菇孢子彈射法。該法適用於傘菌類的孢子採集。在無菌室（箱）中，將經消毒處理的整隻種菇插入無菌平皿孢子收集器裡，之後使用透明玻璃罩將其罩住，於見光、適溫下使菇自然彈射孢子。24 h 後，將玻璃罩打開，從培養皿內擷取孢子（圖 2-5-6）。

第二章　食用菌製種

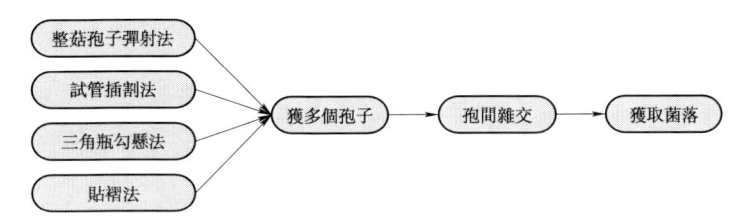

圖 2-5-5　食用菌多孢分離法

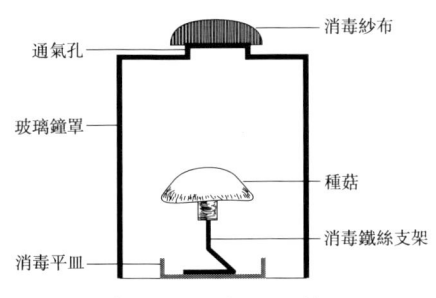

圖 2-5-6　整菇孢子彈射法

　　(2) 試管插割法。無菌箱內，迅速用無菌試管插割種菇有菌褶一側，直至取下組織塊。用無菌接種鏟將組織塊菌褶朝下推至距斜面培養基 1 cm 處，塞好棉塞即可。於 25～28℃ 條件下見光豎立培養 12 h 左右，在無菌操作條件下用尖頭鑷子取出組織塊。繼續於 25～28℃ 條件下暗光培養，2～3 d 後會看到孢子萌發成星芒狀的孢子菌落（圖 2-5-7）。

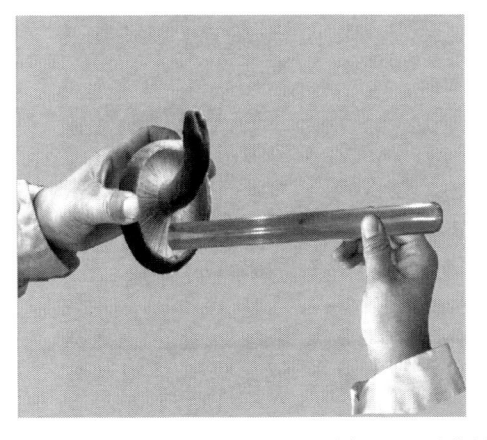

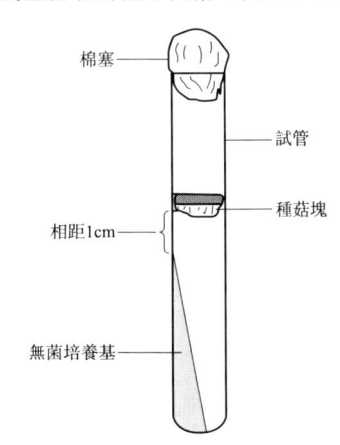

圖 2-5-7　試管插割法

　　(3) 三角瓶鉤懸法。在無菌箱內，將耳片或菌蓋用無菌水洗滌，無菌紗布吸乾，取一個提前滅菌好的帶培養基的三角瓶，棉塞內裹金屬鉤，鉤取種菇塊前，將金屬鉤經火焰滅菌，然後一端鉤住耳片或菌蓋（菌褶朝下），之後迅速塞好棉塞，於室溫下見光培養 1～2 d，至培養基表面獲得孢子粉時即可（圖 2-5-8）。

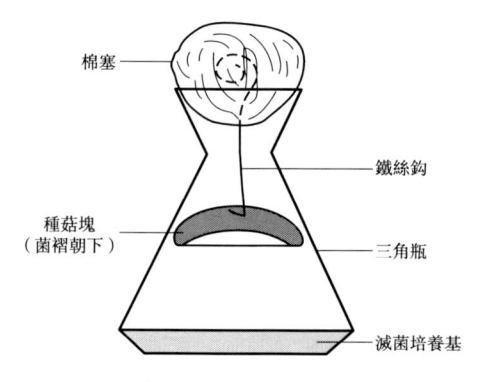

圖 2-5-8　三角瓶鉤懸法

（4）貼褶法。用無菌鑷子在無菌箱內夾取一片即將彈射孢子的菌褶，使其一端蘸取無菌水，貼至試管斜面培養基上方，塞好棉塞即可。於 25～28℃ 條件下見光培養 12 h 左右，在無菌操作條件下用尖頭鑷子取出菌褶。繼續於 25℃ 的條件下暗光培養，2～3 d 後會看到孢子萌發成星芒狀的孢子菌落（圖 2-5-9）。

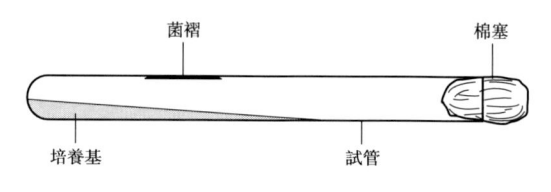

圖 2-5-9　貼褶法

2. 單孢分離法　單孢分離是從收集到的多孢子中將單個孢子分離出來，分別培養，作為育種的材料。該法是利用子實體彈射許多孢子製成孢子懸浮液，利用稀釋、平板劃線分離法、器械分離法和毛細管法擷取單孢子的方法。該法在食用菌育種中應用普遍。單孢分離法常用的主要有兩種，分別為塗抹法和梯度稀釋點樣法。

（1）塗抹法。透過整菇孢子彈射法、試管插割法、三角瓶鉤懸法和貼褶法等方法獲得大量多孢子。用已沾濕無菌水的接種環，從前面獲得的孢子粉上蘸取孢子，在無菌條件下，插入盛有無菌水的三角瓶內振盪稀釋成適宜濃度的孢子懸濁液。在無菌條件下，用無菌的接種環蘸取孢子懸濁液，於酒精燈無菌區在平板內培養基上輕劃數條 Z 形線，使蘸到接種環上的孢子懸濁液沿 Z 形線均勻分散開。之後將平板培養基置於 25℃ 下遮光培養。孢子萌發後，在無菌條件下用無菌的接種針挑取 Z 形線上的單孢群落，並透過鏡檢來確定是否為單孢菌絲（圖 2-5-10）。

（2）梯度稀釋點樣法。透過整菇孢子彈射法、試管插割法、三角瓶鉤懸法和貼褶法等方法獲得大量多孢子。用已沾濕無菌水的接種環，從前面獲得的孢子粉上蘸取孢子，在無菌條件下插入盛有無菌水的三角瓶內振盪稀釋成適宜濃度的孢子懸濁液。接著配製梯度孢子液，取 5 支試管，分別裝 9 mL 蒸餾水，經高壓滅菌製成無菌水。用無菌針筒吸取

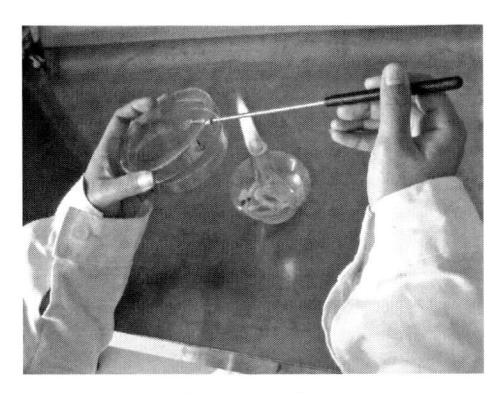

圖 2-5-10　塗抹法

1 mL 孢子懸濁液於第 1 支試管中，搖振使其分散；再從第 1 支試管中吸取 1 mL 注入第 2 支試管，如此直至稀釋到第 5 支試管。這樣按無菌操作規程將孢子懸濁液配製成梯度孢子液，每個梯度間的孢子液濃度稀釋 10 倍。之後在無菌條件下，用無菌的接種環蘸取各濃度梯度孢子液分別於無菌區在平板內劃 Z 形線。之後將各平板培養基置於 25℃下遮光培養。待孢子萌發後，在無菌條件下，用無菌的接種針挑取 Z 形線上的單孢群落，並透過鏡檢來確定是否為單孢菌絲（圖 2-5-11）。

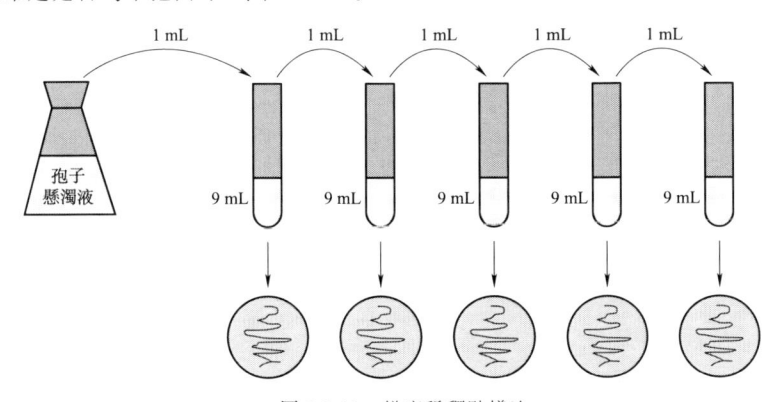

圖 2-5-11　梯度稀釋點樣法

專題 5　食用菌基內菌絲分離

1. 食用菌基內菌絲分離流程（圖 2-5-12）

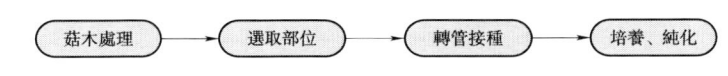

菇木處理 → 選取部位 → 轉管接種 → 培養、純化

圖 2-5-12　食用菌基內菌絲分離流程

2. 食用菌基內菌絲分離技術（表 2-5-6）

表 2-5-6　食用菌基內菌絲分離技術

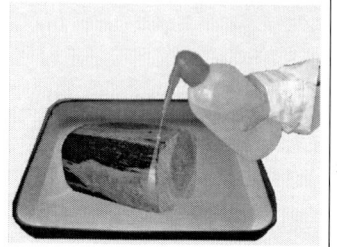 第 1 步：菇木處理	將野外採集到的菇木用 0.1％氯化汞溶液進行沖洗消毒，之後用無菌水反覆沖洗，瀝乾水分。再把菇木的表面在火焰上迅速輕燎。之後將其放入消過毒的瓷盤內。注意應及時分離，避免放置時間過長
 第 2 步：選取部位	取小刀在火焰上滅菌，選準菇木上菇柄（耳基）的著生位置，在無菌環境下，用滅菌冷涼過的小刀，在欲分離部位刻劃數個「井」字形劃口。同時一定要注意選取部位要含有菌絲，並盡可能不要帶菇木外表皮，以免增加被汙染的機率
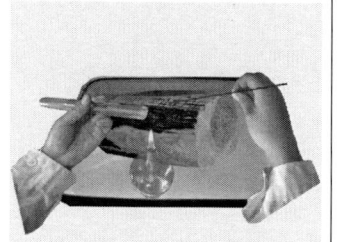 第 3 步：轉管接種	用火焰滅過菌的接種鉤，鉤取一小塊綠豆大小含有菌絲的木屑移接於斜面培養基上。操作時要注意在酒精燈火焰無菌區進行，動作要迅速。所選用的斜面培養基內應添加一定量的抑菌劑，用來對菇木內的雜菌進行抑制。但抑菌劑濃度一定不要過高，以免對所分離的菌絲造成傷害
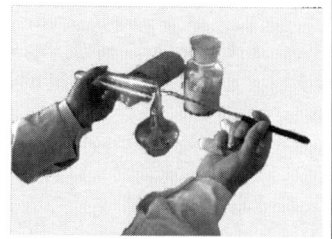 第 4 步：培養、純化	接種後將試管置於 25～27℃下培養。近風乾的菇木內菌絲常處於休眠狀態。接種後，菇木吸濕，菌絲逐漸恢復生長。如果短時間內分離物未萌發，則可保留至 4 週後再斷定分離是否成功。分離後的菌種要及時純化，以避免發生潛在的一些汙染

專題 6　食用菌雜交育種

食用菌的雜交是指不同種或種內不同株系之間的交配。食用菌在雙核菌絲階段，如果組成雙核細胞的兩個單核是分別來自不同品系或不同的菌株，而又能互相親和，則所形成的雙核細胞為雜交異核體。以此異核體形成的穩定後代即為雜交品種。

一、雜交育種流程

1. 親本選擇　從大量野生或各地菌株中選出雜交相匹配的親本，種菇的採集和選擇一定要有代表性。

2. 培養單核菌株　從選定的雜交親本中分離出大量單孢子。單孢子分離知識參閱本節的單孢分離法。之後將單孢子置於適宜環境中培養，從而獲得單核菌株。

3. 標記單核菌株　單核菌絲沒有鎖狀聯合，而雜交後產生的雙核菌絲具有明顯的鎖狀聯合，因此，可以根據這個特點從形態上對單核菌株進行標記。

4. 雜交配對　用「單×單」或「單×雙」方式將親本菌株兩兩配對雜交。

5. 擴繁、鑑定　用接種針在鏡檢確認為雙核化的菌絲體上挑取一小塊（肉眼可見即可）移接到新的試管培養基上培養，保存備用。對轉管培養的菌落利用前述的單核菌株形態標記技術進行進一步的鏡檢和拮抗試驗，確認其是否屬於真正的雜交種。四極性的異宗結合的食用菌，由於自交不育，經配對後，凡出現雙核菌絲的組合並能正常結實，即證明雜交成功。此外，還可透過比較親本雙核菌絲和雜交雙核菌絲的過氧化物酶和酯酶譜的差異性來判斷是否雜交產生了新菌株。

6. 篩選、示範推廣　將雜交成功的菌株進行初步比較試驗，根據菌絲生長速度、抗雜菌能力、現蕾期、首潮菇採收時期、有無畸形菇、子實體表型特徵、最適生長溫度和濕度、子實體的產量等指標，淘汰大部分表現一般的菌株。再經過進一步的比較試驗，選出少數具有明顯優良性狀的菌株。之後進行大面積生產試驗，逐步擴大栽培面積，進行示範性的推廣，將種性優良、優質高產的菌株逐漸定為當家菌株。為確定保留下來的雜交新品種正式定名，並申請有關部門批准（圖 2-5-13）。

圖 2-5-13　食用菌雜交育種流程

二、雜交育種方法

1.「單×單」雜交　在平板培養基上接入雜交親本的單核菌絲各 1 塊，距離為 2 cm，適宜的溫度下培養。當兩個單核菌絲發生接觸時，用解剖鏡檢查接觸處的菌絲是否已經雙核化。

2.「單×雙」雜交　在平板培養基上，分別接種單核菌絲和雙核菌絲各一小塊，兩者相距約 1 cm，適宜溫度下培養。當單、雙核菌落剛接觸時，挑取遠離雙核菌絲一側的單核菌落邊緣上的菌絲進行鏡檢，檢查接觸處菌絲是否已經雙核化。

實踐應用

實踐專案（香菇組織分離）：以小組為單位，分工明確，加強團隊配合。要求各組按照所學知識，透過小組間競賽，查看哪些小組速度快且製作的香菇組織分離標準、合格，由此進行評價。【建議 0.5 d】

要求：實踐專案結束後，均需完成實驗報告。實驗報告內容包括實驗目的、實驗材料準備、實驗設備準備、工藝流程、實驗過程、總結等。

教師考評表如下：

學生姓名	所在科系、班級	考核評價時間	技能考核得分	素養評價得分	製作品質評價得分	最後得分	教師簽名

第三章
食用菌栽培

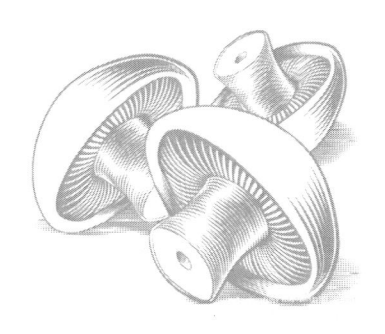

第一節　秀珍菇栽培

> ⌐ 知識目標 ┐
>
> 🍄 了解秀珍菇營養需求規律。
> 🍄 了解秀珍菇環境需求規律。
> 🍄 熟悉秀珍菇常用的栽培模式、栽培工藝流程和技術要點。
>
> ⌐ 能力目標 ┐
>
> 🍄 能夠熟練按照標準進行秀珍菇發酵料製作。
> 🍄 能夠熟練進行秀珍菇栽培。
>
> ⌐ 素養目標 ┐
>
> 🍄 培養熱愛食用菌行業的興趣和積極實踐精神。
> 🍄 培養工作一絲不苟的工匠精神。

專題 1　認識秀珍菇

一、秀珍菇分類及營養

秀珍菇（*Pleurotus ostreatus*），學名為糙皮側耳，屬擔子菌門傘菌目側耳科側耳屬。秀珍菇的營養價值較高，每 100 g 秀珍菇含蛋白質 20～23 g，且礦物質含量十分豐富。秀珍菇還含有十分豐富的維他命 B 群、秀珍菇素和酸性多醣等生理活性物質，對人體健康有益，並對肝炎和癌症有一定的輔助調理功效。據統計，2021 年中國秀珍菇產量達到 611.3 萬 t，位居各食用菌產量第 3 位。種植秀珍菇的技術簡單、產量高、價格平穩、市場占有量大，因此秀珍菇深受老百姓喜愛，是一種特別適合初學者栽培的「入門菇」（圖 3-1-1）。

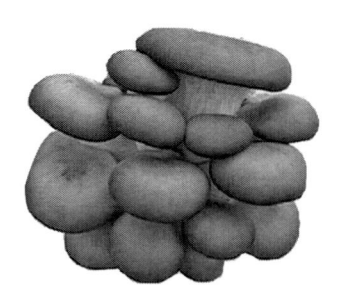

圖 3-1-1　秀珍菇

二、秀珍菇的生物學特性

（一）形態特徵

秀珍菇由菌絲體和子實體兩種基本形態組成。菌絲體為白色，為吸收外界水分、無機鹽的營養體。子實體叢生或疊生，分菌蓋和菌柄兩部分。菌蓋直徑 5～20 cm，呈貝殼形或舌狀，顏色有白色、乳黃色、灰色、黑色等多種；其菌褶延生，不等長、較密、形似刀片；菌柄生於菌蓋一側，白色、實心；孢子圓柱狀、無色、光滑。

（二）營養需求

1. 碳源 秀珍菇是木腐菌，分解木質素和纖維素的能力很強，它能利用多種碳源，如單醣、雙醣、多醣等，常利用的單醣有葡萄糖、果糖、甘露糖等，常利用的雙醣有麥芽糖、纖維雙醣、蔗糖和乳糖等。生產中常利用棉籽殼、玉米芯、木屑、稻草、麥楷、甘蔗渣等來栽培秀珍菇。

2. 氮源 秀珍菇通常可利用無機氮和有機氮，常利用的無機氮來源有銨鹽和硝酸鹽，常利用的有機氮來源有蛋白腖、酵母膏、尿素、玉米漿、豆餅、蠶蛹粉、米糠、麥麩等。

秀珍菇在營養生長階段，C/N 以（20～30）：1 為宜，而在生殖生長階段 C/N 以 40：1 為宜。

3. 礦質營養 礦質元素可構成食用菌的細胞成分、作為酶的組成、調解氧化-還原電位、調解細胞滲透壓和 pH 等。鈣、磷、鉀、硫、鎂、錳、鐵等礦質元素對秀珍菇的生長發育有良好的作用，但需求量少。秀珍菇常利用的礦質營養有碳酸鈣、硫酸鎂、磷酸二氫鉀、石灰、石膏等。

4. 生長因子 生長因子能促進食用菌生長發育。秀珍菇生長常利用的生長因子有維他命、胺基酸、核酸、赤黴素、生長素等。一般情況下這些營養可從栽培原料中獲得，不需額外添加。

（三）環境需求

1. 溫度 溫度是秀珍菇生長發育的重要條件，菌絲在 5～35℃ 可生長，適宜的溫度為 20～25℃，3℃ 以下或 35℃ 以上菌絲生長極其緩慢，40℃ 以上菌絲停止生長，甚至死亡。子實體形成與生長的溫度是 5～25℃，適宜的溫度為 15～20℃，環境溫差可促使原基的形成與生長。所以秀珍菇在菌絲生長階段到出菇階段，對溫度的需求呈現出「先高後低」的特點。

2. 濕度 濕度也是秀珍菇生長發育的重要條件，包括培養料的含水量和空氣相對濕度。菌絲生長階段，培養料的含水量在 60%～65%，空氣相對濕度在 40%～70%，過低或過高均會影響菌絲生長。子實體生長階段，空氣相對濕度要求在 85%～95%。空氣相對濕度低於 70% 時，子實體生長緩慢，甚至乾枯、死亡；當空氣相對濕度高於 95% 時，子實體易腐爛或引起其他病害。所以秀珍菇在菌絲生長階段到出菇階段，對濕度的需求呈現出「先低後高」的特點。

3. 光照 光照對秀珍菇的生長發育也有一定的影響。菌絲生長階段需要在弱光和黑暗條件下，光照強會抑制菌絲的生長。子實體生長階段一般需要較強的散射光，在完全黑暗的條件下不能形成子實體。所以秀珍菇在菌絲生長階段到出菇階段對光照的需求呈現出「先暗後明」的特點。

4. 空氣 空氣中 O_2 和 CO_2 含量對秀珍菇生長發育也有重要影響。秀珍菇屬好氧型真

菌，生長過程中需要充足的 O_2。菌絲生長階段可忍受一定量的 CO_2，而子實體生長階段需充足的 O_2 子實體才能正常形成和生長，否則子實體易畸形。所以秀珍菇在菌絲生長階段到出菇階段，對 O_2 的需求呈現出「先低後高」的特點。

5. pH　秀珍菇菌絲在 pH 為 3～9 時能生長，適宜的 pH 為 5.5～7.5。但由於堆置培養料、滅菌、秀珍菇菌絲生長發育過程中分泌酸性物質等，會使培養料 pH 降低，故在製作培養料時常將其調為鹼性，所以秀珍菇在菌絲生長階段到出菇階段對培養料 pH 的需求呈現出「先高後低」的特點。

專題 2　秀珍菇常見栽培技術

一、秀珍菇發酵料栽培

秀珍菇發酵料栽培是將培養原料拌入營養液後建堆發酵，經料堆內微生物發熱來殺死培養料內絕大多數病原雜菌和蟲卵，之後再利用經巴氏滅菌後的培養料來栽培秀珍菇的一種方式。該法常在冷涼季節應用。

1. 秀珍菇發酵料栽培流程（圖 3-1-2）

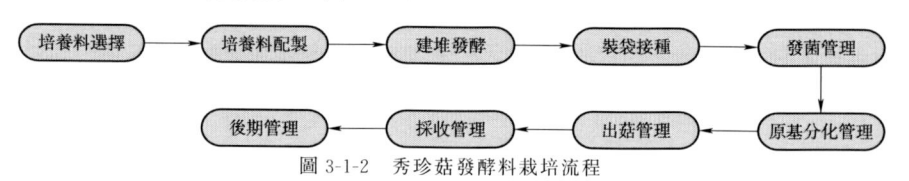

培養料選擇 → 培養料配製 → 建堆發酵 → 裝袋接種 → 發菌管理 → 原基分化管理 → 出菇管理 → 採收管理 → 後期管理

圖 3-1-2　秀珍菇發酵料栽培流程

2. 秀珍菇發酵料栽培技術（表 3-1-1）

表 3-1-1　秀珍菇發酵料栽培技術

步驟	內容
 第 1 步：培養料選擇	常選擇棉籽殼、玉米芯、玉米稭稈、豆稭稈、木屑等栽培原料作為主料來提供料內碳源；麥麩、稻糠、豆餅等作為輔料來補充料內氮源。培養料應新鮮、無發霉。玉米芯等主料應在太陽下曝晒 2～3 d。此外還需要一些礦質營養，常利用的礦質營養有碳酸鈣、硫酸鎂、磷酸二氫鉀、生石灰、石膏等。還可向料內添加微量的維他命和胺基酸等營養物質
 第 2 步：培養料配製	按常規拌料的乾混、濕混操作程序。乾混是指將栽培原料的主料和輔料中的不溶物，如麥麩、稻糠、石膏等在不加水的情況下攪拌混勻；濕混是將原料中可溶性物質，如生石灰、磷酸二氫鉀和硫酸鎂等藥品溶於水中加入。其間應注意水分不能一次加完，尤其是不能過量，否則影響發酵效果。所缺水分可在翻堆時加入

（續）

 第 3 步：建堆發酵	建堆高 1 m、堆底寬 1.2 m、長不限的料堆，低溫季節可將料堆再加寬、加高。料堆頂部及兩側間隔 40 cm 左右打通底的透氣孔，建堆後前 1～2 d 加蓋塑膠布，以後撤掉。高溫時節，翻堆應及時測量料內溫度，當溫度升至 65℃ 以上維持 24 h 後及時翻堆，時間不宜過長，否則易發生料酸化、產生異味、營養消耗太大等現象，通常發酵 4～5 d。低溫時節，最好在棚室內發酵，以利於升溫，翻堆時間也根據料內溫度升至 65℃ 以上維持 24 h 後及時翻堆，發酵時間應較高溫季節多發酵 2～4 d，否則料發不透，栽培時鬼傘大量發生
 第 4 步：裝袋接種	一般選用（22～25）cm×（40～45）cm×0.03 cm 規格的聚乙烯塑膠袋，每袋可裝乾料 0.8～1.5 kg。接種採用 4 層菌種 3 層料的方法，用種量為乾料量的 20% 左右，投種比例為 3：2：2：3，兩頭多，均勻分布，中間少，周邊分布（圖 3-1-3）。菌種要事先挖出掰成約 1 cm×1 cm 的小塊，放在消毒的盆中集中使用，也可以隨用隨挖取。汙染、長勢弱、老化的菌種不用或慎用。料袋兩頭用細繩紮活結即可，也可以用套環覆蓋報紙用皮套箍緊，以增加透氣
 第 5 步：發菌管理	菌袋發菌期間，環境溫度維持在 20～25℃，且菌袋之間要留有縫隙。菇棚內應懸掛溫度計，袋溫不能超過 28℃。如太高一定及時採取遮陽、噴霧降溫、增大菌袋間距離等措施。發菌期間菇棚內空氣相對濕度以 60% 左右為宜。菇棚內應營造弱光和黑暗條件，光照很強不利於菌絲生長，易引起菌絲老化。一般菇棚每天通風 2～3 次，保持發菌環境空氣清新。2～4 d 後菌絲萌發生長，要採用別針於菌絲生長前端處間隔 1 cm 刺 1 cm 深微孔以增加 O_2 促進菌絲生長
 第 6 步：原基分化管理	環境溫度在 20℃ 以上時 20 d 左右菌絲即可長滿袋。菌絲發滿料袋後解開兩端的細繩，為菌袋增加 O_2 並提高含水量，5～7 d 後菌袋的菌絲更加潔白、濃密，此時應調控環境中溫度、濕度、光照、通風等條件，以促使秀珍菇原基盡快分化。秀珍菇是變溫結實型菌類，此時應利用早晚氣溫低、中午氣溫高的特點，拉大晝夜溫差 5℃ 以上，同時空氣相對濕度維持在 85%～90%，當發現菌絲表面開始有菌絲扭結，產生米粒狀菌絲球時停止溫差刺激

（續）

 第 7 步：出菇管理	秀珍菇原基產生後，維持環境溫度在 18～25℃。在桑葚期和珊瑚期空氣相對濕度保持在 85％左右，其間應噴霧狀水。子實體菌蓋直徑達 2 cm 以上時，空氣相對濕度保持在 90％左右，要向空間、地面噴霧增濕，可適當向子實體上少噴、細噴霧狀水，以利於子實體生長。創造「三分陽、七分陰」的出菇環境，散射光可誘導早出菇，多出菇，黑暗則不出菇，光照不足出菇少、柄長、蓋小、色淡、畸形。每天要打開門窗和通風口通風換氣，以保證菇棚內空氣清新，這樣菇可在 2 d 內成熟
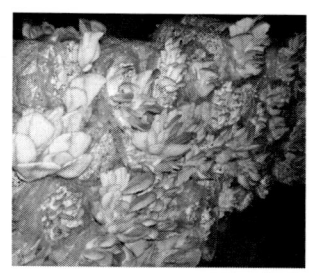 第 8 步：採收管理	當秀珍菇菌蓋平展、直徑達 4～6 cm 時採收為好。這時採收的秀珍菇，菌蓋邊緣韌性好、菌肉肥嫩、菌柄柔韌、商品外觀好。採收前為保證菇的品質不宜噴水。採收時一手按住培養料，一手拖住菇叢基部輕輕旋轉採下，不要帶起過多培養料。每次採收後，都要清除料面老化菌絲、幼菇、菌柄、死菇，以防腐爛導致病蟲害，再將袋口合攏，避免菌袋過多失水。然後整理菇場，停止噴水，降低菇場的空氣相對濕度，以利於秀珍菇菌絲恢復生長
 第 9 步：後期管理	採收 2～3 潮菇後，秀珍菇菌袋失水過多，可進行補營養水，使菌袋重量和出菇前重量接近。菌袋補水可採用注射和浸泡的方法進行，浸水後仍按第 1 潮出菇的管理辦法進行管理。也可脫去塑膠袋後，在補充營養液後進行菌棒覆土管理。覆土可採用大田土或菜園土，土用前應曝晒消毒處理並過篩，覆土厚 2～4 cm，同時上鋪一層稻稈以利於保濕。用該法又可出 2～3 潮好菇

3. 秀珍菇發酵料栽培知識拓展

（1）栽培品種選擇。秀珍菇分為低、中、高溫型品種和廣溫型品種，必須根據實際的栽培季節來確定相應溫型的栽培品種。如果栽培季節和秀珍菇溫型不一致，則容易引起低產或絕產，使種植者蒙受較大的經濟損失。

（2）常用配方選擇。

①棉籽殼 40％、木屑 45％、麥麩 10％、過磷酸鈣 0.5％、石膏粉 0.5％、尿素 0.5％、蔗糖 0.5％、生石灰 3％，料水比 1：1.5。

②玉米芯 85％、麥麩 10％、過磷酸鈣 0.5％、石膏粉 0.5％、尿素 0.5％、蔗糖 0.5％、生石灰 3％，料水比 1：1.5。

③玉米芯62%、豆稭11%、花生秧11%、麥麩10%、玉米麵粉1%、過磷酸鈣1%、生石灰3%、蔗糖0.5%、尿素0.5%，料水比1：(1.55~1.65)。

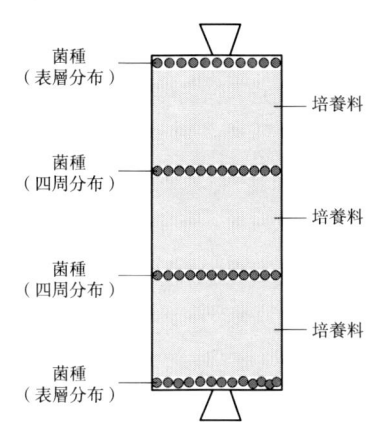

圖3-1-3　秀珍菇發酵料裝袋接種

二、秀珍菇半熟料栽培

秀珍菇半熟料栽培是將培養原料拌入營養液後經100℃高溫蒸汽蒸2~3 h後來殺死培養料內絕大多數病原雜菌和蟲卵，之後再將蒸汽滅菌後的培養料趁熱裝袋、冷卻後栽培秀珍菇的一種方式。該法常在冷涼季節應用。

1. 秀珍菇半熟料栽培流程（圖3-1-4）

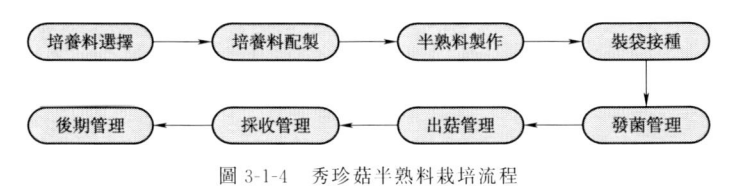

圖3-1-4　秀珍菇半熟料栽培流程

2. 秀珍菇半熟料栽培技術（表3-1-2）

表3-1-2　秀珍菇半熟料栽培技術

 第1步：培養料選擇	常選擇棉籽殼、玉米芯、玉米稭稈、豆稭稈、木屑等栽培原料作為主料來提供料內碳源；麥麩、稻糠、豆餅等作為輔料來補充料內氮源。培養料應新鮮、無發霉，玉米芯等主料應在太陽下曝晒2~3 d。此外還需要一些礦質營養，常利用的礦質營養有碳酸鈣、硫酸鎂、磷酸二氫鉀、生石灰、石膏等。還可在料內添加微量的維他命和胺基酸等營養物質

（續）

 第2步：培養料配製	按常規拌料的乾混、濕混操作程序。乾混是指將栽培原料的主料和輔料中的不溶物，如麥麩、稻糠、石膏等在不加水的情況下攪拌混勻；濕混是將原料中可溶性物質，如生石灰、磷酸二氫鉀和硫酸鎂等藥品溶於水中加入。但要注意含水量應較發酵料栽培低，可調至45%～50%
 第3步：半熟料製作	在用高溫蒸汽蒸培養料之前，最好先將培養料堆置2～3 d，一方面可使培養料吸水充分，另一方面可利用發酵產生熱量殺死部分雜菌。培養料堆置後，將其裝入常壓滅菌罐內滅菌。待罐內溫度達100℃後維持2～3 h，之後悶一夜
 第4步：裝袋接種	第2天趁熱及時裝袋，利用裝待機裝袋可提高裝袋效率。一般選用(22～25) cm×(40～45) cm×0.03 cm規格的聚乙烯塑膠袋，每袋可裝乾料0.8～1.5 kg。料袋趁熱及時轉運至消毒後的冷涼室內降溫，料袋上可再噴一些殺菌藥。袋內溫度降至30℃以下時盡快接種。接種時採用一端接種法，接種量要大，要讓菌種布滿料面，之後紮活扣繫緊袋口
 第5步：發菌管理	菌袋發菌期間，環境溫度維持在20～25℃，且菌袋之間要留有縫隙。菇棚內應懸掛溫度計，袋溫不能超過28℃。如太高一定及時採取遮陽、噴霧降溫、增大菌袋間距離等措施。發菌期間菇棚內空氣相對濕度以60%左右為宜。菇棚內應營造弱光和黑暗條件。一般菇棚每天通風2～3次，保持發菌環境空氣清新。2～4 d後菌絲萌發生長，要採用別針於菌絲生長前端處間隔1 cm刺1 cm深微孔以增加O_2促進菌絲生長，30 d左右菌絲長滿菌包

（續）

第 6 步：出菇管理

秀珍菇菌包長滿菌絲後，則進入出菇管理階段。打開袋口，將出菇口換上大口徑的套環，並以報紙覆蓋。此階段應營造5℃以上環境溫差，提高空氣相對濕度至85%，並增強散射光，增加棚內通風量。當發現菌絲扭結成米粒狀原基時，則應將環境溫度穩定在16～20℃，以保證菇的品質，空氣相對濕度保持在85%以上，最好噴霧狀水。光照以「三分陽、七分陰」為宜。環境中的空氣始終要保持新鮮，這樣秀珍菇可順利地成長為優質菇

第 7 步：採收管理

當秀珍菇菌蓋平展、直徑達4～6 cm時採收為宜。這時採收的秀珍菇，菌蓋邊緣韌性好、菌肉肥嫩、菌柄柔軟、商品外觀好。採收前為保證菇的品質不宜噴水。採收時一手按住培養料，一手拖住菇叢基部輕輕旋轉摘下，不要帶起過多培養料。每次採收後，都要清除菇面老化菌絲、幼菇、菌柄、死菇，以防腐爛導致病蟲害，再將袋口合攏，避免菌袋過多失水。然後整理菇場，停止噴水，降低菇場的空氣相對濕度，以利於秀珍菇菌絲恢復生長

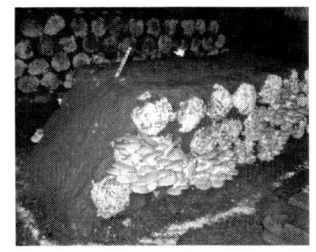

第 8 步：後期管理

採收2～3潮菇後，秀珍菇菌袋失水過多，可進行補營養水，使菌袋重量和出菇前重量接近。菌袋補水可採用注射和浸泡的方法進行，浸水後仍按第1潮出菇的管理辦法進行管理。也可脫去塑膠袋後，在補充營養液後進行菌棒覆土管理。覆土可採用大田土或菜園土，土用前應曝晒消毒處理並過篩，覆土厚2～4 cm，同時上鋪一層稻稭以利於保濕。用該法又可出2～3潮好菇

三、秀珍菇全熟料栽培

秀珍菇全熟料栽培是將培養原料裝袋後經100℃高溫蒸汽常壓蒸8 h以上，或120℃高溫蒸汽高壓蒸2～3 h來徹底殺死培養料內全部病原雜菌和蟲卵，之後再將料袋冷卻栽培秀珍菇的一種方式。

1. 秀珍菇全熟料栽培流程（圖3-1-5）

培養料選擇 → 培養料配製 → 裝袋滅菌 → 冷卻接種 → 發菌管理 → 出菇管理 → 採收管理 → 後期管理

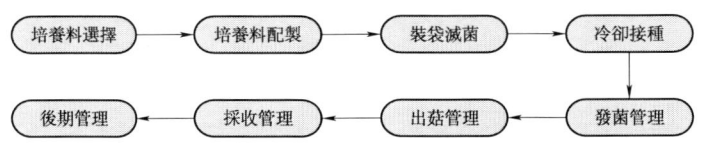

圖3-1-5　秀珍菇全熟料栽培流程

2. 秀珍菇全熟料栽培技術（表 3-1-3）

表 3-1-3　秀珍菇全熟料栽培技術

 第 1 步：培養料選擇	常選擇棉籽殼、玉米芯、玉米稭稈、豆稭稈、木屑等栽培原料作為主料來提供料內碳源；麥麩、稻糠、豆餅等作為輔料來補充料內氮源。培養料應新鮮、無發霉，玉米芯等主料應在太陽下曝晒 2～3 d。此外還需要一些礦質營養，常利用的礦質營養有碳酸鈣、硫酸鎂、磷酸二氫鉀、生石灰、石膏等。還可在料內添加微量的維他命和胺基酸等營養物質
 第 2 步：培養料配製	按常規拌料的乾混、濕混操作程序。乾混是指將栽培原料的主料和輔料中的不溶物，如將麥麩、稻糠、石膏等在不加水的情況下攪拌混勻；濕混是將原料中可溶性物質，如生石灰、磷酸二氫鉀和硫酸鎂等藥品溶於水中加入。但要注意含水量應較發酵料栽培低，可使用機械攪拌
 第 3 步：裝袋滅菌	在裝袋之前，最好先將培養料建堆預濕 1 d，使培養料吸水充分之後裝袋。一般選用（22～25）cm×（40～45）cm×0.03 cm 規格的聚乙烯塑膠袋，每袋可裝乾料 0.8～1.5 kg，之後紮活扣繫緊袋口。將料袋裝筐後運於滅菌房內滅菌。溫度達 100℃，維持 8 h，通常一次性滅菌 3 000 袋以上時，每增加 1 000 袋，滅菌時間延長 1 h
 第 4 步：冷卻接種	滅菌結束後，料袋趁熱及時轉運至消毒後的冷涼室內降溫，料袋上可再噴一些殺菌藥。袋內溫度降至 30℃ 以下時盡快快種。接種室進行燻蒸消毒並空間噴灑消毒液，待達到接種要求後及時接種，接種量最好要大，要讓菌種布滿料面，之後用無棉蓋體封口。因全熟料易發生汙染，所以整個接種過程動作要迅速，空間要保持潔淨無菌

（續）

 第 5 步：發菌管理	菌袋發菌期間，環境溫度維持在 20～25℃，且菌袋之間要留有縫隙。培養室內應懸掛溫度計，袋溫不能超過 28℃。發菌期間培養室內空氣相對濕度以 60% 左右為宜。培養室內應營造弱光和黑暗條件。一般每天通風 2～3 次，保持發菌環境空氣清新。每隔 3 d 應向室內噴灑殺菌藥液
 第 6 步：出菇管理	秀珍菇菌包長滿菌絲後則進入出菇管理階段。打開袋口，將出菇口換上大口徑的套環，並以報紙覆蓋。此階段應營造 5℃ 以上環境溫差，提高空氣相對濕度至 85%，並增強散射光，增加棚內通風量。當發現菌絲扭結成米粒狀原基時，則應將環境溫度穩定在 16～20℃，以保證菇的品質，空氣相對濕度保持在 85% 以上，最好應噴霧狀水，光照以「三分陽、七分陰」為宜。環境中的空氣始終要保持新鮮，這樣秀珍菇可順利地成長為優質菇
 第 7 步：採收管理	當秀珍菇菌蓋平展、直徑達 4～6 cm 時採收為宜。這時採收的秀珍菇，菌蓋邊緣韌性好、菌肉肥嫩、菌柄柔韌、商品外觀好。採收前為保證菇的品質不宜噴水。採收時一手按住培養料，一手拖住菇叢基部輕輕旋轉採下，不要帶起過多培養料。每次採收後，都要清除料面老化菌絲、幼菇、菌柄、死菇，以防腐爛導致病蟲害，再將袋口合攏，避免菌袋過多失水。然後整理菇場，停止噴水，降低菇場的空氣相對濕度，以利於秀珍菇菌絲恢復生長
 第 8 步：後期管理	採收 2～3 潮菇後，秀珍菇菌袋失水過多，可進行補營養水，使菌袋重量和出菇前重量接近。菌袋補水可採用注射和浸泡的方法進行，浸水後仍按第 1 潮出菇的管理辦法進行管理。也可脫去塑膠袋後，在補充營養液後進行菌棒覆土管理。覆土可採用大田土或菜園土，土用前應曝晒消毒處理並過篩，覆土厚 2～4 cm，同時上鋪一層稻稭以利於保濕。用該法又可出 2～3 潮好菇

實踐應用

實踐專案 1（發酵料製作）：以小組為單位，按照所學知識，每組拌料 250 kg，過程包括配方選擇、原料秤取、營養液配製、原料攪拌、建堆等。重點對團隊合作、料的發酵效果等進行考查。【建議 0.5 d，翻堆的操作建議安排在每天課餘時間，不單獨占用上課時間】

實踐專案 2（秀珍菇栽培技術）：以小組為單位，要求每組同學按照所學知識完成至少 20 袋的秀珍菇接種，過程包括菌袋準備、原料調製、分層接種、微控增氧、發菌管理等環節。重點對團隊合作、裝袋接種效果等進行考查。【建議 1 d】

要求：2 個實踐專案結束後，均需完成實驗報告。實驗報告內容包括實驗目的、實驗材料準備、實驗設備準備、工藝流程、實驗過程、總結等。

教師考評表如下：

學生姓名	所在科系、班級	考核評價時間	技能考核得分	素養評價得分	製作品質評價得分	最後得分	教師簽名

複習思考

由於秀珍菇栽培具有原料廣、技術簡單、產量高等優點，因此很多農村都把秀珍菇列為栽培首選的食用菌，其中林下栽培秀珍菇、玉米地套種秀珍菇等模式很受農戶歡迎。請根據本節所學知識，並透過網路查閱相關背景知識來分析這些模式的工藝流程和技術要點。

第二節　香菇栽培

知識目標
- 了解香菇營養需求規律。
- 了解香菇環境需求規律。
- 熟悉香菇常用的栽培模式、栽培工藝流程和技術要點。

能力目標
- 能夠熟練按照標準製作香菇全熟料。
- 能夠熟練進行香菇長袋穴接技術操作。

素養目標
- 培養熱愛食用菌行業的興趣和積極實踐精神。
- 培養工作一絲不苟的工匠精神。

專題 1　認識香菇

一、香菇分類及營養

香菇（Lentinula edodes）又名香蕈、冬菇、香菌，屬擔子菌綱傘菌目口蘑科香菇屬。香菇是著名的食藥兼用菌，其香味濃郁、營養豐富，含有 19 種胺基酸，7 種為人體所必需。香菇所含麥角甾醇可轉變為維他命 D，有增強人體抗疾病能力的功效；香菇多醣有抗腫瘤作用；腺嘌呤和膽鹼對肝硬化和血管硬化有一定的功效；酪胺酸氧化酶有降低血壓的功效；雙鏈核糖核酸可誘導干擾素產生，有抗病毒作用。香菇是世界著名蕈菌之一，也是中國主要出口菌類之一。世界香菇主產地主要集中在亞洲東部的中國、日本、韓國。1980 年代以來，中國的香菇產量一直居世界前列，已經成為世界上名副其實的香菇生產大國，據統計，2021 年中國香菇產量達 1 295.7 萬 t，位居各類食用菌產量之首（圖 3-2-1）。

圖 3-2-1　香菇

二、香菇的生物學特性

(一) 形態特徵

香菇是一種木腐菌，由菌絲體和子實體兩種基本形態組成。菌絲體為白色，為吸收外界水分、無機鹽的營養體。子實體傘形，多為單生；菌蓋直徑5～10 cm，圓形，呈餅狀，顏色為淺褐色或深褐色，表面有鱗片帶灰白色花紋邊，菌肉白色。菌褶和菌柄為白色，菌柄長3～6 cm，生於菌蓋中心或偏生，實心且纖維化。孢子近似橢圓形，白色、光滑。

(二) 營養需求

1. 碳源　香菇是木腐菌，分解木質素和纖維素的能力很強，它能利用多種碳源，如單醣、雙醣、多醣等，常利用的單醣有葡萄糖、果糖等；常利用的雙醣有麥芽糖、蔗糖等；常利用的雙醣有棉籽殼、玉米芯、硬雜木屑、甘蔗渣等，這些物質均可用來栽培香菇。

2. 氮源　香菇通常可利用無機氮和有機氮。常利用的無機氮來源有銨鹽和硝酸鹽；常利用的有機氮來源有蛋白腖、酵母膏、尿素、豆餅、米糠、麥麩等。香菇在營養生長階段，C/N 以（25～30）：1 為宜，而在生殖生長階段 C/N 以 40：1 左右為宜。栽培過程中適當提高碳素營養可以促使子實體的發育。

3. 礦質營養　香菇的生長發育也需要鈣、磷、鉀、硫、鎂等礦質元素，但需求量少，常利用的礦質營養有碳酸鈣、硫酸鎂、磷酸二氫鉀、石膏等。除鎂、硫、磷、鉀元素外，培養基中添加 2 mg/L 的錳、鋅、鐵等營養可以促進香菇菌絲的生長。銅、鉬、鈷也能促進香菇菌絲的生長。極微量的錫和鎳離子可以促進香菇子實體的發生。

4. 生長因子　香菇生長常利用的生長因子有維他命、胺基酸、核酸、赤黴素、生長素等。一般情況下，這些營養可從栽培原料中獲得，不需額外添加。在培養基中，添加 100 μg/L 的維他命 B_1 有利於香菇菌絲的生長。

(三) 環境需求

1. 溫度　溫度是香菇生長發育的重要條件，菌絲在 5～32℃ 可生長，適宜的溫度為 22～26℃，38℃ 以上菌絲生長極其緩慢，40℃ 以上菌絲停止生長，甚至死亡。香菇菌絲有耐低溫的特性，在環境溫度很低的情況下，如 −20～−15℃，菌絲不易被凍死。香菇屬中低溫變溫結實型菌類，巨大的環境溫差可促使原基的形成與生長，通常在原基分化階段要求有 7℃ 以上溫差刺激。子實體形成與生長的溫度是 5～25℃，適宜的溫度為 10～18℃，所以香菇在菌絲生長階段到出菇階段，對溫度的需求和秀珍菇一樣，也呈現出「先高後低」的特點。

2. 濕度　濕度也是香菇生長發育的重要條件，包括培養料的含水量和空氣相對濕度。菌絲生長階段，菇木的含水量以 33％～40％ 為宜，培養料的含水量以 55％～60％ 為宜，空氣相對濕度以 50％～60％ 為宜，過低或過高均會影響菌絲生長。子實體生長階段，空氣相對濕度要求在 80％～85％。空氣相對濕度低於 50％ 時，子實體生長緩慢，表面易開裂形成花菇；當空氣相對濕度高於 95％ 時，子實體肉質變軟，易腐爛或引起其他病害。所以香菇在菌絲生長階段到出菇階段，對濕度的需求和秀珍菇一樣，呈現出「先低後高」的特點。

3. 光照　香菇的生長發育對光照也有一定的需求規律，香菇是需光型的真菌，強度

適宜的散射光是香菇完成正常生活史的一個必要條件。菌絲生長階段需要弱光和黑暗條件，光照強會抑制菌絲的生長，產生褐色菌膜。子實體形成階段一般需要較強的散射光，在完全黑暗條件下不能形成子實體，適宜的光照可提高子實體產量、改善菇體品質、改良菇體顏色。所以香菇在菌絲生長階段到出菇階段，對光照的需求和秀珍菇一樣，呈現出「先暗後明」的特點。

4. 空氣 香菇屬好氧型真菌，生長過程中需要充足的 O_2。菌絲生長階段要保證空氣的新鮮、流通，否則香菇菌絲長勢減緩、顏色變黃；而子實體生長階段更需充足的 O_2 才能使子實體正常形成和生長，否則子實體易畸形、開傘早、薄。所以香菇在菌絲生長階段到出菇階段，對 O_2 的需求和秀珍菇一樣，呈現出「先低後高」的特點。

5. pH 香菇喜歡在弱酸環境下生長。菌絲在 pH 為 3～6 時均能生長，適宜的 pH 為 4.5～5.5。但由於堆置培養料、滅菌、菌絲生長發育過程中分泌酸性物質等因素，會使培養料 pH 降低，故在製作培養料時無須添加酸性物質，也不要添加生石灰等物質，保持前期培養料呈中性即可。所以香菇在菌絲生長階段到出菇階段，對培養料 pH 的需求也呈現出「先高後低」的特點。

專題 2　香菇常見栽培技術

一、香菇壓塊式栽培

香菇壓塊式栽培是將培養原料拌入營養液後，經高溫蒸汽來殺死培養料內絕大多數病原雜菌和蟲卵，之後再利用模具趁熱壓塊，冷涼後栽培香菇的一種方式。該法常在冷涼季節應用。

1. 香菇壓塊式栽培流程（圖 3-2-2）

培養料選擇 → 培養料配製 → 蒸培養料 → 壓塊接種 → 發菌管理

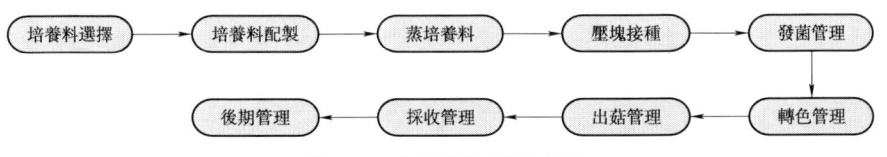

後期管理 ← 採收管理 ← 出菇管理 ← 轉色管理

圖 3-2-2　香菇壓塊式栽培流程

2. 香菇壓塊式栽培技術（表 3-2-1）

表 3-2-1　香菇壓塊式栽培技術

| 第 1 步：培養料選擇 | 常選擇棉籽殼、玉米芯、玉米秸稈、豆秸稈、木屑等栽培原料作為主料來提供料內碳源；麥麩、稻糠、豆餅等作為輔料來補充料內氮源。培養料應新鮮、無發霉，玉米芯等主料應在太陽下曝曬 2～3 d。此外還需要一些礦質營養，常利用的礦質營養有碳酸鈣、硫酸鎂、磷酸二氫鉀、生石灰、石膏等。還可在料內添加微量的維他命和胺基酸等營養物質 |

（續）

 第 2 步：培養料配製	按常規拌料的乾混、濕混操作程序。乾混是指將栽培原料的主料和輔料中的不溶物，如麥麩、稻糠、玉米芯、石膏等在不加水的情況下攪拌混勻；濕混是將原料中可溶性物質，如生石灰、磷酸二氫鉀、硫酸鎂等藥品溶於水中加入。其間應注意水分含量以 50％ 左右為宜，還要保證培養料內各營養成分混合均勻。培養料拌好後，通常要悶堆 2～3 h，使培養料吸水充分
 第 3 步：蒸培養料	蒸料的目的之一是軟化培養料，便於菌絲的吸收利用；目的之二是殺死培養料中的部分雜菌和害蟲。蒸料時，鍋內放入鐵簾或木簾。先往鍋內水肉，水面距簾 15 cm，簾上鋪放乾淨的編織袋或麻袋片，用旺火把水燒開，然後往簾上撒培養料，不要一次撒過厚，要「勤撒、少撒、勻撒」。鍋裝滿後，用較厚的塑膠薄膜和帆布包蓋鍋筒，外邊用繩捆綁結實。鍋上大汽後，塑膠鼓起時開始計時，保持 2～3 h 後便可出鍋。在蒸料時，順便將乾淨編織袋若干隻也放在料頂層一同蒸，以便滅菌後倒運料
 第 4 步：壓塊接種	趁熱將蒸好的培養料用壓塊模具和塑膠膜進行壓塊，待料塊內溫度降至 30℃ 以下時便可接種。接種時將菌種均勻撒到料面上，同時料面上還要均勻打一些接種穴，內填適量菌種，最後壓緊料面，封嚴壓塊薄膜。需要注意壓塊過程中環境應事先消毒處理，所用模具和工具、塑膠膜也應提前使用高錳酸鉀消毒。同時整個接種過程動作要迅速、熟練
 第 5 步：發菌管理	發菌期間，根據香菇的生物學特性和各菌株的品性，一般應調控環境中溫度、濕度、光照、通風等條件，以促使菌絲生長健壯、旺盛、正常生長。環境溫度調控在 20～25℃，袋溫不能超過 28℃。發菌期間菇棚內空氣相對濕度以 60％ 左右為宜，發菌期間菇棚內應營造弱光和黑暗條件，一般菇棚每天通風 2～3 次，每次約 30 min，氣溫高時早晚通風，氣溫低時中午通風，保持發菌環境空氣清新

（續）

 第6步：轉色管理	環境溫度在20℃以上時約45 d香菇菌絲即可長滿料塊。菌絲發滿料塊後可適當掀膜，空氣相對濕度保持在85%～90%，維持2～4 d料塊表面將出現新萌發菌絲，這時要增加掀膜次數，降低空氣相對濕度，並結合降溫促使新生菌絲倒伏。每天掀膜2～3次，以造成料塊表面乾濕差，同時還要創造較強的散射光條件以誘導轉色。一般連續一週轉色，料塊先從白色轉成粉紅色，再轉成紅褐色。在轉色過程中，料塊外表分泌出黃色水珠，這是出菇先兆
 第7步：出菇管理	轉色後，菌絲完全成熟，並積累了豐富的營養，在一定條件的刺激下，子實體原基分化進入出菇期。出菇期的環境溫度最好控制在10～22℃，晝夜要有5～10℃的溫差，空氣相對濕度保持在85%～90%，增加散射光照射，這期間需要大量的新鮮空氣，每天要打開門窗和通風口通風換氣，以保證菇棚內空氣清新
 第8步：採收管理	當香菇菌蓋直徑達4～6 cm、菌蓋下的內菌膜剛剛開始破裂時，即可採收。當內菌膜完全破裂、菌蓋邊緣仍明顯內捲時，應及時採收。過早、過晚採收，將影響產量和品質。採收時一手按住培養料，一手捏住香菇菌柄基部輕輕旋轉採下，不要帶起過多培養料
 第9步：後期管理	每採收完一潮菇後，可往料塊上噴灑營養水，之後繼續拿薄膜覆蓋料塊，環境溫度維持在18～22℃，空氣相對濕度控制在60%～65%，培養5～7 d，讓菌絲恢復生長，待有新的菌絲萌發後仍按第1潮出菇的管理辦法進行管理。出完4潮菇後，可將料塊在水池內浸泡8～12 h，待料塊吸水充足後，進行畦床覆土栽培，又可出2～3潮優質菇

3. 香菇壓塊栽培知識拓展

（1）栽培季節選擇。常在3、4、5月溫度較低的季節選用該法，高溫季節不宜選用該法，以避免高汙染率。

（2）栽培品種選擇。常選擇晚熟品種，品種應抗雜性較強，如 939、808、L-241、135、9608 等品種。

（3）常用配方選擇。

①硬雜木屑 78％、麥麩 12％、稻糠 8％、石膏 1％、尿素 0.5％、蔗糖 0.5％，添加多菌靈 0.01％，料水比 1∶1.15。

②硬雜木屑 64％、棉籽殼 20％、麥麩 15％、石膏 1％，料水比 1∶1.15。

③玉米稭稈 40％、玉米芯 40％、麥麩 5％、稻糠 10％、玉米麵粉 3％、石膏 2％，添加多菌靈 0.01％，料水比 1∶1.15。

（4）壓塊模具。材料有托簾、木框、壓料板、活動托板、塑膠薄膜（圖 3-2-3）。托簾是承托料塊的稭稈簾，可用玉米稭稈或高粱稭稈製作。簾的規格為 60 cm×38 cm，將稭稈用兩根紫穗槐樹條或竹篾串在一起。生產多少料塊就準備多少托簾。木框是製作料塊的模子，規格為 55 cm×35 cm×15 cm，準備 2～3 個即可。活動托板的規格與托簾相同即可。塑膠薄膜是包料塊用的，可選用聚乙烯塑膠薄膜，裁成 120 cm×120 cm 大小，膜厚 0.02 mm，每塊包料塊約 5 kg。

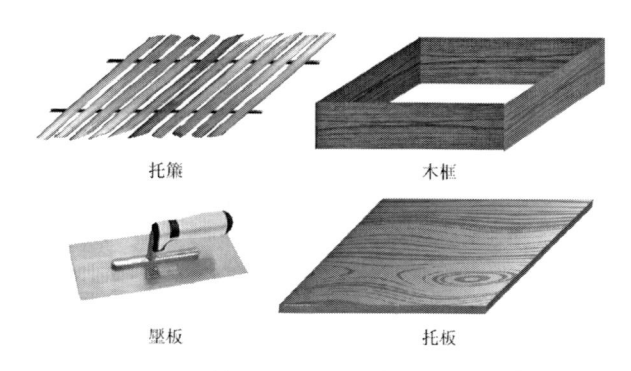

圖 3-2-3　香菇壓塊模具

二、香菇半熟料裝袋式栽培

香菇半熟料裝袋式栽培是將培養原料拌入營養液後，經高溫蒸汽來殺死培養料內絕大多數病原雜菌和蟲卵，之後再裝袋、栽培香菇的一種方式。該法常在冷涼季節選用。

1. 香菇半熟料裝袋式栽培流程（圖 3-2-4）

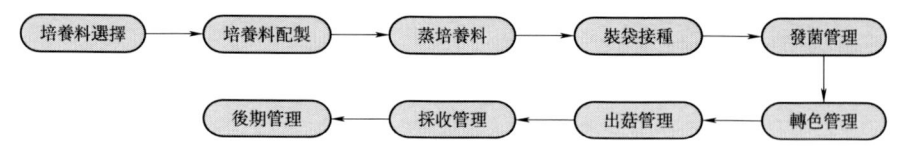

培養料選擇 → 培養料配製 → 蒸培養料 → 裝袋接種 → 發菌管理 → 轉色管理 → 出菇管理 → 採收管理 → 後期管理

圖 3-2-4　香菇半熟料裝袋式栽培流程

2. 香菇半熟料裝袋式栽培技術（表 3-2-2）

表 3-2-2　香菇半熟料裝袋式栽培技術

 第 1 步：培養料選擇	常選擇棉籽殼、玉米芯、玉米稭稈、豆稭稈、木屑等栽培原料作為主料來提供料內碳源；麥麩、稻糠、豆餅等作為輔料來補充料內氮源。培養料應新鮮、無發霉，玉米芯等主料應在太陽下曝晒 2～3 d。此外還需要一些礦質營養，常利用的礦質營養有碳酸鈣、硫酸鎂、磷酸二氫鉀、生石灰、石膏等。還可在料內添加微量的維他命和胺基酸等營養物質
 第 2 步：培養料配製	按常規拌料的乾混、濕混操作程序。乾混是指將栽培原料的主料和輔料中的不溶物，如麥麩、稻糠、玉米芯、石膏等在不加水的情況下攪拌混勻；濕混是將原料中可溶性物質，如生石灰、磷酸二氫鉀、硫酸鎂等藥品溶於水中加入。其間應注意水分含量以 50％ 左右為宜，還要保證培養料內各營養成分混合均勻。培養料拌好後，通常要悶堆 2～3 h，使培養料吸水充分
 第 3 步：蒸培養料	蒸料的目的之一是軟化培養料，便於菌絲的吸收利用；目的之二是殺死培養料中的部分雜菌和害蟲。蒸料時，鍋內放入鐵簾或木簾。先往鍋內水肉，水面距簾 15 cm，簾上鋪放乾淨的編織袋或麻袋片，用旺火把水燒開，然後往簾上撒培養料，不要一次撒過厚，要「勤撒、少撒、勻撒」。鍋裝滿後，用較厚的塑膠薄膜和帆布包蓋鍋筒，外邊用繩捆綁結實。鍋上大汽後，塑膠鼓起時開始計時，保持 2～3 h 後便可出鍋。在蒸料時，順便將乾淨編織袋若干隻也放在料頂層一同蒸，以便滅菌後倒料
 第 4 步：裝袋接種	蒸好的培養料先放於消毒好的場所，待料溫降到 25℃ 以下時，將香菇栽培種掰成玉米粒大小，拌入冷涼的培養料中，每 50 kg 料用 10 kg 左右菌種。混勻後裝袋，料袋規格為 60 cm×20 cm×0.002 cm，為低壓聚乙烯袋。裝袋後用鐵釘給每個菌袋扎眼 4 行，每行 10 個

115

（續）

第 5 步：發菌管理

　　發菌期間，根據香菇的生物學特性和各菌株的品性，一般應調控環境中溫度、濕度、光照、通風等條件，以促使菌絲健壯、旺盛、正常生長。環境溫度調控在 20~25℃，袋溫不能超過 28℃。發菌期間菇棚內空氣相對濕度以 60% 左右為宜，菇棚內應營造弱光和黑暗條件，一般菇棚每天通風 2~3 次，每次約 30 min，氣溫高時早晚通風，氣溫低時中午通風，保持發菌環境空氣清新

第 6 步：轉色管理

　　環境溫度在 20℃ 以上時約 45 d 香菇菌絲即可長滿料袋。菌絲發滿料袋後可適當掀膜，空氣相對濕度保持在 85%~90%，維持 2~4 d 料袋表面出現新萌發菌絲，這時要增加掀膜次數，降低空氣相對濕度，並結合降溫促使新生菌絲倒伏。每天掀膜 2~3 次，以造成料袋表面乾濕差。同時還要創造較強的散射光條件以誘導轉色。一般連續一週轉色，料袋先從白色轉成粉紅色，再轉成紅褐色。在轉色過程中，料袋外表分泌出黃色水珠，這是出菇先兆

第 7 步：出菇管理

　　轉色後，菌絲完全成熟，並積累了豐富的營養，在一定條件的刺激下，子實體原基分化進入出菇期。出菇期的環境溫度最好控制在 10~22℃，晝夜要有 5~10℃ 的溫差，空氣相對濕度保持在 85%~90%，增加散射光照射，這期間需要大量的新鮮空氣，每天要打開門窗和通風口通風換氣，以保證菇棚內空氣清新

第 8 步：採收管理

　　當香菇菌蓋直徑達 4~6 cm、菌蓋下的內菌膜剛剛開始破裂時，即可採收。當內菌膜完全破裂、菌蓋邊緣仍明顯內捲時，應及時採收。過早、過晚採收，將影響產量和品質。採收時一手按住培養料，一手捏住香菇菌柄基部輕輕旋轉採下，不要帶起過多培養料

（續）

第 9 步：後期管理

每採收完一潮菇後，可向菌棒上噴灑營養水，之後繼續拿薄膜覆蓋菌棒，環境溫度維持在 18～22℃，空氣相對濕度控制在 60%～65%，培養 5～7 d，讓菌絲恢復生長，待有新的菌絲萌發出現後仍按第 1 潮出菇的管理辦法進行管理。出完 4 潮菇後，可將菌棒在水池內浸泡 8～12 h，待菌棒吸水充足後，進行畦床覆土栽培，又可出 2～3 潮優質菇。

3. 香菇半熟料裝袋式栽培知識拓展

（1）栽培季節選擇。常在溫度較低的季節選用該法。高溫季節不宜選用該法，會導致汙染率升高。

（2）栽培品種選擇。常選擇晚熟品種，品種應抗雜性較強，如 939、808、135、9608、937、867、303 等品種。

（3）菌棒擺放方式。香菇菌棒成熟後，即可進入出菇管理階段，目前出菇管理階段香菇菌棒的擺放方式主要有兩種，分別為連體擺放和搭架擺放（圖 3-2-5、圖 3-2-6）。

圖 3-2-5　菌棒連體擺放

圖 3-2-6　菌棒搭架擺放

三、香菇全熟料栽培

香菇全熟料栽培是將培養原料裝袋後經 100℃ 高溫蒸汽蒸 8 h 以上或 120℃ 高溫蒸汽高壓滅菌 2～3 h，以此來徹底殺死培養料內病原雜菌和蟲卵，之後在潔淨無菌的環境下將料袋冷卻後栽培香菇的一種方式。該方式對環境無菌程度要求較高。

1. 香菇全熟料栽培流程（圖 3-2-7）

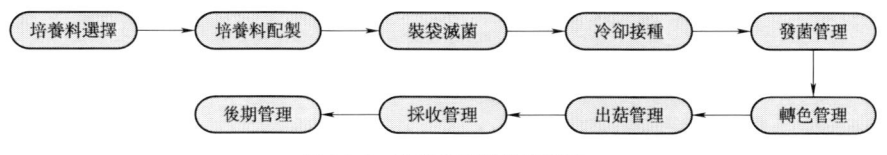

培養料選擇 → 培養料配製 → 裝袋滅菌 → 冷卻接種 → 發菌管理 → 轉色管理 → 出菇管理 → 採收管理 → 後期管理

圖 3-2-7　香菇全熟料栽培流程

2. 香菇全熟料栽培技術（表 3-2-3）

表 3-2-3　香菇全熟料栽培技術

 第 1 步：培養料選擇	常選擇棉籽殼、玉米芯、玉米稭稈、豆稭稈、木屑等栽培原料作為主料來提供料內碳源；麥麩、稻糠、豆餅等作為輔料來補充料內氮源。培養料應新鮮、無發霉，玉米芯等主料應在太陽下曝晒 2～3 d。此外還需要一些礦質營養，常利用的礦質營養有碳酸鈣、硫酸鎂、磷酸二氫鉀、生石灰、石膏等。還可在料內添加微量的維他命和胺基酸等營養物質
 第 2 步：培養料配製	按常規拌料的乾混、濕混操作程序。乾混是指將栽培原料的主料和輔料中的不溶物，如麥麩、稻糠、玉米芯、石膏等在不加水的情況下攪拌混勻；濕混是將原料中可溶性物質，如生石灰、磷酸二氫鉀、硫酸鎂等藥品溶於水中加入。其間應注意水分含量以 50% 左右為宜，還要保證培養料內各營養成分混合均勻。培養料拌好後，通常要悶堆 2～3 h，使培養料吸水充分。量大的也可使用機械拌料機進行攪拌
 第 3 步：裝袋滅菌	一般用裝袋機裝袋。裝袋時要盡量緊一些，一般常採用長 55 cm、折徑 15 cm、厚 0.005 cm 的低壓聚乙烯袋，每袋裝乾料接近 1 kg。之後扎活扣繫緊袋口。將袋裝筐後運於滅菌房內滅菌。溫度達 100℃，維持 10 h，通常一次性滅菌 3 000 袋以上時，每增加 1 000 袋，滅菌時間延長 1 h
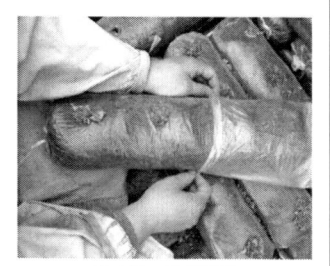 第 4 步：冷卻接種	滅菌後的培養料先放於消毒好的場所，待料溫降到 25℃ 以下時，將香菇栽培種掰成玉米粒大小，拌入冷涼的培養料中，每 50 kg 料用 10 kg 左右菌種。混勻後裝袋，菌袋規格為 60 cm×20 cm×0.002 cm，為低壓聚乙烯袋。裝袋後用鐵釘給每個菌袋扎眼 4 行，每行 10 個

（續）

 第 5 步：發菌管理	接種後，料袋要放入養菌室以「井」字形擺放，每層 4 袋，疊放 8～10 層，每堆間留有一定距離。接種後十幾天內料袋一般不要搬動，以免影響菌絲的萌發和造成感染。一般應調控環境中的溫度、濕度、光照、通風等條件，以促使菌絲健壯、旺盛、正常生長。環境溫度調控在 20～25℃，袋溫不能超過 28℃。發菌期間菇棚內空氣相對濕度以 60% 左右為宜，菇棚內應營造弱光和黑暗條件
 第 6 步：轉色管理	環境溫度在 20℃ 以上時約 45 d 香菇菌絲即可長滿料袋。菌絲發滿料袋後可適當掀膜，空氣相對濕度保持在 85%～90%，維持 2～4 d 料袋表面出現新萌發菌絲，這時要增加掀膜次數，降低空氣相對濕度，並結合降溫促使新生菌絲倒伏。每天掀膜 2～3 次，以造成料袋表面乾濕差，同時還要創造較強的散射光條件以誘導轉色。一般連續一週轉色，料袋先從白色轉成粉紅色，再轉成紅褐色。在轉色過程中，料袋外表分泌出黃色水珠，這是出菇先兆
 第 7 步：出菇管理	轉色後，菌絲完全成熟，並積累了豐富的營養，在一定條件的刺激下，子實體原基分化進入出菇期。出菇期的環境溫度最好控制在 10～22℃，晝夜要有 5～10℃ 的溫差，空氣相對濕度保持在 85%～90%，增加散射光照射。這期間需要大量的新鮮空氣，每天要打開門窗和通風口通風換氣，以保證菇棚內空氣清新
 第 8 步：採收管理	當香菇菌蓋直徑達 4～6 cm、菌蓋下的內菌膜剛剛開始破裂時，即可採收。當內菌膜完全破裂、菌蓋邊緣仍明顯內捲時應及時採收。過早、過晚採收，將影響產量和品質。採收時一手按住培養料，一手捏住香菇菌柄基部輕輕旋轉採下，不要帶起過多培養料

（續）

每採收完一潮菇後，可利用香菇菌棒補水器向菌棒內注入營養水，使菌棒重量基本和先前一致。之後繼續拿薄膜覆蓋菌棒，環境溫度維持在 18～22℃，空氣相對濕度控制在 60%～65%，培養 5～7 d，讓菌絲恢復生長，待有新的菌絲萌發後仍按第 1 潮出菇的管理辦法進行管理，按此法可持續出菇 4～5 潮

第 9 步：後期管理

3. 香菇栽培中遇到的問題及處理措施

（1）轉色太淺或不轉色。造成這種現象的原因是溫、濕度不適宜。如果脫袋時菌棒受陽光照射或乾風吹襲，造成菌棒表面偏乾，可向菌棒噴水，恢復菌棒表面的濕度，蓋好罩膜，減少通風次數並縮短通風時間，可每天通風 1～2 次，每次通風 10～20 min。如果空氣相對濕度太低或溫度低於 12℃、高於 28℃時，就要及時採取增濕和控溫措施，使空氣相對濕度在 85%～90%，溫度控制在 15～25℃。

（2）菌絲徒長不倒伏。菌棒表面的菌絲一直生長，不倒伏。造成這種現象的原因一是缺氧；二是溫度雖適宜，但濕度偏大；三是培養料含氮量過高。這就需要延長通風時間，並讓光照射到菌棒上，加大菌棒表面的乾濕差，迫使菌絲倒伏。如仍沒有效果，可用 3% 石灰水噴灑菌棒，晾至菌棒表面手摸不黏時再蓋膜，恢復正常管理。

（3）菌棒失水不轉色。當菌棒排場後，若重量比原來明顯減輕，用手觸摸菌棒，有刺感，出現這種現象說明菌棒失水乾燥導致不能轉色。失水過多的原因是菇床保濕性差、地面乾燥或通風次數太多。解決的辦法是提高空氣相對濕度及菌棒表面的濕度，使罩膜內空氣相對濕度控制在 85%～90%。

（4）瘤狀物脫落不轉色。出現這種現象的主要原因是脫袋時受到外力損傷或高溫（28℃）的影響，也可能是因為脫袋早、菌齡不足、菌絲尚未成熟，適應不了環境的變化。解決辦法是嚴格把溫度控制在 15～25℃，空氣相對濕度控制在 85%～90%，促使菌棒表面重新長出新的菌絲，再促其轉色。

實踐應用

實踐專案（香菇打穴接種技術）：以小組為單位，要求每組同學按照所學知識完成至少 100 袋的香菇接種，過程包括材料準備、場地消毒、接種、發菌管理等環節。重點對團隊合作、接種效果等進行考查。【建議 1 d】

要求：實踐專案結束後，均需完成實驗報告。實驗報告內容包括實驗目的、實驗材料準備、實驗設備準備、工藝流程、實驗過程、總結等。

教師考評表如下：

學生姓名	所在科系、班級	考核評價時間	技能考核得分	素養評價得分	製作品質評價得分	最後得分	教師簽名

複習思考

香菇為中國產量較高的食用菌之一，市場前景好、栽培廣泛。但是目前香菇栽培的培養料主要以硬雜木屑為主，這就需要砍伐樹木，而這種做法與生態環保理念是矛盾的。那麼有沒有可以替代木屑栽培香菇的技術呢？請根據本節所學知識，並透過網路查閱相關背景知識來分析這些模式的工藝流程和技術要點。

第三節　雙孢蘑菇栽培

知識目標
- 了解雙孢蘑菇營養需求規律。
- 了解雙孢蘑菇環境需求規律。
- 熟悉雙孢蘑菇常用的栽培模式、栽培工藝流程和技術要點。

能力目標
- 能夠熟練按照標準製作雙孢蘑菇二次發酵料。
- 能夠熟練進行雙孢蘑菇接種技術操作。

素養目標
- 培養熱愛食用菌行業的興趣和積極實踐精神。
- 培養工作一絲不苟的工匠精神。

專題 1　認識雙孢蘑菇

一、雙孢蘑菇分類及營養

雙孢蘑菇〔*Agaricus bisporus*（Large）Sing.〕，俗稱白蘑菇、洋蘑菇等，屬於真菌界擔子菌門層菌綱傘菌目蘑菇科蘑菇屬。雙孢蘑菇是目前世界上栽培歷史較悠久、栽培面積較大、消費族群較廣的食用菌之一。雙孢蘑菇菌肉肥嫩、味道鮮美、營養豐富，含有甘露糖、海藻糖及各種胺基酸。據測定每 100 g 乾菇中含粗蛋白 23.9～34.8 g、粗脂肪 1.7～8.0 g、粗纖維 8.0～10.4 g、灰分 7.7～12.0 g。雙孢蘑菇中含有 18 種胺基酸，其中 8 種為人體必需胺基酸，酪胺酸含量較多。目前，全世界有 100 多個國家和地區栽培雙孢蘑菇，美國、英國、荷蘭、法國和義大利是世界栽培技術較先進的國家，中國、美國是雙孢蘑菇栽培大國，中國是雙孢蘑菇的出口大國。據統計，2021 年中國雙孢蘑菇產量達 185.4 萬 t，雙孢蘑菇在中國市場認可度高，發展前景廣闊（圖 3-3-1）。

圖 3-3-1　雙孢蘑菇

二、雙孢蘑菇的生物學特性

(一) 形態特徵

雙孢蘑菇由菌絲體和子實體兩種基本形態組成。菌絲體為灰白色至白色，生長速度中等偏快，不易結菌被。子實體多單生，中等大，菌蓋直徑 5～12 cm，初半球形，邊緣內捲，後平展，圓正、白色、無鱗片、厚、不易開傘，菌肉白色。菌褶初粉紅色，後變褐色。菌柄中粗直短，菌柄上有半膜狀菌環，孢子印褐色。

(二) 營養需求

1. 碳源 碳元素在菇體成分中占 50％～60％，是雙孢蘑菇生長重要的營養源，是合成醣類和胺基酸的原料，也是重要的能量來源。雙孢蘑菇是一種草腐菌，分解纖維素和半纖維素的能力較強，它利用的碳源有單醣、雙醣、多醣等，主要由水稻秸稈、棉籽殼、玉米芯、小麥秸稈、甘蔗渣等物質提供。

2. 氮源 雙孢蘑菇通常可利用無機氮和有機氮。常利用的無機氮來源有銨鹽，常利用的有機氮來源有蛋白腺、酵母膏、尿素、豆餅、米糠、麥麩、畜禽糞便等。雙孢蘑菇營養生長的菌絲能分泌多種活性很強的水解酶類，有利於分解秸稈中的各種含氮化合物作為氮源。堆肥中，雙孢蘑菇菌絲細胞可以利用的氮源，一是秸稈細胞中與木質素結合的蛋白或肽類化合物，二是在堆製過程中合成和積累起來的微生物蛋白。硝態氮一般不能被雙孢蘑菇菌絲細胞利用。

雙孢蘑菇在營養生長階段，C/N 以 (15～20)：1 為宜，而在生殖生長階段 C/N 以 (30～40)：1 為宜。

3. 礦質營養 雙孢蘑菇的生長發育也需要鈣、磷、鉀、硫、鎂等礦質元素，但需求量少，常利用的礦質營養有碳酸鈣、硫酸鎂、磷酸二氫鉀、石膏等。磷是能量代謝中的重要代謝物質，沒有磷，碳和氮不能很好地被利用；鉀有利於細胞代謝正常進行；鈣能促進菌絲生長和子實體的形成，提高細胞的水合度，有利於保水，也有利於在培養料發酵後使腐殖質膠體變為凝膠狀態，促使培養料不黏稠而呈疏鬆狀態。

4. 生長因子 雙孢蘑菇生長常利用的生長因子有維他命、胺基酸、核酸、赤黴素、生長素等。一般情況下，這些營養可從栽培原料中獲得，不需額外添加。

(三) 環境需求

1. 溫度 溫度是雙孢蘑菇生長發育的重要條件，菌絲在 12～30℃ 可生長，適宜的溫度為 22～25℃，30℃ 以上菌絲生長極其緩慢，嚴重時會停止生長甚至死亡，低於 12℃ 菌絲生長緩慢。雙孢蘑菇屬中溫變溫結實型菌類，環境的溫差可促使原基的形成與生長。子實體形成與生長的溫度為 10～25℃，適宜的溫度為 15～18℃，在此溫度區間生長的子實體菌柄矮壯、肉厚、品質好、產量高。低於 14℃ 子實體生長慢，高於 24℃ 將造成死菇。當雙孢蘑菇由菌絲營養生長轉向子實體生殖生長時，降低溫度進行變溫刺激是促進雙孢蘑菇原基儘早發生的有效措施。在人工控制溫度的空調菇房必須掌握變溫刺激的範圍，日溫差以 3～5℃ 為宜。

2. 濕度 濕度也是雙孢蘑菇生長發育的重要條件，包括培養料的含水量和空氣相對濕度。菌絲生長階段，培養料的含水量以 60％～65％ 為宜，空氣相對濕度以 60％～65％ 為宜，過低或過高均會影響菌絲生長。子實體生長階段，空氣相對濕度要求在 85％～90％，在出菇旺盛期，粗顆粒土的含水量以 20％ 左右為宜，細土的含水量以 18％～20％ 為宜。

3. 光照 雙孢蘑菇菌絲生長階段需要黑暗條件，光照強會抑制菌絲的生長。子實體形成階段和子實體生長階段一般需要微弱的散射光，光照不宜過強，直射陽光不僅會使溫度劇烈變化，導致菇床乾燥，還會使子實體菌柄徒長、菌蓋歪斜變黃，導致雙孢蘑菇品質下降。

4. 空氣 雙孢蘑菇是好氧型真菌，它不斷地消耗 O_2，排出 CO_2。新鮮空氣中 O_2 占總體積的 21％，足夠供應雙孢蘑菇的需求。較適於雙孢蘑菇菌絲生長的 CO_2 濃度為 0.1％～0.5％，子實體分化和生長階段的 CO_2 濃度以 0.03％～0.1％為宜。由於堆肥的分解，特別是發酵不良和二次發酵不徹底的培養料中常散發出 CO_2、NH_3、H_2S 等有害氣體，因此應適時進行通風，引入新鮮空氣並排除有害氣體。

5. pH 雙孢蘑菇菌絲和子實體的生長需要弱酸性的環境，培養料進房時 pH 最好為 7.5 左右。由於雙孢蘑菇菌絲在生長過程中不斷產生酸性物質，使培養料 pH 不斷降低，對雙孢蘑菇生長不利，卻有利於某些黴菌的生長，因此，覆土用的土粒最好偏鹼性，pH 以 7～7.5 為宜。如果培養料或培養土偏酸，對菌絲的生長和子實體的發育都不利，可用 1％石灰水調節至微鹼性。

專題 2　雙孢蘑菇常見栽培技術

一、雙孢蘑菇二次發酵栽培

雙孢蘑菇二次發酵栽培是將培養原料拌入營養液後，經前發酵和後發酵兩個階段殺死培養料內絕大多數病原雜菌和蟲卵，之後再栽培雙孢蘑菇的一種方式。此法通常利用蘑菇房、發酵隧道、床架式大棚等對雙孢蘑菇進行立體式栽培，目前雙孢蘑菇二次發酵栽培依然是絕大多數種植戶採用的技術。

1. 雙孢蘑菇二次發酵栽培流程（圖 3-3-2）

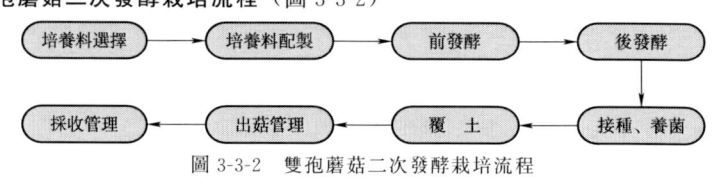

培養料選擇 → 培養料配製 → 前發酵 → 後發酵 → 接種、養菌 → 覆土 → 出菇管理 → 採收管理

圖 3-3-2　雙孢蘑菇二次發酵栽培流程

2. 雙孢蘑菇二次發酵栽培技術（表 3-3-1）

表 3-3-1　雙孢蘑菇二次發酵栽培技術

 第1步：培養料選擇	培養料的好壞與雙孢蘑菇的產量和品質有密切的關係。培養料品質好，則雙孢蘑菇產量高、菇體肥壯、品質好；培養料品質差，則雙孢蘑菇產量低、皮薄、細腳菇多、品質差。常用的培養料主要包括家畜糞，如豬糞、牛糞、馬糞、雞糞和鴨糞等；稭稈類，如水稻稭稈、小麥稭稈、玉米稭稈等；餅肥，如菜籽餅、豆餅、花生餅等；其他物質，如過磷酸鈣、尿素、硫酸銨、石膏、碳酸銨、氮磷鉀緩釋複合肥、生石灰等

第三章　食用菌栽培

（續）

 第 2 步：培養料配製	按照配方選好原材料，並分別對原材料進行預處理。首先將糞肥預濕發酵。稭稈應提前 4 d 預濕，然後將稭稈切成 10～15 cm 長段後將其堆積，使其吸水均勻。之後按培養料配方比例加料，分層堆置。堆置時，先在最下層鋪厚約 10 cm 的稭稈，然後再上鋪一層已發酵過的糞，厚 2～3 cm。以後，加一層稭稈，鋪一層糞，澆一遍水，最後覆蓋一層稭稈。堆高 1.5～1.8 m，寬 1.5～2.5 cm，長度可根據場地條件而定
 第 3 步：前發酵	前發酵是將稭稈與糞肥等充分混合堆成高度為 1.5～1.8 m，寬度為 1.5～2.5 m，長度不限的堆。建堆要做到 4 個原則，即保溫、保濕、保肥、通氣。5～7 d 後第 1 次翻堆，之後每隔 4 d 翻 1 次堆，共翻 4 次。翻堆的方法是提前數小時對料堆噴水，使邊緣草料得以充分吸水。翻堆時先將堆頂的糞扒下來，從料堆的一端開始，先將邊料取下，將堆內高溫區料做新料堆的底部和頂部，將邊料、底料、頂料翻入新料堆的中部位置。將料充分發酵好，並和糞肥充分混勻
 第 4 步：後發酵	後發酵是在室內有效地控制溫度、空氣、濕度而進行的好氣發酵。後發酵第 1 階段為升溫階段，將料堆溫度上升至 57～60℃，並保持 6～8 h 巴氏消毒；第 2 階段是恆溫階段，將料通風降溫至 50～55℃，並保持該溫度 2～4 d；第 3 階段是降溫階段，將料溫逐漸降到 45～50℃，維持 12 h 後立即開窗通風，使料溫降至 27～28℃接種。發酵後的培養料色澤表現為深咖啡色，柔軟，彈性強，有濃厚的料香味，無氨味，有大量的白色放線菌，含水量為 65%～68%
 第 5 步：接種、養菌	後發酵結束後，菇房、大棚等要徹底消毒。接種量為每平方公尺需棉籽殼菌種 2.5 瓶或麥粒菌種 1.5 瓶。用撒播法，先將菌種的一半混入料內，整平料面，再將剩餘的一半菌種均勻地撒在料面上，並立即用已發酵完畢的培養料覆蓋保濕。發菌初期以保濕為主，微通風為輔，料溫保持在 22～25℃，空氣相對濕度 85%～90%。中期菌絲已基本封蓋料面，此時應逐漸加大通風量，適當降低空氣相對濕度，促使菌絲向料內生長。發菌後期用木棒在料面上打若干孔到料底並加強通風。經過約 25 d 菌絲就可「吃透」培養料

（續）

第 6 步：覆土

雙孢蘑菇在整個栽培過程中必須覆土。覆土材料最好選用含水量為 40% 左右，具團粒結構，含有少量腐殖質的中性黏壤土。使用前要曬乾打碎，除去石頭等雜物後過篩。覆土前，還應將土用生石灰、甲醛、敵百蟲等進行消毒處理，覆膜密閉 24 h 後揭膜，待藥味消除後再覆土上床。一般 100 m² 栽培面積需用土 3 t 左右，調節含水量至 50%，pH 為 7~7.5。覆土分 2 次，先覆粗土粒，用木板拍平適當噴霧狀水，使土粒保持一定濕度，隔 5~7 d，可見菌絲爬上土粒，再覆細土，補勻、噴水，總厚度 3~4 cm

第 7 步：出菇管理

為了誘導原基形成，要在夜間外界溫度較低時最大限度地通風換氣，把溫度降到 16~18℃，並適量噴水。當床面有菌絲冒出，說明菌絲已發至培養料底並在土層內已充分發好，已具備了結菇能力。當子實體原基出現後（土間有米粒大小的白點），菇房降溫到 16℃，同時噴催菇水，每天噴 1 次，連續噴 2~3 d。菌絲扭結成原基並長至黃豆大小時，就可促進子實體膨大，管理原則是給菇床大量噴水，並開氧氣加濕器，以保證菇房的空氣相對濕度在 85%~90%，並且要保證菇房內空氣流動相對恆定

第 8 步：採收管理

· 採收前 1 d 不宜再噴水，以免影響下批菇的生長。當雙孢蘑菇菇蓋直徑在 2.5~4.0 cm 時就可採收。不宜讓子實體生長過大，否則會縮短產品從採收到開傘的時間，還會影響下一批菇的形成和生長。採收時動作要輕，中指、食指、拇指輕捏菇蓋稍加旋轉，拔出雙孢蘑菇，盡量連根拔，但不帶菌絲，不傷及周圍幼菇，同時用土把坑填上。採收球菇時要用刀輕割下，以免影響其他菇的生長。採完後，應及時削根。削根要平整，一刀切下，盡量做到菇根長短一致

3. 雙孢蘑菇二次發酵栽培知識拓展

（1）栽培季節選擇。常選擇春、秋兩季。在中國北方地區，秋菇栽培，出菇期一般為 11 月下旬至翌年的 1 月；春菇栽培，出菇期一般為 3 月下旬至 6 月上旬。

（2）栽培品種選擇。目前中國常選用的栽培品種主要有 As2796、S-176、S-111、浙農 1 號、滬 101-1、閩 1 號、12-1、152、U1、9501、194、01-1、浙農 2 號等。

（3）常用配方選擇（栽培面積 110 m² 用料）。

①乾稻稭 1 500 kg、乾麥稭 750 kg、乾牛糞 1 250 kg、菜籽餅 175 kg、尿素 15 kg、石膏 75 kg、過磷酸鈣 40 kg、生石灰 50 kg。

②乾稻稭 2 220 kg、過磷酸鈣 35 kg、乾牛糞 1 400 kg、石膏粉 55 kg、豆餅粉 90 kg、碳酸鈣 45 kg、尿素 35 kg、碳酸氫銨 30 kg、生石灰 55 kg。

③乾稻稭 2 200 kg、過磷酸鈣 30 kg、乾牛糞 960 kg、石膏粉 50 kg、菜籽餅 100 kg、

碳酸鈣 40 kg、尿素 30 kg、碳酸氫銨 30 kg、生石灰 60 kg。

④乾稻稭 2 750 kg、菜籽餅 200 kg、尿素 15 kg、碳磷鉀緩釋複合肥 30 kg、石膏 150 kg、生石灰 50 kg。

⑤乾稻稭 2 250 kg、乾牛糞 1 000 kg、乾雞糞 250 kg、菜籽餅 175 kg、尿素 15 kg、石膏 75 kg、過磷酸鈣 40 kg、生石灰 50 kg。

以上所有配方製作時，乾稻稭、乾麥稭均應提前浸泡 1～2 d，糞肥應提前預濕發酵，在混拌時調節含水量為 65%～68%。

二、雙孢蘑菇畦床栽培

雙孢蘑菇畦床栽培是將培養原料拌入營養液後，經一次性發酵殺死培養料內絕大多數病原雜菌和蟲卵，之後再作畦栽培雙孢蘑菇的一種方式。此法通常利用大棚、林間地面等對雙孢蘑菇進行畦床式栽培，省去了二次發酵的一些煩瑣步驟，是一種簡單、省事的方法，但該法不能充分利用空間。

1. 雙孢蘑菇畦床栽培流程（圖 3-3-3）

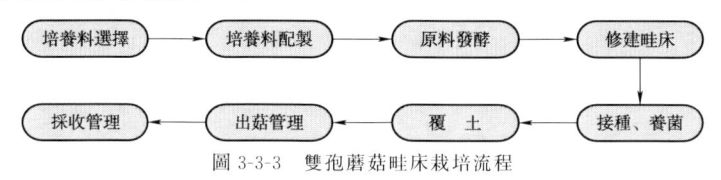

培養料選擇 → 培養料配製 → 原料發酵 → 修建畦床

採收管理 ← 出菇管理 ← 覆土 ← 接種、養菌

圖 3-3-3　雙孢蘑菇畦床栽培流程

2. 雙孢蘑菇畦床栽培技術（表 3-3-2）

表 3-3-2　雙孢蘑菇畦床栽培技術

 第 1 步：培養料選擇	用來堆製培養料的材料應能滿足雙孢蘑菇整個生長發育過程對營養物質的需求，其中碳源和氮源必須充分，磷、鉀、鈣、硫等也要適當配合。培養料的質地要疏鬆，富有彈性，能含蓄較多的空氣。常用的培養料主要包括家畜糞，如豬糞、牛糞、馬糞、雞糞等；稭稈類，如水稻稭稈、小麥稭稈、玉米稭稈等；餅肥，如菜籽餅、豆餅、花生餅等；其他物質，如過磷酸鈣、尿素、硫酸銨、石膏、碳酸銨、氮磷鉀緩釋複合肥、生石灰等
 第 2 步：培養料配製	按照配方選好原材料，並分別對原材料進行預處理。首先將糞肥預濕發酵。稭稈應提前 4 d 預濕，然後將稭稈切成 10～15 cm 長段使其堆積，使其吸水均勻。之後按培養料配方比例加料，分層堆置。堆置時，先在最下層鋪厚約 10 cm 的稭稈，然後再上鋪一層已發酵過的糞，厚 2～3 cm。以後，加一層稭稈，鋪一層糞，澆一遍水，最後覆蓋一層稭稈。堆高 1.5～1.8 m，寬 1.5～2.5 m，長度可根據場地條件而定

（續）

 第 3 步：原料發酵	將稻稈與糞肥等充分混合堆成高度為 1.5～1.8 m，寬度為 1.5～2.5 m，長度不限的堆。建堆要做到保溫、保濕、保肥、通氣。5～7 d 後第 1 次翻堆，之後每隔 4 d 翻 1 次堆，共翻 4 次。最後一次翻堆結束時，將培養料倒入栽培畦床。發酵好的培養料色澤呈深咖啡色或暗褐色，柔軟性好，彈性強，手握料不沾手，有濃厚的料香味，無氨味，無害蟲，無競爭性雜菌，有大量的白色放線菌和淡灰色腐殖黴菌，含水量為 65%～68%
 第 4 步：修建畦床	在出菇場地面修建畦床，深 35～40 cm，寬 120 cm，長不限，若在林間，則要在畦上搭建小拱棚。出菇場外側建排水溝。挖好畦床後，於畦上撒生石灰，並打殺蟲藥，小拱棚內應燻蒸消毒劑進行消毒處理。最後將發酵好的培養料倒入畦床內壓實，待溫度低於 30℃ 時及時接種
 第 5 步：接種、養菌	可採用穴接或將菌種撒在培養料面上的方法。接種量為每平方公尺需棉籽殼菌種 2.5 瓶或麥粒菌種 1.5 瓶。發菌初期小拱棚上應覆蓋棚膜和草簾，料溫保持在 22～25℃，空氣相對濕度 85%～90%。中期菌絲已基本封蓋料面，此時應逐漸加大通風量，適當降低空氣相對濕度，促使菌絲向料內生長。發菌後期用木棒在料面上打若干孔到料底並加強通風。經過約 25 d 菌絲就可「吃透」培養料
 第 6 步：覆土	覆土前應該採取一次全面的「搔菌」措施，即用手輕輕搔動料面，再用木板將培養料輕輕拍平。這樣料面的菌絲受到「破壞」，斷裂成更多的菌絲段。覆土前，還應將土粒進行消毒處理。覆土分 2 次，先覆粗土粒，用木板拍平適當噴霧狀水，使土粒保持一定濕度，隔 5～7 d，可見菌絲爬上土粒，再覆細土，補勻、噴水，總厚度 3～4 cm。覆土調水以後，斷裂的菌絲段紛紛恢復生長，往料面和土層中生長的絨毛菌更多、更旺盛

（續）

第 7 步：出菇管理	為了誘導原基形成，要在夜間外界溫度較低時最大限度地通風換氣，把溫度降到 16～18℃，並適量噴水。當床面有菌絲冒出，說明菌絲已發至培養料底並在土層內已充分發好，已具備了結菇能力。當子實體原基出現後（土間有米粒大小的白點），菇房降溫到 16℃，同時噴催菇水，每天噴 1 次，連續噴 2～3 d。菌絲扭結成原基並長至黃豆大小時，就可促進子實體膨大，管理原則是給菇床大量噴水，並開空氣加濕器，以保證菇房的空氣相對濕度在 85％～90％，並且要保證菇房內空氣流動相對恆定
第 8 步：採收管理	採收前 1 d 不宜再噴水，以免影響下批菇的生長。當雙孢蘑菇菇蓋直徑在 2.5～4.0 cm 時就可採收。不宜讓子實體生長過大，否則會縮短產品從採收到開傘的時間，還會影響下一批菇的形成和生長。每採收完一潮菇後，要把殘留於菇床上的雜質和爛菇清理乾淨，如發現有菌絲露在土層表面，則需補一些土。第 1 潮菇採完後清理一下料面，前 2 d 不噴水，蓋膜 2 d 後揭膜噴水，待一週後去掉薄膜要每天噴水，每天 1 次，連續 3～4 d 後第 2 潮菇又會長出來。通常可採 4 潮菇

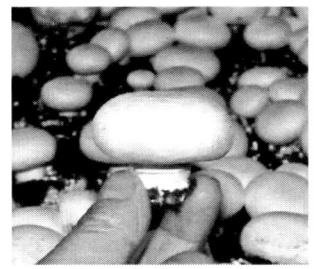

3. 雙孢蘑菇畦床栽培知識拓展 雙孢蘑菇畦床栽培中主要生產原料的選擇及注意事項如下：

（1）雞糞。雞糞的營養價值根據雞所攝取飼料的不同而不同。每公斤乾雞糞中有 13.4～18.8 kJ 的總能量，含氮量達 30～70 g。除此之外，雞糞裡還含有含氮非蛋白化合物，通常情況下，它們是以尿酸和氨化物形態存在。雞糞的各種胺基酸也比較平衡，每公斤乾雞糞中含離胺酸 5.4 g、胱胺酸 1.8 g、蘇胺酸 5.3 g。雞糞的維他命 B 群含量也很高，還含有各種微量元素。以雛雞和肉雞糞營養價值最高。

（2）牛糞。牛糞中含粗蛋白 3.1％、粗脂肪 0.37％、粗纖維 9.84％、無氮浸出物 5.18％、鈣 0.32％、磷 0.08％。放牧牛的糞便品質最好，其次是黃牛糞，最次的是奶牛糞，所使用的牛糞一定要乾燥無發霉。

（3）小麥稭稈。小麥稭稈含乾物質 95％、粗蛋白 3.6％、粗脂肪 1.8％、粗纖維 41.2％、無氮浸出物 40.9％、灰分 7.5％、木質素 5.3％～7.4％。用於畦床栽培的小麥稭稈要求微黃色，無黏連結塊、淋雨色斑，當年的品質最好。

（4）豆稭稈。豆稭稈是農業生產中來源極為豐富的副產品，便於收集，生產投資成本低，可為菇農提供更多的經濟效益。豆稭稈含氮 2.44％、磷 0.21％、鉀 0.48％、鈣 0.92％、有機質 85.8％、碳 49.76％，C/N 20：1，採用豆稭稈栽培雙孢蘑菇發菌速度

快、出菇早。豆秸稈在使用前要進行相應的處理，否則會影響單位面積的產量。處理方法是將優質無發霉的豆秸稈反覆碾壓多次，使聚集緊實的纖維素和木質素等難以水解的物質得到水解，從而容易被菌絲吸收。經發酵軟化後的豆秸稈提高了容重，縮小了體積，可使菌絲均勻生長，有利於營養積累。

（5）餅肥。餅肥是油廠加工大豆油後的下腳料。其蛋白質含量高，是相同品質麥麩的4.5倍。其粗白質含量為35.9%、粗脂肪含量為6.9%、粗纖維素含量為4.6%、可溶性糖含量為34.9%，是一種氮素含量較高的有機營養物質。由於其蛋白質含量高，在用量上要適當減少，一般用量不宜超過10%。

（6）石膏。石膏的主要成分是硫酸鈣，能溶於水，但溶解度小，石膏可直接補充雙孢蘑菇菌絲生長中所需的硫、鈣等營養元素，能減少培養料中氮素的損失，加速培養料中有機質的分解，促進培養料中可溶性磷、鉀迅速釋放。石膏雖然不能用來調節培養料的pH，但具有緩衝作用，另外在培養料中起到絮凝作用，使黏結的原料變鬆散，有利於游離氨的揮發，進而改善培養料的通氣性，提高培養料的保肥力，促進子實體的形成。石膏的添加量為1%~1.5%，購買石膏粉時，要求細度在80~100 μm，顏色純白，在陽光下閃光發亮即可。顏色發灰或粉紅，以及無光亮的不宜使用。

（7）生石灰。生石灰的主要成分是氧化鈣，遇水變成氫氧化鈣，呈鹼性，常用於調節培養料的pH。雙孢蘑菇培養料中生石灰的添加量為2%~4%。

（8）過磷酸鈣。過磷酸鈣是一種弱水溶性的磷素化學肥料，大多數為灰白色或灰色粉末，易吸潮結塊，有效磷含量為15%~20%。雙孢蘑菇培養料中添加過磷酸鈣可補充磷元素、鈣元素，過磷酸鈣為速效磷肥，能促進各種微生物的發酵腐熟，還能與培養料中過量的游離氨結合，形成氨化過磷酸鈣，防止培養料銨態氮的逸散。過磷酸鈣也可作為一種緩衝物質，用於調節培養料中的pH。過磷酸鈣的添加量一般為0.5%~1%，添加量超過2%時培養料易出現酸化現象。

三、雙孢蘑菇工廠化栽培

雙孢蘑菇工廠化栽培是一種利用雙孢蘑菇的生長特點，採用現代化的技術和設備，實現了工廠化拌料、發酵、上料、接種、發菌、覆土、採收等操作，對雙孢蘑菇生長過程中的溫度、濕度、氣體等進行自動調節的栽培方式，因此工廠化生產的雙孢蘑菇不受季節限制，能夠全年產出，是一種適應現代化農業發展的食用菌栽培方式。

1. 雙孢蘑菇工廠化栽培流程（圖3-3-4）

培養料選擇 → 培養料配製 → 一次發酵 → 二次發酵

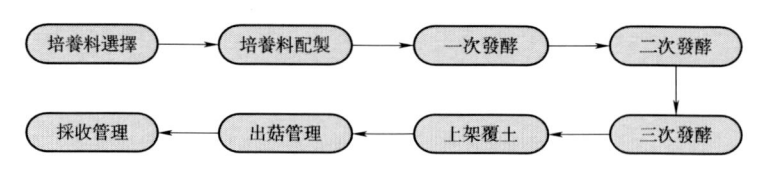

採收管理 ← 出菇管理 ← 上架覆土 ← 三次發酵

圖3-3-4　雙孢蘑菇工廠化栽培流程

2. 雙孢蘑菇工廠化栽培技術（表 3-3-3）

表 3-3-3　雙孢蘑菇工廠化栽培技術

 第 1 步：培養料選擇	用來堆製培養料的材料應能滿足雙孢蘑菇整個生長發育過程對營養物質的需求，其中碳源和氮源必須充分，磷、鉀、鈣、硫等也要適當配合。培養料的質地要疏鬆、富有彈性，能含蓄較多的空氣。常用的培養料主要包括牛糞、馬糞、雞糞、小麥稭稈、過磷酸鈣、尿素、硫酸銨、石膏、碳酸銨、氮磷鉀緩釋複合肥等
 第 2 步：培養料配製	原料處理分為 2 步。第 1 步是畜糞處理，將糞肥放入糞池中，加水攪拌；第 2 步是將糞水放入預濕池中浸泡稭稈，稭稈吸水充足後用堆高機鏟出，用傳料機倒入一次發酵房中
 第 3 步：一次發酵	發酵房通常為 300～500 m³，常採用封閉式從屋頂加料的方式。一次發酵在發酵房中進行，大多採用高壓系統，即經過機械翻堆、綜合加溫、換氣、噴淋等機械堆製過程，改變培養料的理化性質，使培養料充分變軟、腐熟。當培養料呈咖啡色，有一定光澤，柔軟，有較強的拉力，富有彈性，有糖香味，含少量氨味，含水量為 65%～70%，pH 7.8～8.0 時結束發酵。一次發酵過程常持續 10 d 左右
 第 4 步：二次發酵	二次發酵過程是封閉式的。二次發酵房間保溫處理要好，大多採用大型機器設備進料，房間內有通風換氣設備和空調設備，迅速使料堆內溫度升至 70℃，時間持續 5 d 左右。經過巴氏消毒和嗜熱培養過程，使培養料進一步腐熟，同時進一步消滅培養料內的病原菌和害蟲。二次發酵合格培養料的特徵為呈深咖啡色或棕褐色，料香味濃郁，質地疏鬆柔軟，富有彈性，手捏成團，落地即散，禾草原形尚在且輕輕一拉即斷，含水量為 65% 左右，pH 6.8～7.0

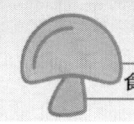

（續）

 第 5 步：三次發酵	三次發酵入料和出料要求衛生等級較高，採用隧道入料和出料機械，以保證環境不被汙染。在三次發酵的同時結合接種。菌種選用麥粒種，使用專門的接種設備進行接種。全程採取可編程邏輯控制器（Programmable Logic Controller，PLC）自動化控制，調節菌絲生長發育的溫度、濕度、光照、CO_2 濃度等環境條件，時間 14 d 左右。菌種迅速萌發定植，發菌培養期間保持發酵倉內溫度 22～24℃，空氣相對濕度 70%～75%，避光培養，同時要保證菌絲生長所需的新鮮空氣經過過濾
 第 6 步：上架覆土	經三次發酵後，培養料內長滿了雙孢蘑菇菌絲，採用密封車廂或透過隧道將其倒入出菇室內。覆土催菇在出菇室內進行，分為覆土、調水、耙土、降溫催蕾等生產過程，時間約為 19 d。覆土是雙孢蘑菇從營養生長轉向生殖生長的必要條件，必須掌握覆土時間、土樣選擇、覆土消毒、覆土方法、覆土後調水及耙土等關鍵技術措施
 第 7 步：出菇管理	出菇管理在出菇室內進行，時間為 40 d 左右。工作重點是正確處理噴水、通風、保濕三者關係，既要多出菇、出好菇，又要保護好菌絲，促進菌絲前期旺盛，中期有勁，後期不早衰。室內溫度控制在 16～18℃，空氣相對濕度為 85%～90%，加強通風換氣，保證子實體生長所需的新鮮空氣，同時避免直射光進入室內
 第 8 步：採收管理	雙孢蘑菇工廠都只採 2 潮菇，每平方公尺產量可達 25～30 kg。菇床上雙孢蘑菇非常密集，有利於機械採菇。也有採用人工採收的，雙孢蘑菇的品質較好。出完 2 潮菇後的培養料通常被拉入農田當作有機肥還田處理

實踐應用

實踐專案（雙孢蘑菇盆栽技術）：以小組為單位，要求每組同學按照所學知識完成至少 20 盆的雙孢蘑菇栽培，過程包括材料準備、場地消毒、接種、發菌管理、出菇管理等環節。重點對團隊合作、原料發酵、接種效果等進行考查。【建議 1.5 d，其餘瑣碎工作利用課餘時間完成。】

要求：實踐專案結束後，均需完成實驗報告。實驗報告內容包括實驗目的、實驗材料準備、實驗設備準備、工藝流程、實驗過程、總結等。

教師考評表如下：

學生姓名	所在科系、班級	考核評價時間	技能考核得分	素養評價得分	製作品質評價得分	最後得分	教師簽名

第四節　黑木耳栽培

> **知識目標**
> - 了解黑木耳營養需求規律。
> - 了解黑木耳環境需求規律。
> - 熟悉黑木耳常用的栽培模式、栽培工藝流程和技術要點。
>
> **能力目標**
> - 能夠熟練按照標準製作黑木耳吊袋操作。
> - 能夠熟練進行黑木耳露地擺放技術操作。
>
> **素養目標**
> - 培養熱愛食用菌行業的興趣和積極實踐精神。
> - 培養工作一絲不苟的工匠精神。

專題 1　認識黑木耳

一、黑木耳分類及營養

黑木耳〔*Auricularia auricula*（L. ex Hook.）Underw.〕，俗稱光木耳、細木耳等，屬真菌界擔子菌門傘菌綱木耳目木耳科木耳屬（圖 3-4-1）。黑木耳滑嫩爽口、清脆鮮美、營養豐富，是一種黑色保健食品，有「素中之葷」的美譽，是中國傳統的出口食用菌。它營養豐富，含有蛋白質、脂肪、多醣體、鈣、磷、鐵、胡蘿蔔素、維他命 B_1、維他命 B_2、菸鹼酸等營養物質。黑木耳性平味甘，無毒，有補氣血和舒筋活絡的功效。黑木耳中的多醣體能提高人體的免疫力，能夠抗腫瘤活性。而這種多醣體也具有疏通血管，清除血管中膽固醇的作用，所以可以降血糖、降血脂、防止血栓形成、預防腦血管疾病發生。黑木耳在中國的自然分布很廣，遍及 20 多個省份。中國是黑木耳主產國，據統計，2021 年中國黑木耳

圖 3-4-1　黑木耳

產量為 712.3 萬 t。世界上生產黑木耳的國家不多，主要是亞洲的中國、日本、菲律賓和泰國等，以中國產量最高，占世界總產量的 96％以上。而中國的黑木耳又以東北三省的品質為優。

二、黑木耳的生物學特性

（一）形態特徵

黑木耳由菌絲體和子實體兩種基本形態組成。菌絲體白色，由許多具橫隔和分支的管狀菌絲組成，它生長在朽木或其他基質裡面，是黑木耳的營養器官。子實體側生在木材或培養料的表面，是黑木耳的繁殖器官，也是人們的食用部分。子實體初生時像一小環，在不斷的生長發育中，舒展成波浪狀的個體，腹面凹而光滑，有脈織，背面凸起，邊緣稍上捲，整個外形頗似人耳，故此得名。菌絲發育到一定階段扭結成子實體，子實體新鮮時呈膠質狀，半透明，深褐色，有彈性。乾燥後收縮，腹面平滑漆黑色，背面青褐色，有短絨毛，吸水後仍可恢復原狀。子實體在成熟期產生擔孢子，擔孢子無色透明，臘腸狀或腎狀，光滑，在耳片的腹面，成熟乾燥後，透過氣流到處傳播，繁殖它的後代。

（二）營養需求

1. 碳源 黑木耳屬木腐菌。在自然界中多生於櫟、樺、榆、楊等闊葉樹的朽木上。透過自身不斷地分泌多種酶來分解吸收所需要的營養物質。其碳源主要有澱粉、纖維素、半纖維素、木質素、葡萄糖、蔗糖等。黑木耳代料栽培中常用原料有棉籽殼、硬雜木屑、玉米芯、豆稭稈、甘蔗渣等含有纖維素、半纖維素、木質素等的物質。黑木耳菌絲在分解、攝取養料時，能不斷地分泌出多種酶，將大分子化合物分解成易於黑木耳菌絲吸收的各種營養物質。

2. 氮源 黑木耳通常可利用無機氮和有機氮。常利用的無機氮來源有銨鹽；常利用的有機氮來源有黃豆粉浸汁、玉米粉、馬鈴薯浸汁、蛋白腖、酵母膏、尿素、豆餅、米糠、麥麩等。不同種類的氮源對黑木耳菌絲生長的影響差異很大，有機氮源明顯優於無機氮源，銨態氮優於硝態氮，酒石酸銨和尿素是黑木耳菌絲生長的良好氮源。

黑木耳在營養生長階段，C/N 以（15～20）：1 為宜，而在生殖生長階段以（30～35）：1 為宜。

3. 礦質營養 黑木耳的生長發育也需要鈣、磷、鉀、硫、鎂等礦質元素，常利用的礦質營養有碳酸鈣、硫酸鎂、磷酸二氫鉀、石膏等。

4. 生長因子 黑木耳生長常利用的生長因子有維他命、胺基酸、核酸、赤黴素、生長素等。一般情況下這些營養可從栽培原料中獲得，不需額外添加。

（三）環境需求

1. 溫度 溫度是黑木耳生長發育的重要條件，黑木耳屬中溫型菌類，菌絲在 5～35℃可生長，適宜的溫度為 20～25℃，30℃以上菌絲生長受到抑制，低於 5℃菌絲生長緩慢。黑木耳屬變溫結實型菌類，環境的溫差可促進原基的形成與生長。子實體形成與生長的溫度為 10～25℃，適宜的溫度為 18～20℃。在適宜的溫度範圍內，溫度稍低，生長發育慢，生長週期長，菌絲健壯，子實體色深、肉厚，有利於獲得高產優質的黑木耳；溫度越高，生長發育速度越快，菌絲徒長，易衰老，子實體色淡、肉薄、質差。在高溫高濕條件下，容易發生流耳、爛耳等現象。

2. 濕度 濕度也是黑木耳生長發育的重要條件，包括培養料的含水量和空氣相對濕

度。菌絲生長階段，培養料的含水量在60%～65%，空氣相對濕度在60%～65%，過低或過高均會影響菌絲生長。子實體生長階段，培養料充足的含水量有利於黑木耳子實體的生長和發育，空氣相對濕度要求在90%～95%，這樣可以促進子實體生長迅速、耳叢大、耳肉厚，空氣相對濕度低於80%子實體形成遲緩，甚至不易形成子實體。

3. 光照 黑木耳菌絲生長階段需要黑暗條件，光照強會抑制菌絲的生長。子實體形成階段和子實體生長階段一般需要較強的散射光，無光不能分化成子實體。黑木耳子實體只有在光照度為250～1 000 lx時才有正常的深褐色，在微弱的光照條件下，黑木耳子實體呈淡褐色，甚至淺黃色，薄且產量低。

4. 空氣 黑木耳是好氧型真菌。在發菌階段，室內空氣應始終保持新鮮，在保證濕度和溫度的同時，常通風換氣是發菌的關鍵。在子實體發育階段，對O_2的需求量很大，當空氣中CO_2含量超過1%時，就會阻礙菌絲生長，造成子實體畸形，CO_2含量超過5%就會導致子實體死亡。因此，在黑木耳整個生長發育過程中，栽培場地應保持空氣流通，空氣清新還可避免爛耳，減少病蟲的滋生。

5. pH 黑木耳菌絲和子實體的生長需要弱酸性的環境，菌絲在pH為4～7.5時都能正常生長，以pH 5～6.5為適宜。在製作培養料時，可在培養料內加入碳酸鈣或硫酸鈣使培養料呈微酸性。

專題2　黑木耳常見栽培技術

一、黑木耳吊袋出耳

黑木耳吊袋出耳是將培養原料裝袋後經全熟料滅菌、接種、發菌，待菌絲長滿袋後進行懸掛出耳的一種方式。

1. 黑木耳吊袋出耳栽培流程（圖3-4-2）

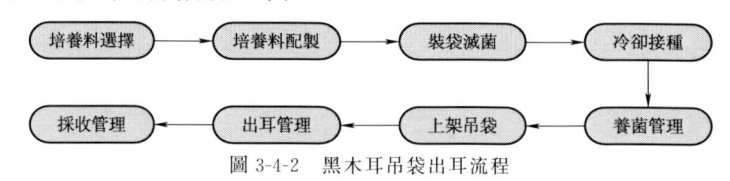

培養料選擇 → 培養料配製 → 裝袋滅菌 → 冷卻接種 → 養菌管理 → 上架吊袋 → 出耳管理 → 採收管理

圖3-4-2　黑木耳吊袋出耳流程

2. 黑木耳吊袋出耳技術（表3-4-1）

表3-4-1　黑木耳吊袋出耳技術

第1步：培養料選擇	常選擇硬雜木屑、玉米芯、棉籽殼等栽培原料作為主料來提供料內碳源；麥麩、稻糠、豆餅等作為輔料來補充料內氮源。培養料應新鮮、無發霉，木屑、玉米芯等主料應在太陽下曝曬2～3 d。此外還需要一些礦質營養，常利用的礦質營養有碳酸鈣、硫酸鎂、磷酸二氫鉀、石膏等。還可在料內添加微量的維他命和胺基酸等營養物質

（續）

 第2步：培養料配製	按常規拌料的乾混、濕混操作程序。乾混是指將栽培原料的主料和輔料中的不溶物，如麥麩、稻糠、玉米麵粉、石膏等在不加水的情況下攪拌混勻；濕混是將原料中可溶性物質，如生石灰、磷酸二氫鉀、硫酸鎂等藥品溶於水中加入。其間應注意水分含量以60％左右為宜，還要保證培養料內各營養成分混合均勻。培養料拌好後，通常要悶堆2～3 h，使培養料吸水充分。有條件的也可使用拌料機械攪拌
 第3步：裝袋滅菌	在裝袋之前，最好先將培養料建堆預濕1 d，使培養料吸水充分，尤其在使用大顆粒木屑時更要注意提前預濕木屑之後裝袋，一般選用塑膠袋規格為35 cm×（15～17）cm×0.04 cm，每袋裝料約1 kg，料袋口中部留有接種穴，之後紮活扣繫緊袋口。將料袋裝筐後運於滅菌房內滅菌。溫度達100℃，維持8 h，通常一次性滅菌3 000袋以上時，每增加1 000袋，滅菌時間延長1 h
 第4步：冷卻接種	滅菌結束後，料袋趁熱及時轉運至消毒後的冷涼室內降溫，料袋上可再噴一些殺菌藥。待料袋內溫度降至30℃以下時盡快接種。將其轉運至接種室，接種室進行燻蒸消毒並空間噴灑消毒液，待達到接種要求後及時接種。接種時採用一端接種法，接種量要大，盡量讓菌種塊占滿料面。之後換上塑膠頸圈，加蓋蓋好
 第5步：養菌管理	培養場所應事先打掃乾淨並消毒，創造適宜發菌的環境條件。菌絲萌發時，溫度以25℃為宜，場所內空氣相對濕度控制在55％～65％。在菌絲生長階段暗光培養。黑木耳是好氧型菌類，在生長發育過程中，要始終保持場所內空氣新鮮，每天通風換氣1～2次，每次30 min左右以促進菌絲的生長。在菌絲培養過程中要定期檢查，料袋汙染要及時隔離或清除

（續）

第 6 步：上架吊袋

出耳場地可以為栽培室、室外簡易蔭棚或蔭蔽適當的林地。出耳環境要具備空氣相對濕度大、通風好、光照充足的條件。棚內埋設立柱，柱上間隔 40 cm 分層固定木棒或鐵絲，用鐵絲或塑膠繩吊於木棒或鐵絲上，可吊掛 4～6 層。接種發菌 50 d 後，菌絲長到袋底即可吊袋。去掉棉塞和頸圈，用繩子紮住袋口，用消過毒的刀片劃 V 形口，每袋劃 8～12 個口，交錯排列。割口後將袋繫在一根尼龍繩上掛在立柱上，袋間距 10～15 cm，每根繩繫 8～10 袋，整串吊掛

第 7 步：出耳管理

首先要使栽培環境的空氣相對濕度達 90%～95%，室溫控制在 20℃ 左右，良好的通風和較強的散射光照也是黑木耳原基形成必不可少的條件。料袋置散射光下經過 7 d 左右，開孔處即可見到米粒狀小黑點發生。此時每天空間噴霧數次，但不要直接噴在袋上。在適宜的溫度、濕度、光照、氣體條件下，小黑點逐漸長大，連成芽芽。每天噴水 3～4 次，並加強通風，有充足的陽光照射，濕度管理要乾濕交替。小耳片長大直至成熟約需 10 d

第 8 步：採收管理

耳片充分展開、邊緣內捲時，應及時採收。可以用小刀尖從耳根處挖出整朵木耳，或用手撕下整朵耳片，採收應在晴天進行，耳片採收後要及時修整，並放在帶網眼的簾上晒乾或烘乾。採收後，耳場內及其周圍要全面噴灑消毒液和殺蟲液一次。採收後清理料袋表面的耳基和小耳等，停水 2～4 d，減少光照，使菌絲恢復生長。之後棚內空氣相對濕度控制在 85%～90%。當新耳芽出現後一切管理同第 1 潮耳，一般可出 2～3 潮黑木耳

3. 黑木耳吊袋出耳知識拓展

（1）栽培季節選擇。常選擇春、秋兩季。在中國北方地區，秋菇栽培，出菇期一般為 11 月下旬至翌年 1 月；春菇栽培，出菇期一般為 3 月下旬至 6 月上旬。

（2）栽培品種選擇。目前中國常選用的黑木耳栽培品種主要有 916、吉黑 182、冀誘 1 號、冀雜 3 號、滬耳 1 號、滬耳 2 號、滬耳 3 號、陝耳 1 號、雜交 22、黑 29、981、延

邊 7 號、938、9809、黑威 8 號、黑木耳 9211、Au8、單片 5 號等。各地應根據當地氣候特點及市場需求選用適合的菌種。

（3）常用配方選擇。

①硬雜木屑 78％、麥麩（或米糠）20％、石膏粉 1％、白糖 1％，含水量 65％左右。

②棉籽殼 90％、麥麩（或米糠）8％、石膏粉 1％、白糖 1％，含水量 65％左右。

③玉米芯（粉碎成黃豆大小的顆粒）70％、硬雜木屑 20％、麥麩（或米糠）8％、石膏粉 1％、白糖 1％，含水量 65％左右。

④硬雜木屑 40％、玉米芯 38％、麥麩（或米糠）20％、石膏粉 1％、白糖 1％，含水量 65％左右。

⑤硬雜木屑 40％、玉米稭稈（粉碎成 1 cm 左右）38％、麥麩（或米糠）20％、石膏粉 1％、白糖 1％，含水量 65％左右。

（4）菌袋劃口方式。在黑木耳菌絲長滿袋後，即可進入出耳管理階段。在出耳管理階段一項重要的任務就是給菌棒進行劃口處理。目前菌棒劃口的方式主要有 3 種，分別為 V 形口、1 形口和打小孔方式。V 形口要用消過毒的刀片在菌袋上間隔劃取長 3～5 cm，深 0.5 cm，角度為 30°左右的 V 形口 10 個左右；1 形口則是用消過毒的刀片在菌袋上間隔劃取長 3～5 cm，深 0.5 cm 左右的 1 形口 15 個左右；打小孔方式則是利用黑木耳專用打孔的工具進行打孔，效率較高（圖 3-4-3）。

V形口　　1形口　　打小孔

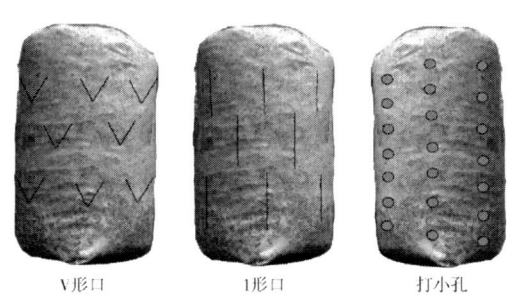

圖 3-4-3　黑木耳菌棒劃口方式

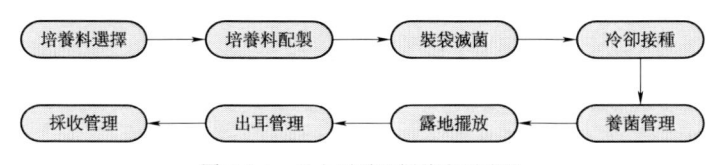

二、黑木耳露地擺放出耳

黑木耳露地擺放出耳是透過將培養原料裝袋後經全熟料滅菌、接種、發菌，待菌絲長滿袋後結合現代農業霧灌設施和技術的使用，進行露地擺放出耳的一種方式。該法可將待出耳的菌袋擺放在林間、草地上、大田裡等場所進行出耳。

1. 黑木耳露地擺放出耳流程（圖 3-4-4）

培養料選擇 → 培養料配製 → 裝袋滅菌 → 冷卻接種 ↓
採收管理 ← 出耳管理 ← 露地擺放 ← 養菌管理

圖 3-4-4　黑木耳露地擺放出耳流程

2. 黑木耳露地擺放出耳技術（表 3-4-2）

表 3-4-2　黑木耳露地擺放出耳技術

 第1步：培養料選擇	常選擇硬雜木屑、玉米芯、棉籽殼等栽培原料作為主料來提供料內碳源；麥麩、稻糠、豆餅等作為輔料來補充料內氮源。培養料應新鮮、無發霉，木屑、玉米芯等主料應在太陽下曝晒 2～3 d。此外還需要一些礦質營養，常利用的礦質營養有碳酸鈣、硫酸鎂、磷酸二氫鉀、石膏等。還可在料內添加微量的維他命和胺基酸等營養物質
 第2步：培養料配製	按常規拌料的乾混、濕混操作程序。乾混是指將栽培原料的主料和輔料中的不溶物，如麥麩、稻糠、玉米麵粉、石膏等在不加水的情況下攪拌混勻；濕混是將原料中可溶性物質，如硫酸鎂、磷酸二氫鉀等藥品溶於水中加入。其間應注意水分含量以 60％ 左右為宜，還要保證培養料內各營養成分混合均勻。通常也可採用機械拌料
 第3步：裝袋滅菌	在裝袋之前，最好先將培養料建堆預濕 1 d，使培養料吸水充分，尤其在使用大顆粒木屑時更要注意提前預濕木屑之後裝袋，一般選用塑膠袋規格為 (22～25 cm)×45 cm×0.04 cm，每袋裝料約 1.5 kg，料袋口中部留有接種穴，之後紮活扣繫緊袋口。將料袋裝筐運於滅菌房內常壓滅菌。溫度達100℃，維持 10 h 以上，通常一次性滅菌 3 000 袋以上時，每增加 1 000 袋，滅菌時間再延長 1 h。若採用高壓滅菌，溫度121℃，壓力為 0.1 MPa，維持 3 h 即可
 第4步：冷卻接種	滅菌結束後，料袋趁熱及時轉運至消毒後的冷涼室或接種帳內降溫，料袋上可再噴一些殺菌藥。待料袋內溫度降至 30℃ 以下時盡快接種。將其轉運至接種室，接種室進行燻蒸消毒並空間噴灑消毒液，待達到接種要求後及時接種。接種時採用一端接種法，接種量要大，盡量讓菌種塊占滿料面。之後換上塑膠頸圈，加海綿蓋蓋好

第三章　食用菌栽培

（續）

 第 5 步：養菌管理	培養場所應事先打掃乾淨並消毒，創造適宜發菌的環境條件。菌絲萌發時，溫度以 25℃ 為宜，場所內空氣相對濕度控制在 55％～65％。在菌絲生長階段暗光培養。黑木耳是好氧型菌類，在生長發育過程中，要始終保持場所內空氣新鮮，每天通風換氣 1～2 次，每次 30 min 左右以促進菌絲的生長。在菌絲培養過程中要定期檢查，料袋汙染要及時隔離或清除
 第 6 步：露地擺放	出耳場地可以用栽培室、室外簡易蔭棚或蔭蔽適當的林地。為了管理和採收方便人為將料袋擺放成寬 1.2 m，長不限的單位。在料袋擺放前，料袋要進行劃口處理。耳場內還應鋪設霧灌設施，安裝時，主管連接水源，與料袋擺放的橫向一致，帶微噴孔的支管直接伸入菌袋間，與料袋擺放的縱向一致。一般每個擺放單位安裝一根直接進行微噴的支管，幾個單位設置一個分控水閥，或者生長一致的同一管理區域設置一個分控水閥
 第 7 步：出耳管理	出耳季節應選擇春、秋兩季，以 20～25℃ 為宜。黑木耳原基形成期噴水應注意少噴、細噴、勤噴，防止原基乾縮。耳芽分化期較原基形成期增加霧灌的時間和流量。耳片伸展期要連續噴灌，尤其是中午炎熱、乾燥時不能停歇。霧灌時間應在 0.5～2 h，時間長短與氣候乾濕、溫度高低、耳基含水量等條件密切相關。天氣乾燥、溫度高、耳基含水量低時，霧灌時間可適當延長；反之，霧灌時間可適當縮短
 第 8 步：採收管理	耳片充分展開、邊緣內捲時，應及時採收。可以用小刀尖從耳根處挖出整朵木耳，或用手擰下整朵耳片，採收應在晴天進行，耳片採收後要及時修整，並放在帶網眼的簾上曬乾或烘乾。採收後，耳場內及其周圍要全面噴灑消毒液和殺蟲液一次。採收後清理料袋表面的耳基和小耳等，停水 2～4 d，減少光照，使菌絲恢復生長。之後棚內空氣相對濕度控制在 85％～90％。當新耳芽出現後一切管理同第 1 潮耳，一般可出 2～3 潮黑木耳

3. 黑木耳露地擺放出耳知識拓展　黑木耳露地擺放出耳結束後，廢棄菌棒中由於含碳素營養和其他營養較多，在土壤中可轉化形成有機質，因此，為提升廢棄菌棒的資源化利用率，可將菌棒直接還田或經發酵處理後還田，既保護環境生態，又提升了土壤有機質

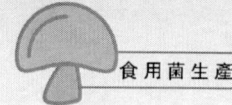

含量和土地生產力。已有研究發現，土壤中添加食用菌廢棄菌渣能提高土壤有機質和全氮含量、增加團粒結構、降低土壤容重，有利於作物營養生長，並能提高土壤的有效磷、速效鉀含量，還能改良土壤 pH。

實踐應用

實踐專案（黑木耳露地擺放出耳技術）：以小組為單位，要求每組同學按照所學知識完成至少 200 袋黑木耳露地擺放的實踐，過程包括材料準備、場地消毒、露地擺放、催耳管理、出耳管理等環節。重點對團隊合作、露地擺放效果等進行考查。【建議 0.5 d，其餘環節利用課餘時間完成。】

要求：實踐專案結束後，均需完成實驗報告。實驗報告內容包括實驗目的、實驗材料準備、實驗設備準備、工藝流程、實驗過程、總結等。

教師考評表如下：

學生姓名	所在科系、班級	考核評價時間	技能考核得分	素養評價得分	擺放效果評價得分	最後得分	教師簽名

複習思考

說起黑木耳，人們就會想到中國東北，那裡林區面積大，木材資源豐富，日照充足，晝夜溫差大，生產的黑木耳質地厚軟、富有彈性，不僅口感好，而且營養價值高。說起東北黑木耳，人們又會想起大、小興安嶺和長白山，這幾個地方出產的黑木耳早已享譽海內外，是公認的東北山珍。請根據本節所學知識，並透過網路查閱相關背景知識來分析在東北地區林下栽培黑木耳的技術要點。

第五節　金針菇栽培

知識目標
- 了解金針菇營養需求規律。
- 了解金針菇環境需求規律。
- 熟悉金針菇常用的栽培模式、栽培工藝流程和技術要點。

能力目標
- 能夠熟練按照標準進行金針菇搔菌操作。
- 能夠熟練進行金針菇套筒操作。

素養目標
- 培養熱愛食用菌行業的興趣和積極實踐精神。
- 培養工作一絲不苟的工匠精神。

專題 1　認識金針菇

一、金針菇分類及營養

金針菇［*Flamnzulina filiformis*］又名樸菇、冬菇、構菌、毛柄金錢菌、凍菌、增智菇等，分類上屬於真菌界擔子菌門層菌綱傘菌目口蘑科金錢菌屬（圖3-5-1）。金針菇菌蓋黏滑、菌柄滑脆、味道鮮美。每100 g 鮮菇中含蛋白質 2.72 g、脂肪 0.13 g、碳水化合物 5.45 g、粗纖維 1.77 g、鐵 0.22 mg、鈣 0.097 mg、磷 1.48 mg、鈉 0.22 mg、鎂 0.31 mg、鉀 3.7 mg、維他命 B_1 0.29 mg、維他命 B_2 0.21 mg。金針菇的胺基酸含量非常豐富，據福建省農業科學院分析，金針菇中含有 18 種胺基酸，每 100 g 乾菇中所含胺基酸總量達 20.9 g，人體必需的 8 種胺基酸占胺基酸總量的 44.5％，其中離

圖 3-5-1　金針菇

胺酸和精胺酸含量特別豐富，分別達 1.024 g 和 1.231 g，能促進兒童的健康成長和智力發育，故金針菇被稱之為增智菇。金針菇所含的樸菇素是一種鹼性蛋白，具有顯著抗癌作用。金針菇中所含的酸性和中性膳食纖維能吸收膽汁酸鹽，調節膽固醇代謝和輔助調理肝臟及胃腸道潰瘍病。金針菇分布較廣，多分布於中國、日本、俄羅斯西伯利亞地區以及歐洲、北美洲、澳洲等地。

日本 1970 年代建立了瓶栽食用菌工廠，從裝瓶、接種、搔菌、挖瓶均採用機械化操作手段，對菇類生長環境進行人工控制，實現了週年化生產。在 20 世紀末，上海實現了金針菇人工栽培工廠化生產，之後相繼發展到北京、天津、廣州、深圳等城市，現工廠化栽培技術已普及全中國，據統計，2021 年中國金針菇產量達 214.57 萬 t，市場前景很穩定。

二、金針菇的生物學特性

(一) 形態特徵

金針菇由菌絲體和子實體兩種基本形態組成。菌絲體由細長呈分支狀的絲狀體構成，菌絲由擔孢子萌發而成，呈灰白色、絨毛狀，有分隔。子實體叢生，菌蓋直徑 1～4 cm，幼小時淡黃色或白色，半球狀，後逐漸展開呈扁平狀，表面黏滑有光澤，在空氣稍乾燥及有光條件下，菌蓋呈淺黃色至深黃色。菌褶稀疏，呈白色或淡奶油黃色，與菌柄離生。菌柄中空圓柱狀，硬直或稍彎曲，長 3.5～14 cm，直徑 0.2～0.8 cm，生於菌蓋中央，菌柄基部相連，上部呈肉質、黃褐色，下部為革質，表面密生黃褐色短絨毛，柄上部成熟時漸變為淡棕色。孢子近圓柱狀或卵圓形，光滑、白色，內含 1～2 個油球。

(二) 營養需求

1. 碳源 金針菇屬弱木腐菌，在自然界中多生於櫟、樺、榆等闊葉樹的朽木上，在新的木屑上菌絲生長不太理想。其碳源主要有澱粉、纖維素、半纖維素、木質素、葡萄糖、果糖、蔗糖等。金針菇栽培中常用原料有棉籽殼、闊葉木屑（陳舊木屑為佳）、玉米芯、大豆稭稈、甘蔗渣等帶有纖維素、半纖維素、木質素等的有機物。金針菇菌絲在分解、攝取養料時，能不斷地分泌出多種酶，將大分子化合物分解成金針菇菌絲易於吸收的各種營養物質。

2. 氮源 金針菇通常可利用無機氮和有機氮。常利用的無機氮來源有銨鹽和硝酸鹽，硝酸鹽利用較差；常利用的有機氮來源有黃豆粉浸汁、玉米粉、馬鈴薯浸汁、牛肉浸膏、蛋白腖、酵母膏、尿素、豆餅、米糠、麥麩等。不同種類的氮源對金針菇菌絲生長的影響差異很大，有機氮源明顯優於無機氮源，銨態氮優於硝態氮。金針菇在營養生長階段，C/N 以（20～25）:1 為宜，而在生殖生長階段 C/N 以（30～40）:1 為宜。

3. 礦質營養 金針菇的生長發育也需要鈣、磷、鉀、硫、鎂等礦質元素，常利用的礦質營養有碳酸鈣、硫酸鎂、磷酸二氫鉀、石膏等。金針菇從這些無機鹽中獲得磷、鉀、鎂等元素，它們對金針菇菌絲生長旺盛、生長速度增快、子實體原基分化速度加快具有重要作用。

4. 生長因子 金針菇生長常利用的生長因子有維他命、胺基酸、核酸、赤黴素、生長素等。一般情況下金針菇是維他命 B_1 和維他命 B_2 的天然缺陷型，必須由外界添加維他命 B_1 和維他命 B_2 才能生長良好。

(三) 環境需求

1. 溫度 溫度是金針菇生長發育的重要條件，金針菇屬中低溫型菌類，菌絲在5～32℃可生長，適宜的溫度為20～22℃，28℃以上菌絲生長受到抑制，低於5℃菌絲生長緩慢。金針菇屬恆溫結實型菌類，不需要環境溫差變化原基即可形成與生長。子實體形成與生長的溫度為5～25℃，適宜的溫度為12～15℃，在適宜的溫度範圍內，子實體分化快，形成數量也多。

2. 濕度 濕度也是金針菇生長發育的重要條件，包括培養料的含水量和空氣相對濕度。菌絲生長階段，培養料的含水量要求在60％～65％，空氣相對濕度要求在60％～65％，過低或過高均會影響菌絲生長。子實體生長階段，充足的水分有利於金針菇子實體的生長和發育，空氣相對濕度要求在80％～90％，這樣可以促進子實體生長迅速、菇叢密集、萌發整齊。空氣相對濕度低於80％子實體形成遲緩，甚至不易形成子實體，高於90％子實體易滋生病害。

3. 光照 金針菇菌絲生長階段需要黑暗條件，光照強會抑制菌絲的生長。子實體形成階段需要微弱的散射光，無光不能分化成子實體。子實體生長階段，每天應給予一定時間的微弱散射光照射，才可促進子實體的形成與生長，並提高子實體產量。但光照時間不宜過長，否則會使子實體著色不良、菇叢散亂。

4. 空氣 金針菇是好氧型真菌，在發菌階段，室內空氣應始終保持新鮮，在保證濕度和溫度的同時，常通風換氣是發菌的關鍵。在子實體發育階段，應控制好 O_2 含量。環境中 O_2 含量過高會使菌蓋變大，不符合商品要求。在整個生長階段空氣中 CO_2 含量控制在0.6％～3.0％。隨著 CO_2 含量的增加，菌蓋直徑逐漸變小，當其含量超過1％時就會抑制菌蓋的發育，超過5％時不能形成子實體。但是，較高的 CO_2 含量能促進菌柄的伸長，當 CO_2 含量超過3％時菌柄迅速伸長，菌蓋生長受抑制。

5. pH 金針菇菌絲和子實體的生長需要弱酸性的環境，菌絲在pH為4～8時都能正常生長，以pH 5.5～6.5為佳。在製作培養料時，可在培養料內加入碳酸鈣或硫酸鈣使培養料呈微酸性。

專題2　金針菇常見栽培技術

一、金針菇袋式栽培

金針菇袋式栽培是將培養原料裝袋後經全熟料滅菌、接種、發菌後出菇的一種方式。農村個體種植戶適合採用此法。

1. 金針菇袋式栽培流程 （圖3-5-2）

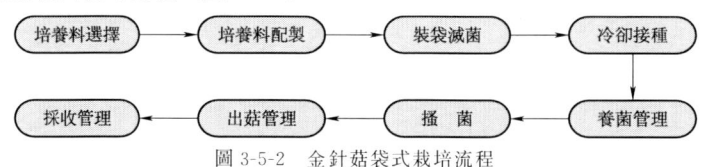

培養料選擇 → 培養料配製 → 裝袋滅菌 → 冷卻接種
採收管理 ← 出菇管理 ← 搔菌 ← 養菌管理

圖3-5-2　金針菇袋式栽培流程

2. 金針菇袋式栽培技術（表 3-5-1）

表 3-5-1　金針菇袋式栽培技術

 第 1 步：培養料選擇	常選擇闊葉木屑、玉米芯、棉籽殼等栽培原料作為主料來提供料內碳源；麥麩、稻糠、豆餅等作為輔料來補充料內氮源。培養料應新鮮、無發霉，木屑、玉米芯等主料應在太陽下曝曬 2～3 d。此外還需要一些礦質營養，常利用的礦質營養有碳酸鈣、硫酸鎂、磷酸二氫鉀、石膏等。還可在料內添加微量的維他命和胺基酸等營養物質
 第 2 步：培養料配製	按常規拌料的乾混、濕混操作程序。乾混是指將栽培原料的主料和輔料中的不溶物，如麥麩、稻糠、石膏等在不加水的情況下攪拌混勻；濕混是將原料中可溶性物質，如硫酸鎂、磷酸二氫鉀等藥品溶於水中加入。其間應注意水分含量以 60％ 左右為宜，還要保證培養料內各營養成分混合均勻。通常也可採用機械拌料
 第 3 步：裝袋滅菌	在裝袋之前，最好先將培養料建堆預濕 1 d，使培養料吸水充分，尤其在使用大顆粒木屑時更要注意提前預濕木屑之後裝袋，一般選用塑膠袋規格為 35 cm×17 cm×0.04 cm，使袋壁周邊無空隙，裝料至袋口僅餘 7 cm 左右時紮好，一般每袋裝乾料 300～350 g。料袋口中部留有接種穴，之後紮活扣緊緊袋口。將料袋裝筐後運至滅菌房內滅菌。溫度達 100℃，維持 8 h，通常一次性滅菌 3 000 袋以上時，每增加 1 000 袋，滅菌時間延長 1 h
 第 4 步：冷卻接種	滅菌結束後，料袋趁熱及時轉運至消毒後的冷涼室或接種帳內降溫，料袋上可再噴一些殺菌藥。待袋內溫度降至 30℃ 以下時盡快接種。將其轉運至接種室，接種室進行燻蒸消毒並空間噴灑消毒液，待達到接種要求後及時接種。接種時採用一端接種法，接種量要大，盡量讓菌種塊占滿料面。之後換上塑膠頸圈，加海綿蓋蓋好

（續）

 第5步：養菌管理	培養場所應事先打掃乾淨並消毒，創造適宜發菌的環境條件。溫、濕度要適宜，培養場所溫度要先高後低。菌絲萌發時，溫度以 20～22℃為宜。場所內空氣相對濕度控制在 55%～65%。在菌絲生長階段暗光培養。金針菇是好氧型菌類，在生長發育過程中，要始終保持場所內空氣新鮮，每天通風換氣 1～2 次，每次 30 min 左右以促進菌絲的生長。在菌絲培養過程中要定期檢查，料袋汙染要及時隔離或清除
 第6步：搔菌	搔菌是透過機械輕輕刮去菌種點、氣生菌絲及菌皮，露出新鮮的菌體，促進菌絲發育的過程，透過搔菌可使子實體從培養基表面整齊發生。搔菌後應及時進行降溫和增濕的催蕾處理，此階段溫度應控制在 13～14℃，給予足夠低溫刺激，促使原基形成。開始 3 d 內，用增濕器或噴水進行增濕，保持 90%～95%的空氣相對濕度，約 7 d 便可看到菇蕾，10 d 左右便可看到子實體雛形，催蕾結束
 第7步：出菇管理	菌袋經催蕾後，要從溫度、濕度、光照和通風上做系統的管理。溫度管理方面，當子實體原基形成後，要嚴格控制溫度，室內溫度最好控制在 10～12℃。子實體生長期間空氣相對濕度應控制在 80%～90%，每天要向空間和四壁噴霧狀水 2～3 次，切勿向菇體上噴水，以免實體腐爛。光照管理方面，弱光或陰暗條件是提高金針菇商品價值的措施之一。在出菇期還要控制菇房的通風換氣，積累一定濃度的 CO_2 有利於菌柄伸長和抑制菌蓋開傘。當幼菇長至 3～5 cm 時，為保證菇生長整齊一致，要將袋口拉直
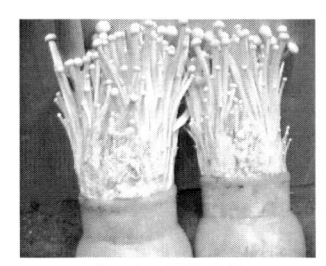 第8步：採收管理	當菌柄長 13～14 cm、整齊，菌蓋直徑小於 1 cm、邊緣內捲、沒有畸變，菌柄菌蓋光滑不黏手，菌柄根部分清圓且粗、顏色純正，菇體結實、含水量不過多時為採收期。採收前幾天要檢查菌蓋含水量，如果含有很多水分，採收前 2 d 要通風促進水分蒸發。二潮菇後，為提高產量和品質，可將菌柱脫出調頭裝袋，也可封閉原出菇袋口，打開另一頭出菇。每一次採收之後，除去原來表層的老菌塊，整平料面，3～4 d 後，再按上述同樣方法管理，經過 15 d 左右可長出下一潮菇

3. 金針菇袋式栽培知識拓展

（1）栽培季節選擇。北方地區常選擇的出菇期一般為 10 月下旬至翌年 3 月。若為工廠化出菇房則可週年生產。

（2）栽培品種選擇。目前中國常選用的金針菇栽培品種已有近百種。根據子實體的色

147

澤可分為黃色種、淺色種和白色種，主要有金針菇12號、P951、F411、金雜19、川金1號、金絲、金針8號、F21、白雪、雜交19、913等。各地應根據當地氣候特點及市場需求選用適合的菌種。

(3) 常用配方選擇。

①木屑（闊葉樹）78%、麥麩（或米糠）20%、石膏粉1%、白糖1%、含水量65%左右。

②棉籽殼90%、麥麩（或米糠）8%、石膏粉1%、白糖1%、含水量65%左右。

③玉米芯（粉碎成黃豆大小的顆粒）70%、鋸木屑（闊葉樹）20%、麥麩（或米糠）8%、石膏粉1%、白糖1%、含水量65%左右。

④木屑（闊葉樹）40%、玉米芯38%、麥麩（或米糠）20%、石膏粉1%、白糖1%、含水量65%左右。

⑤棉籽殼75%、粗玉米粉5%、麥麩15%、大豆粉2%、生石灰、石膏、白糖各1%、含水量65%左右。

⑥雜木屑34%、棉籽殼34%、麥麩25%、玉米粉5%、碳酸鈣1%、白糖1%、含水量65%左右。

⑦甘蔗渣68%、麥麩25%、玉米粉5%、碳酸鈣1%、白糖1%、含水量65%左右。

二、金針菇瓶式栽培

金針菇瓶式栽培是將培養原料裝固定規格的栽培瓶後經全熟料滅菌、接種、發菌、出菇的一種方式。該法可實現整個生產流程機械操作，自動化程度較高，適合工廠化栽培生產。

1. 金針菇瓶式栽培流程（圖3-5-3）

培養料選擇 → 培養料配製 → 栽培瓶準備 → 機械裝瓶 → 高壓滅菌 → 冷卻 → 液體接菌 → 養菌管理 → 搔菌 → 原基管理 → 套袋管理 → 採收管理

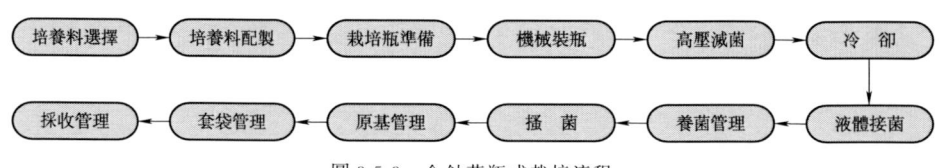

圖3-5-3　金針菇瓶式栽培流程

2. 金針菇瓶式栽培技術（表3-5-2）

表3-5-2　金針菇瓶式栽培技術

| 第1步：培養料選擇 | 常選擇闊葉木屑、玉米芯、棉籽殼等栽培原料作為主料來提供料內碳源；麥麩、稻糠、豆餅等作為輔料來補充料內氮源。培養料應新鮮、無發霉，木屑、玉米芯等主料應在太陽下曝曬2～3 d。此外還需要一些礦質營養，常利用的礦質營養有碳酸鈣、硫酸鎂、磷酸二氫鉀、石膏等。還可在料內添加微量的維他命和胺基酸等營養物質 |

第三章　食用菌栽培

（續）

 第2步：培養料配製	按常規拌料的乾混、濕混操作程序。乾混是指將栽培原料的主料和輔料中的不溶物，如麥麩、稻糠、玉米麵粉、石膏等在不加水的情況下攪拌混勻；濕混是將原料中可溶性物質，如硫酸鎂、磷酸二氫鉀等藥品溶於水中加入。其間應注意水分含量以60%左右為宜，還要保證培養料內各營養成分混合均勻。通常也可採用機械拌料
 第3步：栽培瓶準備	最好先將培養料建堆預濕1 d。栽培瓶選用聚丙烯專用規格塑膠瓶，瓶身規格目前有850 mL、1 000 mL、1 100 mL，瓶口有55 cm、65 cm、70 cm等不同規格，生產者可根據自身情況決定選用何種規格的塑膠瓶
 第4步：機械裝瓶	由裝瓶機組自動裝料，裝料鬆緊度均勻一致，裝料高度以裝至瓶肩為宜，裝料後料面壓實並打接種孔，並有封口機自動蓋好瓶蓋。封蓋過程中有部分瓶蓋脫落的，需人工檢查後再封好蓋口
 第5步：高壓滅菌	工人將裝好培養料的栽培瓶透過專用架子車送入滅菌鍋。高壓滅菌時間通常為3 h，包括排冷氣、抽真空、加熱等環節。滅菌結束後打開滅菌櫃通向冷卻室一側的門，將物品推出

149

食用菌生產

（續）

 第 6 步：冷卻	冷卻室需提前進行空間消毒和空氣淨化，並打開空調降低環境溫度。之後工人換好消過毒的無菌服，透過風淋室進入冷卻室，將滅菌後的栽培瓶擺放於冷卻室內進行冷卻。當培養料溫降至 20℃ 以下後即可接種
 第 7 步：液體接菌	栽培瓶透過傳送帶送入接種室，利用自動接種機接種。使用的液體菌種必須仔細檢查有無雜菌汙染及生長不良，確保所使用的菌種品質及種性穩定。接種人員更換清洗消毒過的衣、帽、鞋，佩戴口罩，透過風淋室進入接種室。接種前消毒接種機接觸菌種的部件和管道，保持接種室空氣潔淨。接種時定量，每瓶接 30 mL 左右
 第 8 步：養菌管理	培養場所應事先打掃乾淨並消毒，創造適宜發菌的環境條件。溫、濕度要適宜，培養場所溫度要先高後低。菌絲萌發時，溫度以 20～22℃ 為宜。場所內空氣相對濕度控制在 55%～65%。在菌絲生長階段暗光培養。金針菇是好氧型菌類，在生長發育過程中，要始終保持場所內空氣新鮮，每天通風換氣 1～2 次，每次 30 min 左右以促進菌絲的生長。在菌絲培養過程中要定期檢查，料袋汙染要及時隔離或清除
 第 9 步：搔菌	金針菇以菌絲發滿料為搔菌適期。搔菌機自動去除瓶蓋，搔去表面 2～5 cm 的老菌塊及料面，然後向料面水肉。搔菌機有平搔、饅頭型搔菌兩種不同類型的刀刃，金針菇以平搔刀刃。現有各種規格、性能的搔菌機，速度從每小時搔菌 3 500 瓶至 12 000 瓶不等。搔菌前要清潔、消毒搔菌刀刃，然後嚴格挑選未受雜菌汙染的菌種，以免搔菌刀刃帶菌，造成交叉感染

（續）

第 10 步：原基管理

搔菌後菌種進入催蕾期，移入出菇室進行出菇，室內溫度一般控制在 14~15℃。催蕾期空氣相對濕度通常控制在 90%～95%。金針菇原基分化階段不需光照。出菇室空氣中 CO_2 濃度控制在 0.1%～0.2% 有利於原基分化

第 11 步：套袋管理

原基分化後，生長溫度控制在 10℃，空氣相對濕度控制在 80%～85%，為了促使小菇蕾形態生長整齊一致，當菇蕾長出瓶口 3～5 cm 時，套紙筒或塑膠卡紙，這樣可防止菇叢散亂並可增加 CO_2 濃度，抑制菌蓋的伸展，促進菌柄伸長。也可使用金針菇再生法，當菇蕾出現 2～3 d 後，肉眼能見到菌柄長 3～5 mm、菌蓋 2 mm 大小時採用再生法，採取停止加濕、通強風等措施讓小菇蕾集中死亡、乾枯，之後恢復正常生長環境，3～4 d 後可發生密集的小菇蕾

第 12 步：採收管理

當菌柄長 13～14 cm、整齊，菌蓋直徑小於 1 cm、邊緣內捲、沒有畸變，菌柄菌蓋光滑不黏手，菌柄根根分清圓且粗、顏色純正，菇體結實、含水量不過多時為採收期。採收前幾天要檢查菌蓋含水量，如果含有很多水分，採收前 2 d 要通風促進水分蒸發。在工廠裡，考慮到培養成本和管理能耗，通常只採 1 潮菇

3. 金針菇瓶式栽培知識拓展

（1）金針菇液體菌種生產。金針菇是工廠化栽培食用菌中液體菌種運用最普遍、技術最成熟的種類，大型工廠化企業均採用液體菌種。其特點是成本低、生長快、品質好，但對設備、環境、栽培料、技術人員等均有較高要求。

（2）金針菇生產設備。目前中國金針菇生產設備取得重大進展，已能滿足大型工廠對設備的要求。金針菇工廠設備通常包括自動拌料、裝瓶、接種、搔菌、挖瓶等設備，同時對攪拌區除塵、拌料與裝瓶連接系統、裝瓶機打孔系統、栽培瓶除雜系統、滅菌鍋蒸汽除水系統、全廠傳送帶連接系統、液體菌種系統、包裝工廠連接系統等均有相關的設備，起到提質增效的作用。

（3）生產汙染控制。大型企業汙染率控制通常從生產工藝、環境參數、技術力量、管理精細程度等方面進行。拌料、裝瓶、滅菌、冷卻、接種、培養、搔菌、出菇管理、採收

包裝的整個生產工藝流程均可能對產品造成汙染，每個環節都不可忽視。生產汙染控制主要採取「以防為主，綜合防治」的原則，在整個產品生產過程中，採用空氣淨化系統以及臭氧消毒、高溫高壓滅菌等物理消毒技術，結合嚴格的環境衛生管理措施，達到盡量減少甚至消除汙染的目的。

實踐應用

實踐專案（金針菇套袋技術）：以小組為單位，要求每組同學按照所學知識完成至少 200 瓶金針菇套袋的實踐，過程包括材料準備、場地消毒、套袋準備、套袋操作等環節。重點對團隊合作、套袋效果等進行考查。【建議 0.5 d】

要求：實踐專案結束後，均需完成實驗報告。實驗報告內容包括實驗目的、實驗材料準備、實驗設備準備、工藝流程、實驗過程、總結等。

教師考評表如下：

學生姓名	所在科系、班級	考核評價時間	技能考核得分	素養評價得分	套袋效果評價得分	最後得分	教師簽名

複習思考

金針菇從傳統的人工種植到現在工廠化生產，其生產的工藝水準與農機化、自動化水準同步提升，產品品質、金針菇轉化率等較之前相比有長足進步。請根據本節所學知識，並透過網路查閱相關背景知識來總結金針菇工廠化栽培的技術要點。

第六節　雞腿菇栽培

知識目標
- 了解雞腿菇營養需求規律。
- 了解雞腿菇環境需求規律。
- 熟悉雞腿菇常用的栽培模式、栽培工藝流程和技術要點。

能力目標
- 能夠熟練按照標準進行雞腿菇接種操作。
- 能夠熟練進行雞腿菇覆土操作。

素養目標
- 培養熱愛食用菌行業的興趣和積極實踐精神。
- 培養工作一絲不苟的工匠精神。

專題 1　認識雞腿菇

一、雞腿菇分類及營養

雞腿菇［*Coprinus comatus*（Mull. ex. Fr.）S. F. Gray］又名毛頭鬼傘、雞腿蘑、刺蘑菇等，在分類學上屬於真菌界擔子菌亞門層菌綱傘菌目鬼傘科鬼傘屬（圖 3-6-1）。雞腿菇幼菇肉質鮮嫩、鮮美可口、營養豐富。據分析，雞腿菇鮮菇含水量 92.9%。每 100 g 乾菇中含粗蛋白 25.4 g，粗脂肪 3.3 g，總醣 58.8 g，纖維 7.3 g，灰分 12.5 g，並含 20 種胺基酸，其中人體所必需的 8 種胺基酸的含量占胺基酸總量的 46.51%。此外，雞腿菇還具有較好的藥用價值，其味甘滑性平，具有益脾胃、清心安肺的作用，同時對痔瘡有輔助治療的作用，常食用可以助消化、增加食慾。雞腿菇的菌絲體和子實體中，含有治療糖尿病的成分。《中國藥用真菌圖鑑》記載，雞腿菇熱水提取物對小鼠肉瘤 180 和艾氏癌抑制率分別為 100% 和 90%。聯合國糧食及農業組織（FAO）和世界衛

圖 3-6-1　雞腿菇

生組織（WHO）將其確定為 16 種珍稀食用菌之一。在中國，雞腿菇主要產於北方各省份，河北、山東、山西、黑龍江、吉林、遼寧、甘肅、青海、西藏、河南、湖北、江蘇、雲南等省份均有種植。

二、雞腿菇的生物學特性

（一）形態特徵

雞腿菇由菌絲體和子實體兩種基本形態組成。菌絲體是由細長呈分支狀的絲狀體構成，菌絲由擔孢子萌發而成，呈灰白色、絨毛狀，有分隔。雞腿菇的子實體群生。菇蕾期菌蓋圓柱形，連同菌柄狀似火雞腿，雞腿菇由此得名。後期菌蓋呈鐘形，高 9～15 cm，最後平展。菌蓋表面初期光滑，後期表皮裂開，成為平伏的鱗片，初期白色，中期淡鏽色，後漸加深。菌肉白色、薄。菌柄白色，有絲狀光澤，纖維質，長 17～30 cm，粗 1～2.5 cm，上細下粗。菌環乳白色、脆薄、易脫落。菌褶密集，與菌柄離生，寬 5～10 mm，白色，後變黑色，很快出現墨汁狀液體。孢子黑色、光滑、橢圓形，有囊狀體，囊狀體無色，呈棒狀，頂端鈍圓，略帶彎曲，稀疏。

（二）營養需求

1. 碳源 雞腿菇屬草腐菌，在自然界中多生於春、夏、秋季雨後的田野、樹林、路邊的草地裡。其碳源主要有澱粉、纖維素、半纖維素、木質素、葡萄糖、果糖、蔗糖、甘露醇、麥芽糖等。雞腿菇栽培中常用原料為棉籽殼、闊葉木屑、玉米芯、大豆稭稈、水稻稭稈、小麥稭稈等帶有纖維素、半纖維素、木質素等的有機物。雞腿菇菌絲在分解、攝取養料時，能不斷地分泌出多種酶，將大分子化合物分解成雞腿菇菌絲易於吸收的各種營養物質。許多工農業帶有纖維素、半纖維素、木質素的有機下腳料都能作為雞腿菇的栽培原料，甚至有些種菇菌糠也可再次種雞腿菇。

2. 氮源 雞腿菇通常可利用無機氮和有機氮。常利用的無機氮來源有銨鹽和硝酸鹽；常利用的有機氮來源有蛋白腖、酵母膏、馬鈴薯浸汁、牛肉浸膏、玉米粉、尿素、豆餅、米糠、麥麩等。雞腿菇在營養生長階段，C/N 以（20～25）：1 為宜，而在生殖生長階段 C/N 以（30～40）：1 為宜。

3. 礦質營養 雞腿菇的生長發育也需要鈣、磷、鉀、硫、鎂等礦質元素，常利用的礦質營養有碳酸鈣、硫酸鎂、磷酸二氫鉀、石膏等。

4. 生長因子 雞腿菇生長常利用的生長因子有維他命、胺基酸、核酸、赤黴素、生長素等。在配製培養基時常添加適量維他命菌絲才能生長旺盛。

（三）環境需求

1. 溫度 溫度是雞腿菇生長發育的重要條件，雞腿菇屬中溫型菌類，菌絲在 3～35℃可生長，適宜的生長溫度為 22～28℃，28℃以上菌絲生長受到抑制，低於 5℃ 菌絲生長緩慢。雞腿菇菌絲的抗寒能力相當強，冬季溫度為 −30℃ 時，土中的雞腿菇菌絲依然可以安全越冬。雞腿菇屬變溫結實型菌類，需要環境溫差變化原基才可形成與生長。子實體形成與生長的溫度為 10～30℃，適宜的溫度為 16～24℃，在適宜的溫度範圍內，子實體分化快、形成數量也多。溫度越高，雞腿菇生長發育速度越快，菌絲徒長，易衰老，並且發生自溶現象，子實體瘦弱、品質差，菌柄易伸長、開傘，品質降低。

2. 濕度 濕度也是雞腿菇生長發育的重要條件，包括培養料的含水量和空氣相對濕度。菌絲生長階段，培養料的含水量要求為 60%～65%，空氣相對濕度要求為 60%～

65％，過低或過高均會影響菌絲生長。子實體生長階段，充足的水分有利於子實體的生長和發育，空氣相對濕度要求為 80％～90％，這樣可以促進子實體生長迅速、菇叢密集、萌發整齊。空氣相對濕度低於 80％，子實體形成遲緩，甚至不易形成子實體，子實體上鱗片增多，空氣相對濕度高於 90％則易使子實體滋生病害。

3. 光照　雞腿菇菌絲生長階段需要黑暗條件，光照強會抑制菌絲的生長。子實體形成階段需要微弱的散射光，無光不能分化成子實體。子實體生長階段，每天應給予一定時間的微弱散射光照射，才能促進子實體的形成與生長，並提高子實體產量。光照太弱會使子實體著色不良、發生畸形。

4. 空氣　雞腿菇是好氧型真菌，在發菌階段，室內空氣應始終保持新鮮，在保證濕度和溫度的同時，常通風換氣是發菌的關鍵。若出菇期間通風不良，則會導致幼菇發育遲緩、菌柄伸長、菌蓋變小變薄，品質差。

5. pH　雞腿菇菌絲和子實體的生長需要弱鹼性的環境，菌絲在 pH 為 4～10 時能生長，以 pH 6.5～7.5 為宜。在製作培養料時，可在培養料內加入生石灰將 pH 調節至 8 左右，以防止其他雜菌的汙染。

專題 2　雞腿菇常見栽培技術

一、雞腿菇發酵料栽培

雞腿菇發酵料栽培是將培養原料拌入營養液後建堆發酵，經料堆內微生物發熱來殺死培養料內絕大多數病原雜菌和蟲卵，之後再利用經巴氏滅菌後的培養料來栽培雞腿菇的一種方式。該法常在冷涼季節選用。

1. 雞腿菇發酵料栽培流程（圖 3-6-2）

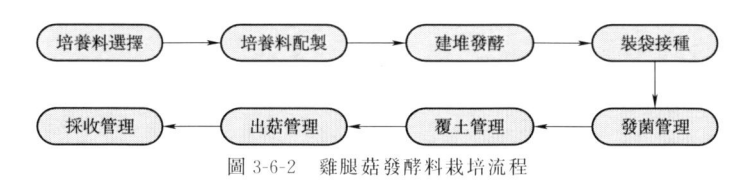

圖 3-6-2　雞腿菇發酵料栽培流程

2. 雞腿菇發酵料栽培技術（表 3-6-1）

表 3-6-1　雞腿菇發酵料栽培技術

|  第 1 步：培養料選擇 | 常選擇木屑、稻稈、玉米芯、棉籽殼、甘蔗渣等栽培原料作為主料來提供料內碳源；麥麩、稻糠、豆餅等作為輔料來補充料內氮源。培養料應新鮮、無發霉，木屑、玉米芯等主料應在太陽下曝晒 2～3 d。此外還需要一些礦質營養，常利用的礦質營養有碳酸鈣、硫酸鎂、磷酸二氫鉀、石膏等。還可在料內添加微量的維他命和胺基酸等營養物質 |

（續）

 第2步：培養料配製	按常規拌料的乾混、濕混操作程序。乾混是指將栽培原料的主料和輔料中的不溶物，如麥麩、稻糠、石膏等在不加水的情況下攪拌混匀；濕混是將原料中可溶性物質，如磷酸二氫鉀、硫酸鎂等藥品溶於水中加入。其間應注意水分不能一次加完，尤其是不能過量，否則影響發酵效果。所缺水分可在翻堆時加入。如果栽培原料中選用小麥稭稈、水稻稭稈等，這些原料要經過提前堆積預濕後使用
 第3步：建堆發酵	建高1 m、底寬1.2 m、長不限的料堆，低溫季節可將料堆再加寬、加高。料堆頂部及兩側間隔40 cm左右打通底的透氣孔，前2 d加蓋塑膠布，以後撤掉。低溫時節最好在棚室內發酵，以利於升溫，料內溫度升至65℃以上維持24 h後及時翻堆，發酵時間應較高溫季節多2～4 d，否則料發不透會導致栽培時鬼傘大量發生。發酵好的培養料應有清香味，顏色棕褐色，料柔軟、不扎手
 第4步：裝袋接種	一般選用規格為（40～45）cm×（22～25）cm×0.03 cm的聚乙烯塑膠袋，每袋可裝乾料0.8～1.5 kg。接種採用4層菌種3層料的方法（同秀珍菇發酵料接種方法），用種量為乾料量的20%左右，投種比例為3∶2∶2∶3，兩頭多，均匀分布，中間少，周邊分布。菌種要事先掰出成約1 cm×1 cm的小塊，放在消毒的盆中集中使用，也可以隨用隨挖取。料袋兩頭用細繩紮活結即可，也可以用套環覆蓋報紙用皮套箍緊，以增加透氣
 第5步：發菌管理	發菌期間環境溫度維持在20～25℃，且菌袋之間要留有縫隙。菇棚內應懸掛溫度計，溫度不能超過28℃。如溫度太高一定及時採取遮陽、噴霧降溫、增大菌袋間距離等措施。發菌期間菇棚內空氣相對濕度以60%左右為宜。菇棚內應營造弱光和黑暗條件，光照很強不利於菌絲生長，易引起菌絲老化。一般菇棚每天通風2～3次，保持發菌環境空氣清新。2～4 d後，菌絲萌發生長，要採用別針於菌絲生長前端處間隔1 cm刺1 cm深微孔以增加O_2促進菌絲生長

（續）

第 6 步：覆土管理

雞腿菇不覆土則不出菇。覆土材料要求選用含水量為 40% 左右，具團粒結構，含有少量腐殖質的中性黏壤土，使用前要在太陽下曝晒 2～3 d，之後打碎除去石頭等雜物後過篩。覆前，應將篩好的粗細土粒消毒，然後即可覆土。環境溫度在 20℃ 以上時約 20 d 雞腿菇菌絲即可長滿袋。脫去料袋後排放好，上面覆土 3～5 cm，覆土後澆 1 次重水，水滲透後，將菌床表面縫隙或露菌料處再用土覆蓋好。約 10 d 後菌絲可長至土層表面，此時要進行二次覆土

第 7 步：出菇管理

覆土後，要從溫度、濕度、光照和通風上做系統管理。溫度管理方面，當子實體原基形成後，溫度最好控制在 15～20℃。子實體生長期空氣相對濕度應控制在 80%～90%，每天要向空間和四壁噴霧狀水 2～3 次，切勿向菇體上噴水，以免子實體腐爛。光照管理方面，弱光或陰暗條件是提高雞腿菇商品價值的措施之一。在出菇期還要注意通風換氣，以保證菇棚內空氣清新

第 8 步：採收管理

雞腿菇露出土層後 3～5 d 一般可採收，菇當期菌環剛剛鬆動，鐘形菌蓋上出現反捲毛狀鱗片時採收，切不可採收過晚，以免菌蓋老化變黑自溶，失去商品價值。採收後的畦床應及時進行管理，整平畦面，及時補土並噴水。如第 1 潮菇生物學效率超過 60%，則應適當補充營養液，配方為尿素、磷酸二氫鉀各 1 kg，紅糖 0.5 kg，兌水 100 kg。注意噴灑畦面後應覆蓋報紙等，使菌絲恢復活力，待土層上又新生出雞腿菇菌絲時，可重複上述管理

3. 雞腿菇發酵料栽培知識拓展

（1）栽培季節選擇。常在 3、4、5 月和 9、10 月溫度較低的季節應用該法。高溫季節不宜選用發酵料栽培，否則會導致汙染率升高。

（2）栽培品種選擇。常選擇 CC168、CC173、唐研 1 號和特大型 EC05 等品種。

（3）常用配方選擇。

①棉籽殼 40%、木屑 45%、麥麩 10%、過磷酸鈣 0.5%、石膏粉 0.5%、尿素 0.5%、蔗糖 0.5%、生石灰 3%，料水比 1∶1.5。

②玉米芯 85%、麥麩 10%、過磷酸鈣 0.5%、石膏粉 0.5%、尿素 0.5%、蔗糖 0.5%、生石灰 3%，料水比 1∶1.5。

③玉米芯60%、大豆稭稈11%、花生秧11%、麥麩10%、玉米麵粉1%、過磷酸鈣1.5%、生石灰5%、蔗糖0.5%，料水比1∶1.55。

④菌糠36%、棉籽殼40%、麥麩15%、玉米粉3%、豆餅2%、生石灰2%、石膏粉0.5%、尿素0.5%、過磷酸鈣0.5%、鹽0.5%，料水比1∶1.5。

⑤小麥稭稈80%、麥麩14%、氮磷鉀緩釋複合肥2%、生石灰3%、石膏粉1%，料水比1∶1.5。

⑥水稻稭稈40%、玉米稭稈粉40%、乾馬糞（打碎）14%、尿素1%、磷肥2%、生石灰3%，料水比1∶1.5。

二、雞腿菇半熟料栽培

雞腿菇半熟料栽培是將培養原料拌入營養液後經100℃高溫蒸汽蒸2～3 h來殺死培養料內絕大多數病原雜菌和蟲卵，之後再將蒸汽滅菌後的培養料裝袋，冷卻後栽培雞腿菇的一種方式。該法常在冷涼季節選用。

1. 雞腿菇半熟料栽培流程（圖3-6-3）

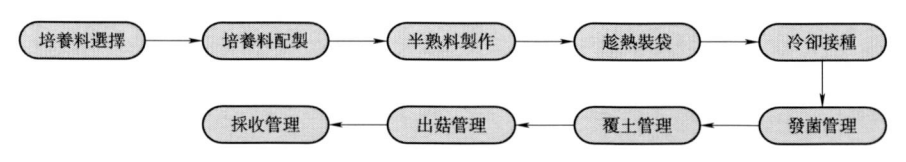

圖3-6-3　雞腿菇半熟料栽培流程

2. 雞腿菇半熟料栽培技術（表3-6-2）

表3-6-2　雞腿菇半熟料栽培技術

步驟	說明
 第1步：培養料選擇	常選擇水稻稭稈、闊葉木屑、玉米芯、棉籽殼等栽培原料作為主料來提供料內碳源；麥麩、稻糠、豆餅等作為輔料來補充料內氮源。培養料應新鮮、無發霉，木屑、玉米芯等主料應在太陽下曝曬2～3 d。此外還需要一些礦質營養，常利用的礦質營養有碳酸鈣、硫酸鎂、磷酸二氫鉀、生石灰、石膏等。還可在料內添加微量的維他命和胺基酸等營養物質
 第2步：培養料配製	按常規拌料的乾混、濕混操作程序。乾混是指將栽培原料的主料和輔料中的不溶物，如麥麩、稻糠等在不加水的情況下攪拌混勻；濕混是將原料中可溶性物質，如生石灰、磷酸二氫鉀和硫酸鎂等藥品溶於水中加入。其間應注意水分不能過量，否則影響發酵效果。所缺水分可在翻堆時加入。如果栽培原料中選用小麥稭稈、水稻稭稈等，這些原料要經過提前堆積預濕後使用。也可使用機械進行攪拌、配製

（續）

 第3步：半熟料製作	在用高溫蒸汽蒸培養料之前，最好先將培養料堆置2～3 d，一方面可使培養料吸水充分，另一方面可利用發酵產生熱量殺死部分雜菌。培養料堆置後，將其裝入常壓滅菌罐內滅菌。待罐內溫度達100℃後維持2～3 h，之後悶一夜。在半熟料蒸製過程中，注意料內含水量應控制在50%左右，不宜過高
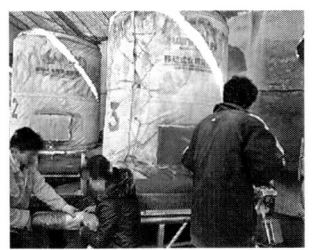 第4步：趁熱裝袋	一般選用規格為（40～45）cm×（22～25）cm×0.03 cm的聚乙烯塑膠袋，每袋可裝乾料0.8～1.5 kg。塑膠袋經消毒水浸泡後，利用裝袋機，將悶製一夜的原料趁熱裝入袋內，之後用套環加蓋好海綿蓋後，及時運入冷涼、消毒好的冷卻室內。其間注意裝袋一氣呵成，切不可斷斷續續地進行，盡可能縮短原料暴露在環境中的時間。切忌等原料完全冷涼後再裝袋，這樣會造成不必要的汙染
 第5步：冷涼接種	當料袋內溫度降至30℃以下時盡快接種。將其轉運至接種室，接種室進行燻蒸消毒並噴灑消毒液，待達到接種要求後及時接種。接種時採用一端接種法，接種量要大，盡量讓菌種塊占滿料面。之後換上塑膠頸圈，加海綿蓋蓋好
 第6步：發菌管理	料袋發菌期間環境溫度維持在20～25℃，且料袋之間要留有縫隙。菇棚內應懸掛溫度計，袋溫不能超過28℃。如溫度太高一定及時採取遮陽、噴霧降溫、增大袋間距離等措施。發菌期間菇棚內空氣相對濕度以60%左右為宜。菇棚內應營造弱光和黑暗條件，光照很強不利於菌絲生長，易引起菌絲老化。一般菇棚每天通風2～3次，保持發菌環境空氣清新。2～4 d後菌絲萌發生長，用別針於菌絲生長前端處間隔1 cm刺1 cm深微孔以增氧促進菌絲生長。環境溫度在20℃以上時約25 d雞腿菇菌絲即可長滿袋

（續）

 第 7 步：覆土管理	雞腿菇不覆土則不出菇。覆土材料要求選用含有少量腐殖質的中性黏壤土，曾經種過雞腿菇的土壤，甚至發生過「雞爪菌」感染的土壤堅決不用。覆土前應將篩好的粗細土粒消毒，然後即可覆土。脫去料袋後排放好，上面覆土 3～5 cm，覆土後澆 1 次重水，水滲透後，將菌床表面縫隙或露菌料處再用土覆蓋好。約 10 d 後菌絲可長至土層表面，此時要進行二次覆土
 第 8 步：出菇管理	覆土後，要從溫度、濕度、光照和通風上做系統管理。溫度管理方面，當子實體原基形成後，溫度最好控制在 15～20℃。子實體生長期間空氣相對濕度應控制在 80%～90%，每天要向空間和四壁噴霧狀水 2～3 次，切勿向菇體上噴水，以免子實體腐爛。光照管理方面，弱光或陰暗條件是提高雞腿菇商品價值的措施之一。在出菇期還要注意通風換氣，以保證菇棚內空氣清新
 第 9 步：採收管理	雞腿菇露出土層後 3～5 d 一般可採收。菇蕾期菌環剛剛鬆動，鐘形菌蓋上出現反捲毛狀鱗片時採收，切不可採收過晚，以免菌蓋老化變黑自溶，失去商品價值。採收後的畦床應及時進行管理，整平畦面，及時補土並噴水。如第 1 潮菇生物學效率超過 60%，則應適當補充營養液，配方為尿素、磷酸二氫鉀各 1 kg，紅糖 0.5 kg，兌水 100 kg。注意噴灑畦面後應覆蓋報紙等，使菌絲恢復活力，待土層上又新生出雞腿菇菌絲時，可重複上述管理

🍄 實踐應用

實踐專案（雞腿菇覆土技術）：以小組為單位，要求每組同學按照所學知識完成至少 200 袋雞腿菇的畦床覆土實踐，過程包括材料準備、場地消毒、脫袋覆土、噴水補土等環節。重點對團隊合作、覆土效果等進行考查。【建議 0.5 d】

要求：實踐專案結束後，均需完成實驗報告。實驗報告內容包括實驗目的、實驗材料準備、實驗設備準備、工藝流程、實驗過程、總結等。

教師考評表如下：

學生姓名	所在科系、班級	考核評價時間	技能考核得分	素養評價得分	覆土效果評價得分	最後得分	教師簽名

複習思考

雞腿菇為近年來大力開發的珍稀食用菌，它味道鮮美、營養豐富，更有降血糖的功效。請根據本節所學知識，並透過網路查閱相關背景知識來總結雞腿菇發酵料栽培的技術要點。

第七節　猴頭菇栽培

> **知識目標**
> - 了解猴頭菇營養需求規律。
> - 了解猴頭菇環境需求規律。
> - 熟悉猴頭菇常用的栽培模式、工藝流程和技術要點。
>
> **能力目標**
> - 能夠熟練按照標準進行猴頭菇培養基製作。
> - 能夠熟練進行猴頭菇生長環境調控。
>
> **素養目標**
> - 培養熱愛食用菌行業的興趣和積極實踐精神。
> - 培養工作一絲不苟的工匠精神。

專題 1　認識猴頭菇

一、猴頭菇分類及營養

猴頭菇［*Hericium erinaceus*（Bull.）Pers.］又名猴頭蘑、猴頭菌、刺猬菌、花菜菌、羊毛菌等，屬於真菌界擔子菌門異隔擔子菌綱非褶菌目猴頭菌科猴頭菌屬（圖 3-7-1）。猴頭菇是中國名貴的食用菌，每 100 g 猴頭菌乾品中含蛋白質 26.3 g、脂肪 4.2 g、醣類 44.9 g、粗纖維 6.4 g、磷 856 mg、鐵 18 mg、鈣 2 mg、維生素 B_{10} 69 mg、維他命 B_2 1.89 mg、胡蘿蔔素 0.01 mg、維他命 B_{12} 1.86 mg、煙酸 16.2 mg。猴頭菇中含有 16 種胺基酸，其中 7 種是人體必需胺基酸。猴頭菇是一種食藥兼用菌。猴頭菇性平、味甘、能利五臟、助消化、滋補，還有預防癌症和調理神經衰弱的功效。猴頭菇的多醣和多肽類物質對艾氏腹水癌細胞的 DNA 和 RNA 的合成有抑制作用。野生猴頭菇在西歐、俄羅斯、美國、日本等均有分布。在中

圖 3-7-1　猴頭菇

國，猴頭菇主要產於黑龍江、吉林、四川、雲南等省份，其他地區如新疆、山西、貴州、河北等省份也有少量栽培。有猴頭菇記載見於明代徐光啟的《農政全書》。1959 年，中國對猴頭菇開始馴化；1960 年，用木屑瓶栽猴頭菇獲得成功；1970 年代開始批量栽培推廣，至 1980 年代普及。2021 年中國猴頭菇產量不足 10 萬 t，產量與市場廣闊的需求量遠遠不符。

二、猴頭菇的生物學特性

（一）形態特徵

猴頭菇由菌絲體和子實體兩種基本形態組成。菌絲絨毛狀、粗壯、稀疏，灰白色或淺黃色，常在表面形成原基。子實體肉質潔白，直徑一般 5～15 cm，大的達 20 cm，頭狀並長有密集的肉質針刺，且都直伸下垂，整個子實體形態酷似猴子的腦袋，故名猴頭菇。猴頭菇子實體新鮮時呈白色，乾後呈乳白色或黃色，有苦味。擔孢子無色透明，孢子卵白色，表面光滑，近球形，有油滴。

（二）營養需求

1. 碳源 猴頭菇屬木腐菌，其可利用的碳源主要有澱粉、纖維素、半纖維素、木質素、葡萄糖、果糖、蔗糖、甘露醇、麥芽糖等。猴頭菇栽培中常用原料有棉籽殼、闊葉木屑、玉米芯、大豆秸稈、甘蔗渣等帶有纖維素、半纖維素、木質素等的有機物。

2. 氮源 猴頭菇利用無機氮的能力較差，主要利用有機氮。常利用的有機氮來源有黃豆粉浸汁、玉米粉、馬鈴薯浸汁、牛肉浸膏、蛋白腖、酵母膏、尿素、豆餅、米糠、麥麩等。猴頭菇在營養生長階段 C/N 以（20～25）：1 為宜，而在生殖生長階段 C/N 以（35～45）：1 為宜。

3. 礦質營養 猴頭菇的生長發育也需要鈣、磷、鉀、硫、鎂等礦質元素，常利用的礦質營養有碳酸鈣、硫酸鎂、磷酸二氫鉀、石膏等。磷、鉀、鎂三元素對猴頭菇生長發育極為重要，可以使猴頭菇菌絲生長旺盛、生長速度增快、子實體原基分化速度加快。

4. 生長因子 猴頭菇生長常利用的生長因子有維他命、胺基酸、核酸、赤黴素、生長素等。

（三）環境需求

1. 溫度 溫度是猴頭菇生長發育的重要條件，猴頭菇屬中低溫型恆溫結實型菌類，菌絲在 6～32℃可生長，適宜的溫度為 20～25℃。30℃以上菌絲生長受到抑制，菌絲纖細、無力，低於 5℃菌絲生長緩慢，但生命力強。猴頭菇不需要溫差變化即可完成原基的形成與生長。子實體形成與生長的溫度為 12～25℃，適宜的溫度為 18～20℃，在適宜的溫度範圍內，子實體分化快、品質好。溫度越高，猴頭菇生長發育速度越快，菌絲徒長，子實體分散，品質差。長期低溫會使子實體顏色發紅。

2. 濕度 濕度也是猴頭菇生長發育的重要條件，包括培養料的含水量和空氣相對濕度。菌絲生長階段，培養料的含水量以 60％為宜，空氣相對濕度在 60％～65％，過低或過高均會影響菌絲生長。子實體生長階段，充足的水分有利於子實體的生長和發育，空氣相對濕度要求在 85％～90％，這樣可以促進子實體生長迅速，大朵型。空氣相對濕度低於 80％，子實體形成遲緩，顏色發黃，甚至不易形成子實體；高於 95％則易使子實體滋生病害，菌刺變長，顏色變暗。

3. 光照 猴頭菇菌絲生長階段需要黑暗條件。子實體形成階段需要一定的散射光，

無光不能分化成子實體。子實體生長階段，每天應給予一定時間的微弱散射光照射才能促進子實體的形成與生長，並能提高子實體產量。

4. 空氣 猴頭菇是好氧型真菌，在發菌階段，室內空氣應始終保持新鮮，在保證濕度和溫度的同時，常通風換氣是發菌的關鍵。在子實體發育階段，新鮮的空氣可使子實體發育良好、個大形美，若通風不良，則會使菌刺散亂、菌球發育不良，形成畸形猴頭菇。

5. pH 猴頭菇菌絲和子實體的生長均喜歡酸性的環境，菌絲在 pH 為 3～7 時都能正常生長，以 pH 4.0～5.5 為宜。在製作培養料時，可在培養料內加入碳酸鈣或硫酸鈣使培養料呈微酸性。

專題 2　猴頭菇袋式栽培技術

1. 猴頭菇袋式栽培流程（圖 3-7-2）

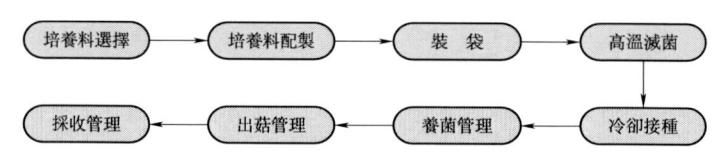

培養料選擇 → 培養料配製 → 裝袋 → 高溫滅菌 → 冷卻接種 → 養菌管理 → 出菇管理 → 採收管理

圖 3-7-2　猴頭菇袋式栽培流程

2. 猴頭菇袋式栽培技術（表 3-7-1）

表 3-7-1　猴頭菇袋式栽培技術

步驟	說明
 第 1 步：培養料選擇	猴頭菇栽培中，常選擇闊葉木屑、玉米芯、棉籽殼等栽培原料作為主料來提供料內碳源；麥麩、稻糠、豆餅等作為輔料來補充料內氮源。培養料應新鮮、無發霉，木屑、玉米芯等主料應在太陽下曝晒 2～3 d。此外還需要一些礦質營養，常利用的礦質營養有碳酸鈣、硫酸鈣、磷酸二氫鉀、石膏等。還可在料內添加微量的維他命和胺基酸等營養物質，但是不能向料內添加生石灰，以免影響猴頭菇菌絲的生長
 第 2 步：培養料配製	按常規拌料的乾混、濕混操作程序。乾混是指將栽培原料的主料和輔料中的不溶物，如麥麩、稻糠等在不加水的情況下攪拌混勻；濕混是將原料中可溶性物質，如磷酸二氫鉀和硫酸鎂等藥品溶於水中加入。其間應注意水分不能過量，否則影響發酵效果，所缺水分可在翻堆時加入。也可使用機械進行攪拌、配製

第三章　食用菌栽培

（續）

 第3步：裝袋	在裝袋之前，最好先將培養料建堆預濕1 d，使培養料吸水充分，尤其在使用大顆粒木屑時更要注意提前預濕木屑之後裝袋，一般選用塑膠袋規格為 35 cm×17 cm×0.04 cm，使袋壁周邊無空隙，裝料至袋口僅餘7 cm左右時紮好，一般每袋裝乾料300～350 g。料袋口中部留有接種穴，之後紮活扣緊緊袋口
 第4步：高溫滅菌	將料袋裝筐後運於滅菌房內滅菌。溫度達100℃，維持10 h，通常一次性滅菌3 000袋以上時，每增加1 000袋，滅菌時間延長1 h。也可以選用高壓滅菌，溫度達121℃維持3 h即可。要注意所選用的塑膠袋一定要耐高溫、高壓
 第5步：冷卻接種	滅菌結束後，料袋趁熱及時轉運至消毒後的冷涼室內降溫，料袋上可再噴一些殺菌藥。待料袋內溫度降至30℃以下時盡快接種。將料袋轉運至接種室，接種室進行燻蒸消毒並向空間噴灑消毒液，待達到接種要求後及時接種。接種時採用一端接種法，接種量要大，盡量讓菌種塊占滿料面。之後換上塑膠頸圈，加蓋蓋好
 第6步：養菌管理	培養場所應事先打掃乾淨並消毒，創造適宜發菌的環境條件。溫、濕度要適宜，培養場所溫度要先高後低。菌絲萌發時，溫度以20～25℃為宜。空氣相對濕度控制在55%～65%。在菌絲生長階段暗光培養。空氣要新鮮，猴頭菇是好氧型菌類，在生長發育過程中要始終保持場所內空氣新鮮以促進菌絲的生長

（續）

第 7 步：出菇管理	菌絲 35～40 d 發滿菌袋，調控出菇場溫度在 18～20℃，營造適量散射光，加強菇場內通風換氣，刺激原基形成。當原基形成後，及時打開袋口，但不宜開過大，而是將袋口拉成錐形。小菇蕾產生後，菇房溫度應保持在 16℃ 左右，空氣相對濕度控制在 85%～90%。注意菇房的通風換氣，通風良好，子實體個大、質緊、色白、生長快、產量高、菌刺長短適中、商品性好。子實體形成階段需要有一定的散射光，光照不宜過強，以恰能看清書報上字跡即可
第 8 步：採收管理	當猴頭菇菌蕾直徑達 2～3 cm 時，在環境條件適宜的情況下，經 7～10 d 猴頭菇即可成熟。當猴頭菇菌刺約 0.5 cm 時，在即將產生孢子前及時採收。猴頭菇採收後，清理料袋菇根和老菌皮，紮緊袋口，環境中停止噴水 2～3 d，然後繼續培養 10 d 左右即可形成第 2 潮猴頭菇。一般管理好可採收 3 潮菇，生物轉化率可達 90% 左右

3. 猴頭菇袋式栽培知識拓展

（1）栽培季節選擇。常選擇春、秋兩季。在中國北方地區，秋菇栽培，出菇期一般為 8 月下旬至 11 月；春菇栽培，出菇期一般為 3 月下旬至 6 月上旬。

（2）栽培品種選擇。目前中國常選用的猴頭菇栽培品種主要有 C9、H11、H5、28、H401、H801。各地應根據當地氣候特點及市場需求選用適合的品種。

（3）常用配方選擇。

①木屑（闊葉樹）78%、麥麩（或米糠）20%、石膏粉 1%、白糖 1%、含水量 65% 左右。

②棉籽殼 90%、麥麩（或米糠）8%、石膏粉 1%、白糖 1%、含水量 65% 左右。

③玉米芯（粉碎成黃豆大小的顆粒）70%～80%、鋸木屑（闊葉樹）10%～20%、麥麩（或米糠）8%、石膏粉 1%、白糖 1%、含水量 65% 左右。

④木屑（闊葉樹）40%、玉米芯 38%、麥麩（或米糠）20%、石膏粉 1%、白糖 1%、含水量 65% 左右。

實踐應用

實踐專案（猴頭菇栽培技術）：以小組為單位，要求每組同學按照所學知識完成猴頭菇栽培操作，過程包括材料準備、場地消毒、接種、發菌管理、出菇管理等環節。重點對團隊合作、接種效果等進行考查。對於出菇管理好的在最終得分基礎上予以額外加分。

【建議 1.5 d，其餘管理利用課餘時間完成。】

要求：實踐專案結束後，均需完成實驗報告，實驗報告內容包括實驗目的、實驗材料準備、實驗設備準備、工藝流程、實驗過程、總結等。

教師考評表如下：

學生姓名	所在科系、班級	考核評價時間	技能考核得分	素養評價得分	接種效果評價得分	最後得分	教師簽名

複習思考

猴頭菇自古就被譽為山珍之一，它獨有的對胃的保健功能也是其亮點之一。猴頭菇屬於喜酸性的菌類，它的栽培配方、製作工藝等和其他食用菌相比有一些不同。請根據本節所學知識，並透過網路查閱相關背景知識來總結猴頭菇栽培的技術要點。

第八節　白靈菇栽培

知識目標
- 了解白靈菇營養需求規律。
- 了解白靈菇環境需求規律。
- 熟悉白靈菇常用的栽培模式、栽培工藝流程和技術要點。

能力目標
- 能夠熟練按照標準進行白靈菇後熟管理。
- 能夠熟練調控白靈菇低溫生長環境。

素養目標
- 培養熱愛食用菌行業的興趣和積極實踐精神。
- 培養工作一絲不苟的工匠精神。

專題 1　認識白靈菇

一、白靈菇分類及營養

白靈菇（*Pleurotus Nebrodensis*）也稱白靈側耳、白阿魏蘑、阿魏側耳、白阿魏側耳、翅鮑菇、白靈芝菇、玉雪阿魏蘑等。白靈菇屬於擔子菌亞門擔子菌綱傘菌目側耳科側耳屬。白靈菇以其個體較大、蓋厚肉肥、肉質鮮嫩而備受市場青睞，乾菇中蛋白質含量占 20%，含有 17 種胺基酸、多種維他命和無機鹽（圖 3-8-1）。白靈菇含有真菌多醣和維他命等生理活性物質及多種礦物質，具有調節人體生理平衡，增強人體免疫功能的作用。白靈菇中維

圖 3-8-1　白靈菇

他命 D 的含量較高，維他命 D 能防治兒童佝僂病，對老年骨質疏鬆症有一定的療效。同時白靈菇還具有消積、鎮咳、殺蟲、清熱解毒和預防感冒及傷寒病的作用。

白靈菇是南歐、北非、中亞內陸地區春末夏初發生的品質極為優良的一種大型肉質傘菌。在中國，白靈菇主要分布在新疆的伊犁哈薩克自治州、木壘哈薩克自治縣等地，腐生或兼性寄生於傘形科草本植物阿魏等的根莖上，民間習稱阿魏蘑。因其色白如雪，形似靈芝，當地群眾又稱之為「天山神菇」。1983 年中國科學院新疆生物土壤沙漠研究所的牟靜川等採集到白靈菇的標本，並進行馴化栽培研究。此後新疆木壘哈薩克自治縣食用菌開發中心、三明真菌研究所等單位對白靈菇生態習性、菌種選育和栽培工藝進行了大量的研究。1996 年北京金信公司從木壘哈薩克自治縣引種試種成功，1997 年開始大規模生產。目前，白靈菇已成為中國產量增長較快的食用菌之一。2001 年中國只生產白靈菇約 7 300 t，而 2020 年生產了約 6 萬 t，由此看出白靈菇巨大的市場發展空間，而白靈菇較高的經濟價值更成為它飛速發展的重要原因。

二、白靈菇的生物學特性

（一）形態特徵

白靈菇由菌絲體和子實體兩種基本形態組成。菌絲絨毛狀、粗壯、濃密、白色。白靈菇的子實體單生或叢生。菌蓋初凸起，後漸平展，中央逐漸下陷呈歪漏斗狀，白色，直徑 6～13 cm，個別的更大，蓋緣微內捲。菌肉白色，中間厚，邊緣漸薄，厚度為 0.3～6 cm。菌褶密集、延生，淡黃白色至奶油色。菌柄偏生，粗 4～6 cm，長 3～8 cm，上粗下細或上下等粗。孢子表面光滑、色白、長橢圓形至柱狀橢圓形。

（二）營養需求

1. 碳源　白靈菇屬木腐菌，其可利用的碳源主要有澱粉、纖維素、半纖維素、木質素、葡萄糖、果糖、蔗糖、麥芽糖等。白靈菇栽培中常用原料有棉籽殼、闊葉木屑、玉米芯、甘蔗渣等帶有纖維素、半纖維素、木質素等的有機物。

2. 氮源　白靈菇利用無機氮的能力較差，主要利用有機氮。常利用的有機氮來源有黃豆粉浸汁、玉米粉、馬鈴薯浸汁、牛肉浸膏、蛋白腖、酵母膏、尿素、豆餅、米糠、麥麩等。白靈菇在營養生長階段 C/N 以（25～40）：1 為宜，而在生殖生長階段 C/N 以（60～70）：1 為宜。

3. 礦質營養　白靈菇的生長發育也需要鈣、磷、鉀、硫、鎂等礦質元素，常利用的礦質營養有碳酸鈣、硫酸鎂、磷酸二氫鉀、石膏等。

4. 生長因子　白靈菇生長常利用的生長因子有維他命、胺基酸、赤黴素、生長素等。

（三）環境需求

1. 溫度　溫度是白靈菇生長發育的重要條件，白靈菇屬中低溫型變溫結實型菌類，菌絲在 5～35℃可生長，適宜的溫度為 20～25℃。30℃以上菌絲生長受到抑制，菌絲纖細、無力，低於 5℃菌絲生長緩慢，但較耐低溫。在環境有較大溫差變化時可促使白靈菇原基的形成與生長。子實體形成與生長的溫度為 5～18℃，適宜的溫度為 10～12℃，在適宜的溫度範圍內，子實體分化快、品質好。溫度越高，白靈菇生長發育速度越快，菌絲徒長，子實體質地疏鬆，品質差。長期低溫會使子實體生長慢，但質地緊密。

2. 濕度　濕度也是白靈菇生長發育的重要條件，包括培養料的含水量和空氣相對濕度。菌絲生長階段，培養料的含水量以 60％為宜，空氣相對濕度為 60％～65％，過低或

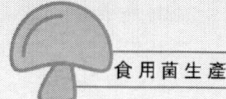

過高均會影響菌絲生長。子實體生長階段，充足的水分有利於白靈菇子實體的生長和發育，空氣相對濕度要求在 85％～90％，這樣可以促進子實體生長迅速，大朵型。空氣相對濕度低於 80％，子實體形成遲緩、顏色發黃、產生龜裂，甚至不易形成子實體；高於 95％則易使子實體滋生病害。

3. 光照 白靈菇菌絲生長階段需要黑暗條件，子實體形成階段需要一定的散射光，無光不能分化成子實體。子實體生長階段，每天應給予一定時間的微弱散射光照射，以促進子實體的形成與生長，並提高子實體產量。光照不足，易形成蓋小柄長的畸形菇。

4. 空氣 白靈菇是好氧型真菌，在發菌階段，室內空氣應始終保持新鮮，在保證濕度和溫度的同時，常通風換氣是發菌的關鍵。在子實體發育階段，新鮮的空氣可使子實體發育良好、個大形美；若通風不良，則會使白靈菇發育不良，子實體難以形成，已形成的子實體會變得柄長蓋小，甚至不長菌蓋，形成拳頭狀或柱狀的畸形菇。

5. pH 白靈菇菌絲和子實體的生長均喜歡鹼性的環境，菌絲在 pH 為 5～10 時能正常生長，以 pH 6.5～7.5 為宜。在製作培養料時，可在培養料內加入生石灰使培養料呈微鹼性。

專題 2　白靈菇袋式栽培技術

1. 白靈菇袋式栽培流程（圖 3-8-2）

培養料選擇 → 培養料配製 → 裝袋 → 高溫滅菌 → 冷卻接種

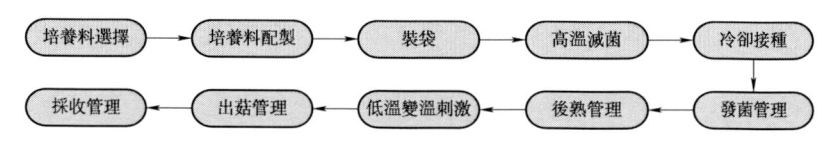

採收管理 ← 出菇管理 ← 低溫變溫刺激 ← 後熟管理 ← 發菌管理

圖 3-8-2　白靈菇袋式栽培流程

2. 白靈菇袋式栽培技術（表 3-8-1）

表 3-8-1　白靈菇袋式栽培技術

| 第 1 步：培養料選擇 | 白靈菇栽培中，常選擇闊葉木屑、玉米芯、棉籽殼等栽培原料作為主料來提供料內碳源；麥麩、稻糠、豆餅等作為輔料來補充料內氮源。培養料應新鮮、無發霉，木屑、玉米芯等主料應在太陽下曝晒 2～3 d。此外還需要一些礦質營養，常利用的礦質營養有碳酸鈣、硫酸鎂、磷酸二氫鉀、石膏等。還可在料內添加微量的維他命和胺基酸等營養物質 |

（續）

 第2步：培養料配製	按常規拌料的乾混、濕混操作程序。乾混是指將栽培原料的主料和輔料中的不溶物，如麥麩、稻糠等在不加水的情況下攪拌混勻；濕混是將原料中可溶性物質，如磷酸二氫鉀和硫酸鎂等藥品溶於水中加入。其間應注意水分不能過量，否則影響發酵效果，所缺水分可在翻堆時加入。也可使用機械進行攪拌、配製
 第3步：裝袋	在裝袋之前，最好先將培養料建堆預濕1 d，使培養料吸水充分，尤其在使用大顆粒木屑時更注意提前預濕木屑之後裝袋。一般選用塑膠袋規格為35 cm×17 cm×0.04 cm，使袋壁周邊無空隙，裝料至袋口僅餘7 cm左右時紮好，一般每袋裝乾料500～550 g。料袋口中部留有接種穴，之後紮活扣繫緊袋口
 第4步：高溫滅菌	將料袋裝筐後運於滅菌房內滅菌。溫度達100℃，維持10 h，通常一次性滅菌3 000袋以上時，每增加1 000袋，滅菌時間延長1 h。也可以選用高壓滅菌，溫度達120℃，維持3 h即可，但要注意所選用的塑膠袋一定要耐高溫、高壓
 第5步：冷卻接種	滅菌結束後，料袋趁熱及時轉運至消毒後的冷涼室內降溫，料袋上可再噴一些殺菌藥。待料袋內溫度降至30℃以下時盡快接種。將料袋轉運至接種室，接種室進行燻蒸消毒並在空間噴灑消毒液，待達到接種要求後及時接種。接種時採用一端接種法，接種量要大，盡量讓菌種塊占滿料面。之後換上塑膠頸圈，加蓋蓋好

食用菌生產

(續)

 第6步：發菌管理	培養場所應事先打掃乾淨並消毒，創造適宜發菌的環境條件。溫、濕度要適宜，培養場所溫度要先高後低。菌絲萌發時，溫度以20～25℃為宜。空氣相對濕度控制在55%～65%。在菌絲生長階段暗光培養。空氣要新鮮，白靈菇是好氧型菌類，在生長發育過程中要始終保持場所內空氣新鮮以促進菌絲的生長
 第7步：後熟管理	45～50 d菌絲發滿料袋時，即可將其擺放於出菇架上，或碼堆於出菇場，常擺5～6層，這個過程屬於菌絲後熟期，是為了讓菌絲濃白、料袋堅實，從而儲藏足夠養分，達到生理成熟。後熟培養期間，為保持水分不要打開袋口，散射光的強度以在存放菌棒的地方能閱讀報紙即可。不同的後熟時間對產量和品質都有影響。後熟期適宜溫度為20～22℃
 第8步：低溫變溫刺激	白靈菇出菇前要經過低溫變溫刺激，低溫變溫刺激長菇是該菇的種性特徵之一。低溫刺激的溫度為0～13℃，時間以7～10 d較適，然後進行晝夜溫差10℃以上刺激7 d左右。操作時，晚上把覆蓋在日光溫室或塑膠大棚四周的覆蓋物掀去，並敞開棚門讓冷空氣透進，白天覆膜，拉大晝夜溫差。有條件的可在出菇房內安裝空調節溫度。棚頂打開草苫引進散射光，要求光照度達到500 lx，棚內保持空氣新鮮，促使原基順利形成
 第9步：出菇管理	當菌絲發亮，有局部菌絲開始扭結時，是菇蕾發生的先兆。5～10 d後，豆粒狀原基即可形成，這時要及時打開袋口。小菇蕾產生後，以色澤潔白、蕾體端正、豐滿，長勢健壯為標準，此時應選優去劣，留大去小、留強去弱、疏密留稀，一個出菇端面通常保留2朵子實體。菇房溫度應保持在10～15℃，弱光培養，空氣相對濕度控制在85%～90%。白靈菇子實體生長要求有新鮮的空氣，通風良好，子實體才能個大、質緊、色白、生長快、產量高

（續）

第 10 步：採收管理

以菌蓋充分展開、菇形圓整、菇體潔白、邊緣尚有捲邊、菌蓋直徑 8～15 cm、孢子未彈射、菇體七八成熟、子實體長至 170～200 g 時為最佳採收期。用手握住子實體基部輕輕採下。保鮮紙單朵包裹裝箱。第 1 潮菇採畢後，料袋的實際含水量顯著降低，為此必須及時補充水分，使料袋內菌絲恢復生長。之後參照第 1 潮菇正常管理，約 2 週後第 2 潮菇蕾即可形成

3. 白靈菇袋式栽培知識拓展

（1）栽培季節選擇。常選擇冬、春季。在中國北方地區，秋菇栽培，出菇期一般為 2 月下旬至 4 月上旬。白靈菇栽培季節的掌握十分重要，安排得當，能正常出菇，且出優質菇，獲得較好的經濟效益。如果安排不當則事倍功半，遇上高溫，難以正常出菇。1999 年春季，南方某縣獲悉廣州白靈菇售價為 80 元/kg，就從北京引種，6 月開始製袋栽培，10 月進入長菇期，氣溫高不適應，延續至冬季菌絲已解體，致使菇農蒙受損失 100 萬元之多，這完全是選錯栽培季節所導致的損失。

（2）栽培品種選擇。目前中國常選用的白靈菇栽培品種有天山 1 號、白靈菇 1 號、869、606 等。各地應根據當地氣候特點及市場需求選用適合的品種。

（3）常用配方選擇。

①木屑（闊葉樹）40％、玉米芯 38％、麥麩（或米糠）19％、石膏粉 1％、白糖 1％、生石灰 1％，含水量 65％左右。

②木屑（闊葉樹）40％、棉籽殼 40％、麥麩 10％、玉米粉 8％、石膏 1％、白糖 1％，含水量 65％左右。

③玉米芯（粉碎成黃豆大小的顆粒）70％～80％、鋸木屑（闊葉樹）10％～20％、麥麩（或米糠）8％、石膏粉 1％、白糖 1％，含水量 65％左右。

④木屑（闊葉樹）78％、麥麩（或米糠）20％、石膏粉 1％、白糖 1％，含水量 65％左右。

⑤雜木屑 35％、棉籽殼 40％、麥麩 20％、玉米粉 3％、蔗糖 1％、石膏 1％，含水量 65％左右。

⑥棉籽殼 40％、木屑（或蔗渣）40％、麥麩 10％、玉米粉 8％、紅糖 1％、石膏 1％，含水量 65％左右。

實踐應用

實踐專案（白靈菇培養環境調控技術）：以小組為單位，要求每組同學按照所學知識完成白靈菇培養環境調控的實踐，過程包括設備辨識、設備操作、效果監控等環節。重點對效果監控進行考查。【建議 2 學時】

要求：實踐專案結束後，均需完成實驗報告。實驗報告內容包括實驗目的、實驗材料準備、實驗設備準備、工藝流程、實驗過程、總結等。

教師考評表如下：

學生姓名	所在科系、班級	考核評價時間	技能考核得分	素養評價得分	調控效果評價得分	最後得分	教師簽名

複習思考

　　白靈菇是一種喜低溫的真菌，適合在冷涼季節種植。白靈菇菇型碩大、味道鮮美，有「素鮑魚」的美譽，是一種極具開發前景的珍稀食用菌。請根據本節所學知識，並透過網路查閱相關背景知識來總結白靈菇栽培的技術要點。

第九節　杏鮑菇栽培

知識目標
- 了解杏鮑菇營養需求規律。
- 了解杏鮑菇環境需求規律。
- 熟悉杏鮑菇常用的栽培模式、栽培工藝流程和技術要點。

能力目標
- 能夠熟練按照標準進行杏鮑菇後熟管理。
- 能夠熟練進行杏鮑菇疏蕾操作。

素養目標
- 培養熱愛食用菌行業的興趣和積極實踐精神。
- 培養工作一絲不苟的工匠精神。

專題 1　認識杏鮑菇

一、杏鮑菇分類及營養

杏鮑菇（*Pleurotus eryngii*），又名刺芹側耳、雪茸、杏仁鮑魚菇、干貝菇等，屬於擔子菌綱傘菌目側耳科側耳屬（圖3-9-1）。杏鮑菇菌肉肥厚、質地脆嫩、口感極佳，被稱為「秀珍菇王」。杏鮑菇營養豐富，乾品中蛋白質含量為20％、粗纖維含量為13.28％、粗脂肪含量為3.50％、多醣含量為6.3％、灰分含量為6.1％、17種胺基酸總含量為15.85％，其中人體必需胺基酸含量為6.65％。杏鮑菇還含有一定量的磷、鉀、鐵、鎂、鈣等礦質元素以及維他命 B_1，其含有的特異性多醣能調節人體免疫力。杏鮑菇多自然分布於歐洲南部、非洲北部以及中亞地區的高山、草原、沙漠地帶，以及中國的新疆、青

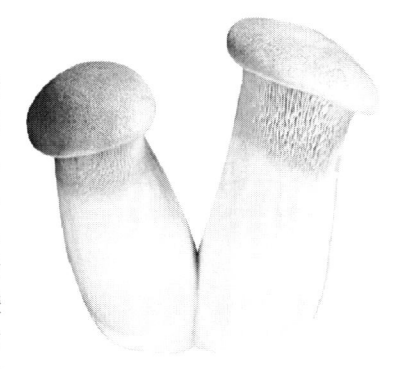

圖3-9-1　杏鮑菇

海、四川西部。自 1958 年，Kalmar 首次進行人工馴化栽培試驗以來，印度、法國、德國等國的科學家也對杏鮑菇進行了馴化、育種、栽培等方面的研究工作，Ferr 首次成功地進行了杏鮑菇的商業性栽培。福建三明真菌研究所從 1992 年底開始進行杏鮑菇生物學特性、菌種選育和栽培技術等研究工作。2000 年，泰國、美國、日本、韓國、臺灣都興起了杏鮑菇的栽培，實現了工廠化生產。現在，杏鮑菇已推廣應用到中國各地，2021 年中國杏鮑菇年產量達 223.5 萬 t，同時開發出了不同的生產方式，並進行了大型現代化工廠化反季節栽培生產，實現了杏鮑菇的週年供應。

二、杏鮑菇的生物學特性

（一）形態特徵

杏鮑菇由菌絲體和子實體兩種基本形態組成。菌絲絨毛狀，初期纖細，後變得粗壯、濃密，白色。子實體單生或群生。菌蓋初凸起，後漸平展，白色，直徑 6～13 cm，個別的更大，幼菇時菌蓋呈深褐色，成熟後呈黃白色，菇蓋中心周圍常有近放射狀褐色細條紋。菌肉白色，具杏仁味，中間厚，邊緣漸薄，厚度為 0.3～6 cm。菌褶為小菌褶，較密集，延生，淡黃白色至灰白色。菌柄偏生，粗 4～6 cm，長 3～8 cm，上細下粗或上下等粗。孢子表面光滑、色白、橢圓形或近紡錘形。

（二）營養需求

1. 碳源　杏鮑菇屬木腐菌，其可利用的碳源主要有澱粉、纖維素、半纖維素、木質素、葡萄糖、果糖、蔗糖、麥芽糖等。杏鮑菇栽培中常用原料有棉籽殼、闊葉木屑、玉米芯、甘蔗渣等帶有纖維素、半纖維素、木質素等的有機物。

2. 氮源　杏鮑菇通常利用無機氮的能力較差，主要利用有機氮。常利用的有機氮來源有黃豆粉浸汁、玉米粉、馬鈴薯浸汁、蛋白腖、酵母膏、尿素、豆餅、米糠、麥麩等。杏鮑菇在營養生長階段，C/N 以（20～25）：1 為宜，而在生殖生長階段 C/N 以（40～45）：1 為宜。

3. 礦質營養　杏鮑菇的生長發育也需要鈣、磷、鉀、硫、鎂等礦質元素，常利用的礦質營養有碳酸鈣、硫酸鎂、磷酸二氫鉀、石膏等。

4. 生長因子　杏鮑菇生長常利用的生長因子有維他命、胺基酸、赤黴素、生長素等。

（三）環境需求

1. 溫度　溫度是杏鮑菇生長發育的重要條件，杏鮑菇屬中低溫型變溫結實型菌類，菌絲在 5～35℃可生長，適宜的溫度為 20～25℃。30℃以上菌絲生長受到抑制，菌絲纖細、無力，低於 5℃菌絲生長緩慢，但較耐低溫。在環境有較大溫差變化時可促進杏鮑菇原基的形成與生長。子實體形成與生長的溫度為 8～20℃，適宜的溫度為 12～15℃，在適宜的溫度範圍內，子實體分化快、品質好。溫度越高，杏鮑菇生長發育速度越快，菌絲徒長，子實體質地疏鬆，品質差。

2. 濕度　濕度也是杏鮑菇生長發育的重要條件，包括培養料的含水量和空氣相對濕度。菌絲生長階段，培養料的含水量以 60％為宜，空氣相對濕度在 60％～65％，過低或過高均會影響菌絲生長。子實體生長階段，充足的水分有利於杏鮑菇子實體的生長和發育，空氣相對濕度要求在 85％～90％，這樣可以促進子實體生長迅速，大朵型。空氣相對濕度低於 80％，子實體形成遲緩，顏色發黃，產生龜裂，甚至不易形成子實體；高於 95％則易使子實體滋生病害。

3. 光照　杏鮑菇菌絲生長階段需要黑暗條件，而子實體形成階段需要一定的散射光，無光不能分化成子實體。子實體生長階段，每天應給予一定時間的微弱散射光照射以促進子實體的形成與生長，並可提高子實體產量。光照不足易形成蓋小柄長的畸形菇。光照過強會使杏鮑菇著色變黃、菌蓋發黑，影響品質。

4. 空氣　杏鮑菇是好氧型真菌，在發菌階段，室內空氣應始終保持新鮮，在保證濕度和溫度的同時，常通風換氣是發菌的關鍵。在子實體發育階段，新鮮的空氣可使子實體發育良好、個大形美。若通風不良，則會使杏鮑菇發育不良，子實體難以形成，已形成的子實體會變得柄長蓋小，甚至不長菌蓋，畸形菇數量增多。

5. pH　杏鮑菇菌絲和子實體的生長均喜歡鹼性的環境，菌絲體在 pH 為 5～10 時都能正常生長，以 pH 6.5～7.5 為宜。在製作培養料時，可在培養料內加入生石灰使培養料呈微鹼性。

專題 2　杏鮑菇袋式栽培技術

1. 杏鮑菇袋式栽培流程（圖 3-9-2）

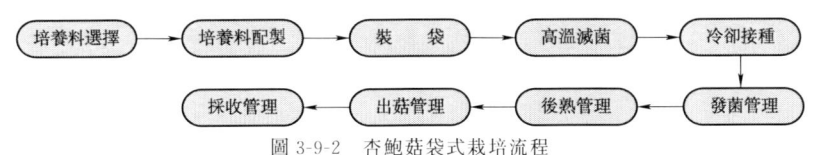

培養料選擇 → 培養料配製 → 裝　袋 → 高溫滅菌 → 冷卻接種

採收管理 ← 出菇管理 ← 後熟管理 ← 發菌管理

圖 3-9-2　杏鮑菇袋式栽培流程

2. 杏鮑菇袋式栽培技術（表 3-9-1）

表 3-9-1　杏鮑菇袋式栽培技術

步驟	說明
 第1步：培養料選擇	杏鮑菇栽培中，常選擇闊葉木屑、玉米芯、棉籽殼等栽培原料作為主料來提供料內碳源；麥麩、稻糠、豆餅等作為輔料來補充料內氮源。培養料應新鮮、無發霉，木屑、玉米芯等主料應在太陽下曝晒 2～3 d。此外還需要一些礦質營養，常利用的礦質營養有碳酸鈣、硫酸鎂、磷酸二氫鉀、石膏等。還可在料內添加微量的維他命和胺基酸等營養物質
 第2步：培養料配製	按常規拌料的乾混、濕混操作程序。乾混是指將栽培原料的主料和輔料中的不溶物，如麥麩、稻糠等在不加水的情況下攪拌混勻；濕混是將原料中可溶性物質，如磷酸二氫鉀和硫酸鎂等藥品溶於水中加入。其間應注意水分不能過量，否則影響發酵效果。所缺水分可在翻堆時加入。也可使用機械進行攪拌、配製

食用菌生產

（續）

 第3步：裝袋	在裝袋之前，最好先將培養料建堆預濕1 d，使培養料吸水充分，尤其在使用大顆粒木屑時更要注意提前預濕木屑之後裝袋，一般選用塑膠袋規格為35 cm×17 cm×0.04 cm，使袋壁周邊無空隙，裝料至袋口僅餘7 cm左右時紮好，一般每袋裝乾料500～550 g。料袋口中部留有接種穴，之後紮活扣繫緊袋口
 第4步：高溫滅菌	將料袋裝筐後運於滅菌房內滅菌。常壓滅菌溫度達100℃，維持10 h，通常一次性滅菌3 000袋以上時，每增加1 000袋，滅菌時間延長1 h。也可以選用高壓滅菌，溫度達121～125℃，維持3 h即可。但要注意所用的塑膠袋一定要耐高溫、高壓
 第5步：冷卻接種	滅菌結束後，料袋趁熱及時轉運至消毒後的冷涼室內降溫，料袋上可再噴一些殺菌藥。待料袋內溫度降至30℃以下時盡快接種。將料袋轉運至接種室，接種室進行燻蒸消毒並在空間噴灑消毒液，待達到接種要求後及時接種。接種時採用一端接種法，接種量要大，盡量讓菌種塊占滿料面。之後換上塑膠頸圈，加蓋蓋好
 第6步：發菌管理	培養場所應事先打掃乾淨並消毒，創造適宜發菌的環境條件。溫、濕度要適宜，培養場所溫度要先高後低。菌絲萌發時，溫度以20～25℃為宜。空氣相對濕度控制在55%～65%。在菌絲生長階段暗光培養。空氣要新鮮，杏鮑菇是好氧型菌類，在生長發育過程中要始終保持場所內空氣新鮮以促進菌絲的生長

第三章　食用菌栽培

（續）

 第7步：後熟管理	35～40 d菌絲發滿料袋時，即可將其擺放於出菇架上，或碼堆於出菇場。但此時不宜著急出菇，要使菌絲有一個低溫後熟期，透過這一手段可讓菌絲濃白、料袋堅實，從而儲藏足夠養分，達到生理成熟。此期間為保持水分，不要打開袋口，以弱散射光照射。後熟期適宜溫度應在10～12℃，當菌絲長勢旺盛、表面形成薄菌皮、略有彈性、手拍有「嘭」響聲、切開料袋剖面菌絲斷面整齊、間有菇香氣味時，即完成後熟階段，此階段通常持續7～10 d
 第8步：出菇管理	杏鮑菇出菇前需進行晝夜溫差10℃以上刺激7 d左右。散射光光照度要求達到500 lx，棚內保持空氣新鮮以促使原基順利形成。5～10 d後，原基即可形成，這時要調控出菇場溫度以15℃為宜，空氣相對濕度控制在85%～90%。正確處理溫、氣、水、光之間的矛盾，使子實體各階段均處於較適宜的環境中。適量通風，杏鮑菇子實體生長要求有新鮮的空氣，通風良好則子實體個大、質緊、色白、生長快、產量高、商品性好，否則杏鮑菇產量低，甚至會出現畸形
 第9步：採收管理	當杏鮑菇子實體菌蓋平展、直徑在4～6 cm、柄長10 cm左右、孢子尚未彈射時為採收的最佳時期。採菇後將料面清理乾淨，停止噴水2～3 d，密閉遮光，使菌絲恢復生長，待料面再現原基後，可重複出菇管理。通常出2潮菇後對菌棒進行補水，可進行覆土出菇管理

3. 杏鮑菇栽培知識拓展

（1）栽培季節選擇。因杏鮑菇屬中低溫型菌類，故常選擇在冬、春季栽培。在中國北方地區，出菇期一般為9月下旬至翌年4月上旬。杏鮑菇栽培季節的掌握十分重要，安排得當能正常出菇，且出優質菇，可獲得較好的經濟效益。

（2）栽培品種選擇。目前中國常選用的杏鮑菇栽培品種有ACCC50931、ACCC51331、ACCC50757、ACCC51338、農杏1號、杏鮑菇1號等。各地應根據當地氣候特點及市場需求選用適合的菌種。

（3）常用配方選擇。

①棉籽殼38%、木屑（或蔗渣）40%、麥麩10%、玉米粉8%、紅糖1%、石膏1%、生石灰2%，含水量65%左右。

②木屑（闊葉樹）40％、棉籽殼38％、麥麩10％、玉米粉8％、石膏1％、白糖1％、生石灰2％，含水量65％左右。

③玉米芯（粉碎成黃豆大小的顆粒）70％～80％、鋸木屑（闊葉樹）10％～20％、麥麩（或米糠）8％、石膏粉1％、白糖1％，含水量65％左右。

④木屑（闊葉樹）78％、麥麩（或米糠）20％、石膏粉1％、白糖1％，含水量65％左右。

⑤雜木屑35％、棉籽殼40％、麥麩20％、玉米粉3％、蔗糖1％、石膏1％，含水量65％左右。

⑥棉籽殼69％、雜木屑15％、麥麩15％、生石灰1％，含水量65％左右。

⑦木屑（闊葉樹）40％、玉米芯38％、麥麩（或米糠）19％、石膏粉1％、白糖1％、生石灰1％，含水量65％左右。

（4）覆土管理方法。覆土材料要求有較好的吸水和保水能力，同時還要有良好的通氣性，最好選用含水量為40％左右、具團粒結構、含有少量腐殖質的中性黏壤土。覆土的材料可就地取材，大田土、泥炭土、黏土、花卉土等都可以。材料使用前要在太陽下曝晒2～3 d，之後打碎除去石頭等雜物後過篩。土粒中帶有蟲卵、雜菌，因此在覆土前，應在篩好的粗細土粒內添加生石灰0.1％、敵百蟲0.001％、滅蟻靈，先將這3種材料拌勻，再與覆土材料反覆拌勻，調節含水量至覆土材料用手捏能成團、落地不散，pH調節至7～7.5，覆膜密閉24 h後揭膜，待藥味消除後即可覆土。

在出菇場地面修建畦床，深15～20 cm，寬120～150 cm，長不限。若在林間則要在畦上搭建小拱棚。出菇場外側建排水溝。挖好畦床後，於畦內撒生石灰，並噴殺蟲藥，之後將後熟好的杏鮑菇菌棒脫袋放入畦床內排好，菌棒之間留有1 cm空隙，之後上覆2 cm處理好的土壤，調節土壤含水量在30％～45％。前期可在土層上覆上薄膜，當杏鮑菇菌絲長至土層內時可撤去薄膜，保持土壤含水量在30％～45％，乾時噴細水，但不要使土層板結（圖3-9-3）。此外也可不挖畦床，於平整的地上直接將杏鮑菇料袋脫去，菌棒整齊排放，上覆2 cm處理好的土壤，調節土壤含水量在30％～45％，之後上鋪薄薄一層小麥稭稈用以保濕。

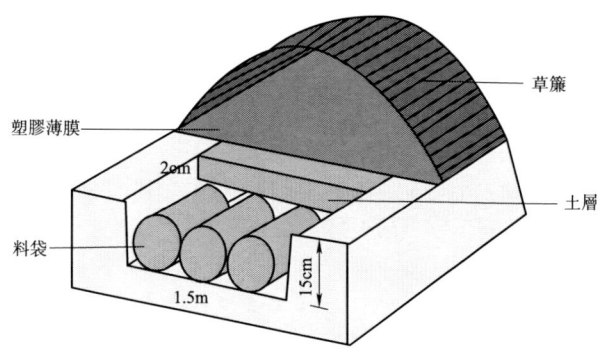

圖3-9-3　杏鮑菇覆土示意

實踐應用

實踐專案（杏鮑菇袋式栽培技術）：以小組為單位，要求每組同學按照所學知識完成杏鮑菇袋式栽培的實踐，過程包括原料準備、場地消毒、脫袋覆土、澆水保濕等環節。重點對脫袋覆土進行考查。【建議 0.5 d】

要求：實踐專案結束後，均需完成實驗報告。實驗報告內容包括實驗目的、實驗材料準備、實驗設備準備、工藝流程、實驗過程、總結等。

教師考評表如下：

學生姓名	所在科系、班級	考核評價時間	技能考核得分	素養評價得分	覆土效果評價得分	最後得分	教師簽名

複習思考

有的菇農在杏鮑菇接種後，後期發現整個料袋內星星點點地出現青色、綠色、黃色或其他雜菌汙染的情況。請根據本節所學知識，並透過網路查閱相關背景知識總結出現這一現象的原因，並制訂解決方案。

第十節　滑菇栽培

> **知識目標**
> - 了解滑菇營養需求規律。
> - 了解滑菇環境需求規律。
> - 熟悉滑菇常用的栽培模式、栽培工藝流程和技術要點。
>
> **能力目標**
> - 能夠熟練按照標準進行滑菇越夏管理。
> - 能夠熟練進行滑菇壓塊技術操作。
>
> **素養目標**
> - 培養熱愛食用菌行業的興趣和積極實踐精神。
> - 培養工作一絲不苟的工匠精神。

專題 1　認識滑菇

一、滑菇分類及營養

滑菇（*Pholiota nameko*）又稱滑子蘑、光滑環鏽傘、光帽鱗傘、珍珠蘑等，因其菌蓋表面附著一層黏液，食用時滑潤可口而得名（圖 3-10-1）。其質嫩味美、營養豐富，據分析每 100 g 乾滑菇中含粗蛋白 20.8 g、脂肪 4.2 g、醣類 66.7 g、灰分 8.3 g。子實體熱水提取物多醣體對小鼠肉瘤 180 的抑制率為 86％；子實體的沸水提取物對小鼠肉瘤 180 的抑制率為 60％；子實體的 NaOH 提取物對小鼠肉瘤 180 的抑制率為 90％，對艾氏腹水癌的抑制率為 70％。滑菇還可預防葡萄球菌、大腸桿菌、肺炎桿菌、結核桿菌的感染。

圖 3-10-1　滑菇

滑菇人工栽培始於日本，1970年代中國開始引種栽培。滑菇屬低溫結實型菌類，具有小朵型、叢狀結菇、生長旺盛、耐寒性強等特點，適合中國北方地區栽培。尤其遼寧地區，自然條件優越，適合滑菇栽培，經濟效益十分可觀，頗受廣大菇農的歡迎。遼寧省岫岩滿族自治縣自1970年代末開始進行較大規模試種，而後逐漸在吉林、黑龍江、河北等省份大面積推廣，產量逐年增加，2021年中國滑菇產量為72.3萬餘t。目前國內外對滑菇的需求呈上升趨勢，中國生產的滑菇產品鹽漬後主要出口日本，近幾年來隨著深加工能力的增強，產品已銷往東南亞、歐洲一些國家，發展前景非常廣闊。

二、滑菇的生物學特性

（一）形態特徵

滑菇由菌絲體和子實體兩種基本形態組成。菌絲絨毛狀，初期白色，後變為淡黃色。滑菇的子實體叢生或群生。菌蓋初半球形，後漸平展，黃褐色，直徑3～10 cm，光滑，分泌透明黏液。菌肉白色至淡黃色。菌褶直生，淡黃白色至鐵鏽色。菌柄近柱狀，粗1～2 cm，長2～6 cm，具膜質菌環。孢子表面光滑、色白、卵圓形。

（二）營養需求

1. 碳源 滑菇屬木腐菌，其可利用的碳源主要有澱粉、纖維素、半纖維素、木質素、葡萄糖、果糖、蔗糖、麥芽糖等。滑菇栽培中常用原料有棉籽殼、闊葉木屑、玉米芯、甘蔗渣等帶有纖維素、半纖維素、木質素等的有機物。

2. 氮源 滑菇通常利用無機氮的能力較差，主要利用有機氮。常利用的有機氮來源有黃豆粉浸汁、玉米粉、馬鈴薯浸汁、蛋白腖、酵母膏、尿素、豆餅、米糠、麥麩等。滑菇在營養生長階段C/N以（20～25）：1為宜，而在生殖生長階段C/N以（40～45）：1為宜。

3. 礦質營養 滑菇的生長發育也需要鈣、磷、鉀、硫、鎂等礦質元素，常利用的礦質營養有碳酸鈣、硫酸鎂、磷酸二氫鉀、石膏等。

4. 生長因子 滑菇生長常利用的生長因子有維他命、胺基酸、赤黴素、生長素等。

（三）環境需求

1. 溫度 溫度是滑菇生長發育的重要條件，滑菇屬中低溫型變溫結實型菌類，菌絲在3～32℃可生長，適宜的溫度為20～25℃。30℃以上菌絲生長受到抑制，菌絲纖細、無力，低於3℃菌絲生長緩慢，但較耐低溫。在環境有較大溫差變化時可促使原基的形成與生長。子實體形成與生長的溫度為5～20℃，適宜的溫度為10～15℃，在適宜的溫度範圍內，子實體分化快、品質好。溫度越高，生長發育速度越快，菌絲徒長，子實體質地疏鬆、品質差。

2. 濕度 濕度也是滑菇生長發育的重要條件，包括培養料的含水量和空氣相對濕度。菌絲生長階段，培養料的含水量以60%為宜，空氣相對濕度在60%～65%，過低或過高均會影響菌絲生長。子實體生長階段，充足的水分有利於子實體的生長和發育，空氣相對濕度要求在85%～95%，這樣可以促進子實體生長迅速、分泌黏液多、菇形良好。

3. 光照 滑菇菌絲生長階段需要黑暗條件。子實體形成階段需要一定的散射光，無光不能分化成子實體。子實體生長階段每天應給予一定時間的微弱散射光照射，才可促進子實體的形成與生長，並提高子實體產量。光照不足，易形成蓋小柄長、開傘早、色澤淡的畸形菇。

4. 空氣 滑菇是好氧型真菌。在發菌階段，室內空氣應始終保持新鮮，在保證濕度和溫度的同時，常通風換氣是發菌的關鍵。在子實體發育階段，新鮮的空氣可使子實體發育良好、菇形美；若通風不良，則會使滑菇發育不良，子實體難以形成，已形成的子實體會變得柄長而粗，菌蓋小，甚至產生畸形菌蓋。

5. pH 滑菇菌絲體和子實體的生長均喜歡弱酸性的環境，菌絲體在 pH 為 5～8 範圍內都能正常生長，以 pH 5.5～6.5 為適宜。

專題 2　滑菇常見栽培技術

一、滑菇壓塊式栽培

1. 滑菇壓塊式栽培流程（圖 3-10-2）

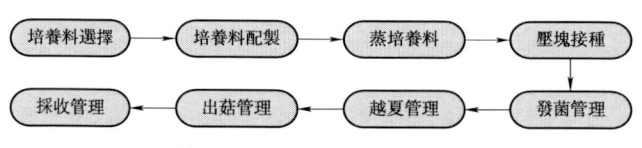

培養料選擇 → 培養料配製 → 蒸培養料 → 壓塊接種
採收管理 ← 出菇管理 ← 越夏管理 ← 發菌管理

圖 3-10-2　滑菇壓塊式栽培流程

2. 滑菇壓塊式栽培技術（表 3-10-1）

表 3-10-1　滑菇壓塊式栽培技術

步驟	說明
 第 1 步：培養料選擇	常選擇棉籽殼、玉米芯、木屑等栽培原料作為主料來提供料內碳源；麥麩、稻糠、豆餅等作為輔料來補充料內氮源。培養料應新鮮、無發霉，玉米芯等主料應在太陽下曝曬 2～3 d。此外還需要一些礦質營養，常利用的礦質營養有碳酸鈣、硫酸鎂、磷酸二氫鉀、生石灰、石膏等。還可在料內添加微量的維他命和胺基酸等營養物質
 第 2 步：培養料配製	按常規拌料的乾混、濕混操作程序。乾混是指將栽培原料的主料和輔料中的不溶物，如麥麩、稻糠等在不加水的情況下攪拌混勻；濕混是將原料中可溶性物質，如硫酸鎂、磷酸二氫鉀等藥品溶於水中加入。其間應注意水分含量以 50% 左右為宜，還要保證培養料內各營養成分混合均勻。培養料拌好後，通常要悶堆 2～3 h，使原料吸水充分

第三章　食用菌栽培

（續）

 第 3 步：蒸培養料	蒸料過程中的要求是「鍋底火旺，鍋內汽足，見汽撒料，一氣呵成」。蒸料時，鍋內放入鐵簾或木簾。先往鍋內水肉，水面距簾 15 cm，簾上鋪放乾淨的編織袋或麻布片，用旺火把水燒開，然後往簾上撒培養料，見汽撒料，不要一次撒過厚，要「勤撒、少撒、勻撒」。鍋裝滿後，用較厚的塑膠薄膜和帆布包蓋鍋筒，外邊用繩捆綁結實。鍋上大汽後，塑膠鼓起時開始計時，保持 2～3 h 後便可出鍋。在蒸料時，順便將乾淨編織袋若干隻也放在料頂層一同蒸，以便滅菌後倒運料。也可採用蒸汽鍋爐向鍋內通入熱的水蒸氣進行滅菌
 第 4 步：壓塊接種	趁熱將蒸好的培養料透過壓塊模具和塑膠膜進行壓塊。待料塊內溫度降至 30℃ 以下時便可接種。接種時將菌種均勻撒到料面上，同時料面上還要均勻打一些接種穴，內填適量菌種，最後壓緊實料面，封嚴壓塊薄膜。需要注意壓塊過程中環境應事先消毒處理，所用模具、工具和塑膠膜也應提前使用高錳酸鉀消毒。同時整個接種過程動作要迅速、熟練
 第 5 步：發菌管理	料塊的堆放要易於管理，地面用木桿或磚墊起，每 5～7 塊堆成一堆，堆與堆之間要留出 10 cm 的空隙，便於空氣流通，上面及四周蓋上較厚的稻草簾，既有利於保溫，又能通氣和防止陽光直射。環境溫度調控在 20～25℃，袋溫不能超過 28℃。發菌期間菇棚內空氣相對濕度以 60％ 左右為宜，菇棚內應營造弱光和黑暗條件，一般菇棚每天通風 2～3 次，每次約 30 min，氣溫高時早晚通風，氣溫低時中午通風，保持發菌環境空氣清新
 第 6 步：越夏管理	氣溫在 20℃ 以上時 60 d 左右滑菇菌絲即可長滿塊。發菌管理後期滑菇菌絲已經布滿料塊，表面逐漸開始出現水珠和黃褐色分泌物，這時要適當增加散射光，並加強通風換氣，促進菌絲轉色，形成蠟質層。此時正值高溫季節，進入越夏管理階段。越夏管理的措施主要是通風、降溫、避光、防病蟲 4 個環節。管理中要求通風良好並有適量的空氣對流；料溫要控制在 26℃ 以下；菇棚加強遮光防止直射光照射；密切注意蟲害的發生

185

（續）

 第7步：出菇管理	秋季溫度降至 20℃ 以下時，打開料塊的塑膠膜，將料塊表面的蠟質層劃破進行搔菌處理，刺激料塊進入出菇期。劃料面時用有刃的金屬工具每隔 4 cm 劃 1 道，料塊劃痕深度以劃破蠟質層深入培養料 0.2～0.5 cm 為宜。每天早、午、晚及夜間各噴 1 次水，噴水量要大，使料塊含水量增加到 70% 左右，空氣相對濕度為 90%～95%。在正常情況下，劃面後 30 d 左右菌絲即可開始扭結，料塊表面出現白色原基，逐漸形成黃色的幼菇，8～10 d 後即可採收
 第8步：採收管理	當滑菇菌蓋直徑達 2～4 cm、菌蓋橙紅色呈半球形、菌蓋下的內菌膜剛剛開始破裂時即可採收。過早或過晚採收將影響產量和品質。採收時一手按住培養料，一手用刀沿滑菇菌柄基部整齊割下，不要帶起過多培養料，之後清理乾淨料面。控水 2 d 後進入正常管理。共可採收 3～4 潮菇

二、滑菇袋式栽培

1. 滑菇袋式栽培流程（圖 3-10-3）

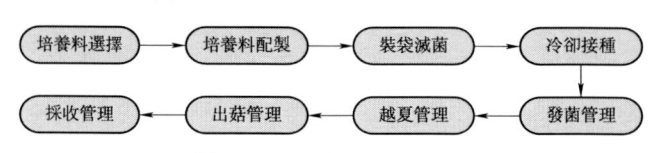

培養料選擇 → 培養料配製 → 裝袋滅菌 → 冷卻接種
↓
採收管理 ← 出菇管理 ← 越夏管理 ← 發菌管理

圖 3-10-3　滑菇袋式栽培流程

2. 滑菇袋式栽培技術（表 3-10-2）

表 3-10-2　滑菇袋式栽培技術

 第1步：培養料選擇	常選擇棉籽殼、玉米芯、木屑等栽培原料作為主料來提供料內碳源；麥麩、稻糠、豆餅等作為輔料來補充料內氮源。培養料應新鮮、無發霉，玉米芯等主料應在太陽下曝曬 2～3 d。此外還需要一些礦質營養，常利用的礦質營養有碳酸鈣、硫酸鎂、磷酸二氫鉀、生石灰、石膏等。還可在料內添加微量的維他命和胺基酸等營養物質

第三章　食用菌栽培

（續）

 第 2 步：培養料配製	按常規拌料的乾混、濕混操作程序。乾混是指將栽培原料的主料和輔料中的不溶物，如麥麩、稻糠等在不加水的情況下攪拌混勻；濕混是將原料中可溶性物質，如硫酸鎂、磷酸二氫鉀等藥品溶於水中加入。其間應注意水分含量以 50％左右為宜，還要保證培養料內各營養成分混合均勻。培養料拌好後，通常要悶堆 2～3 h，使原料吸水充分。大量原料可採用機械拌料
 第 3 步：裝袋滅菌	在裝袋之前最好先將培養料建堆預濕 1 d，使培養料吸水充分，尤其在使用大顆粒木屑時更要注意提前預濕木屑之後裝袋，一般選用塑膠袋規格為 35 cm×17 cm×0.04 cm，使袋壁周邊無空隙，裝袋至袋口僅餘 7 cm 左右時紮好，一般每袋裝乾料 500～550 g。料袋口中部留有接種穴，之後紮活扣緊緊袋口。將料袋裝筐後運於滅菌房內滅菌，溫度達 100℃，維持 8 h。通常一次性滅菌 3 000 袋以上時，每增加 1 000 袋，滅菌時間延長 1 h。若為高壓滅菌，則溫度達 121℃，維持 3 h 即可
 第 4 步：冷卻接種	滅菌結束後，料袋趁熱及時轉運至消毒後的冷涼室內降溫，料袋上可再噴一些殺菌藥。待料袋內溫度降至 30℃以下時盡快接種。將料袋轉運至接種室，接種室進行燻蒸消毒並噴灑消毒液，待達到接種要求後及時接種。接種時採用一端接種法，接種量要大，盡量讓菌種塊佔滿料面。之後換上塑膠頸圈，加海綿蓋蓋好
 第 5 步：發菌管理	培養場所應事先打掃乾淨並消毒，創造適宜發菌的環境條件。菌絲萌發時，溫度以 25℃為宜，場所內空氣相對濕度控制在 55％～65％。在菌絲生長階段暗光培養，空氣要新鮮。滑菇是好氧型菌類，在生長發育過程中，要始終保持場所內空氣新鮮，每天通風換氣 1～2 次，每次 30 min 左右以促進菌絲的生長。在菌絲培養過程中要定期檢查，料袋汙染要及時隔離或清除

187

（續）

 第 6 步：越夏管理	氣溫在 20℃ 以上時 60 d 左右滑菇菌絲即可長滿塊。發菌管理後期滑菇菌絲已經布滿料塊，表面逐漸開始出現水珠和黃褐色分泌物，這時要適當增加散射光，並加強通風換氣，促進菌絲轉色，形成蠟質層。此時正值高溫季節，進入越夏管理階段。越夏管理的措施主要是通風、降溫、避光、防病蟲 4 個環節。管理中要求通風良好並有適量的空氣對流；料溫要控制在 26℃ 以下；菇棚加強遮光防止直射光照射；密切注意蟲害的發生
 第 7 步：出菇管理	秋季溫度降至 20℃ 以下時，打開料塊的塑膠膜，將料塊表面的蠟質層劃破進行搔菌處理，刺激料塊進入出菇期。劃料面時用有刃的金屬工具每隔 4 cm 劃 1 道，料塊劃痕深度以劃破蠟質層深入培養料 0.2～0.5 cm 為宜。每天早、午、晚及夜間各噴 1 次水，噴水量要大，使料塊含水量增加到 70% 左右，空氣相對濕度為 90%～95%。在正常情況下，劃面後 30 d 左右菌絲即可開始扭結，料塊表面出現白色原基，逐漸形成黃色的幼菇，8～10 d 後即可採收
 第 8 步：採收管理	當滑菇菌蓋直徑達 2～4 cm、菌蓋橙紅色呈半球形、菌蓋下的內菌膜剛剛開始破裂時即可採收。過早或過晚採收將影響產量和品質。採收時一手按住培養料，一手用刀沿滑菇菌柄基部整齊剝下，不要帶起過多培養料，之後清理乾淨料面。控水 2 d 後進入正常管理。共可採收 3～4 潮菇

實踐應用

實踐專案（滑菇採摘）：以小組為單位，要求每組同學按照所學知識完成滑菇採摘的實踐，過程包括採菇、清理料面等環節。重點對採菇進行考查。【建議 0.5 d】

要求：實踐專案結束後，均需完成實驗報告。實驗報告內容包括實驗目的、實驗材料準備、實驗設備準備、工藝流程、實驗過程、總結等。

教師考評表如下：

學生姓名	所在科系、班級	考核評價時間	技能考核得分	素養評價得分	採菇效果評價得分	最後得分	教師簽名

複習思考

在滑菇越夏管理過程中,半熟料栽培滑菇病蟲害發生嚴重,一旦發生病蟲害,栽培戶通常會採用高效、高毒農藥進行防治,這就影響了食用菌消費者的健康,且與綠色有機食品的原則相背離。請根據所學知識指導菇農在栽培滑菇過程中降低汙染率和病蟲害發生率。

第十一節　靈芝栽培

> **知識目標**
> 🍄 了解靈芝營養需求規律。
> 🍄 了解靈芝環境需求規律。
> 🍄 熟悉靈芝常用的栽培模式、栽培工藝流程和技術要點。
>
> **能力目標**
> 🍄 能夠熟練按照標準進行靈芝培養料配製。
> 🍄 能夠熟練進行靈芝栽培環境管理。
>
> **素養目標**
> 🍄 培養熱愛食用菌行業的興趣和積極實踐精神。
> 🍄 培養工作一絲不苟的工匠精神。

專題 1　認識靈芝

一、靈芝分類及營養

靈芝［*Ganoderma lucidum*（Curtis）P. Karst.］又名靈芝草、神草、瑞草、丹芝、神芝、仙草、赤芝、紅芝、萬年蕈等，屬真菌界擔子菌亞門層菌綱多孔菌目靈芝科靈芝屬（圖 3-11-1）。靈芝是中國中醫藥寶庫中的一顆璀璨明珠，從東漢末年的《神農本草經》到明代李時珍的《本草綱目》，都詳細記載了靈芝的藥理、藥效、形態、功能以及種類等，靈芝的子實體和菌絲體中均含有醣類、三萜類、多肽、

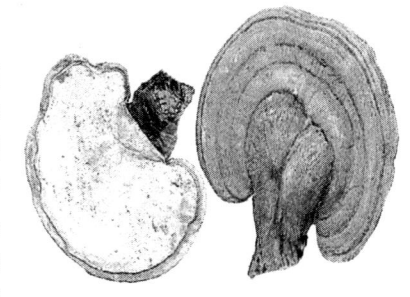

圖 3-11-1　靈芝

胺基酸類、生物鹼類、香豆素類、酶類、甾醇類、鹼基、核苷、硬脂酸、苯甲酸、紫膠酸、有機鍺及硒元素等物質。其中有機鍺的含量比人蔘高 3～6 倍，它是人體血液的清道伕，與人體的汙染物、重金屬離子相結合成鍺化合物，24 h 可排出體外，可降低血液中

的膽固醇、脂肪、血栓等。常服用靈芝可改善皮膚粗糙的情況，並能夠消除斑點、皺紋、青春痘等，有美容養顏的作用。靈芝還能增加紅血球運送 O_2 的能力，調節身體新陳代謝，並能夠抗衰老，使人保持青春活力。透過臨床試驗已證明靈芝對中樞神經、循環系統、呼吸系統、肝臟都有重要作用。2021 年中國靈芝年產量已經超過 19.45 萬 t，主產區在浙江、福建、湖南、雲南、江西、河北等省份。隨著靈芝深層發酵培養菌絲體和發酵液技術的出現及發展，靈芝製品越來越多。目前，市場上銷售的靈芝多以加工的靈芝保健品和藥品為主，種類繁多，包括靈芝片、靈芝粉、靈芝超微粉、靈芝孢子粉、靈芝破壁孢子粉、靈芝丸、靈芝沖劑、靈芝酒、靈芝膠囊等，市場前景很廣闊。

二、靈芝的生物學特性

（一）形態特徵

靈芝由菌絲體和子實體兩種基本形態組成。菌絲體為白色透明管狀，具有分隔和分支，菌絲絨毛狀、粗壯、濃密、白色。菌蓋木栓質、腎形、半圓形或近圓形，直徑 5～32 cm，厚 2～6 cm，表面褐黃色至紅褐色，幼嫩時邊緣呈黃白色，有同心輻射皺紋，漆樣光澤，邊緣銳或稍鈍。菌肉灰白色或米黃色，接近菌管處常呈淡褐色，長 0.4～1 cm，孔面初期白色後變淡褐色或褐色，有時呈汙黃褐色，管口近圓形。菌柄近圓柱狀，側生或偏生，長 3～10 cm，與菌蓋同色，有光澤。孢子卵形，雙層壁，內壁有小刺，中間偶見油滴。

（二）營養需求

1. 碳源　靈芝屬木腐菌，又屬兼性寄生菌，其可利用的碳源主要有澱粉、纖維素、半纖維素、木質素、葡萄糖、果糖、蔗糖、麥芽糖等。靈芝栽培中常用原料有木屑、棉籽殼、玉米芯、甘蔗渣等帶有纖維素、半纖維素、木質素等的有機物。

2. 氮源　靈芝通常利用的無機氮來源有氯化銨、硝酸銨等。常利用的有機氮來源有黃豆粉浸汁、玉米粉、馬鈴薯浸汁、蛋白腖、酵母膏、尿素、豆餅、米糠、麥麩等。通常有機氮比無機氮更適合靈芝的生長。靈芝在營養生長階段 C/N 以（20～25）：1 為宜，而在生殖生長階段 C/N 以（35～40）：1 為宜。

3. 礦質營養　靈芝的生長發育也需要磷、鉀、硫、鈣、鎂、鍺、硒等礦質元素，但對磷元素的需求更多一些。常利用的礦質營養有碳酸鈣、硫酸鎂、磷酸二氫鉀、過磷酸鈣、石膏等。

4. 生長因子　靈芝生長常利用的生長因子有維他命、胺基酸、赤黴素、生長素等。因靈芝自身不能合成維他命 B 群，故常在靈芝栽培中添加維他命 B_1 和維他命 B_2。

（三）環境需求

1. 溫度　溫度是靈芝生長發育的重要條件，靈芝屬高溫型恆溫結實型菌類，菌絲在 15～35℃可生長，適宜的溫度為 25～30℃，40℃以上菌絲生長受到抑制，菌絲纖細、無力，低於 10℃菌絲生長緩慢，但可忍受一定低溫。靈芝原基的形成與生長無需溫差刺激。子實體形成與生長的溫度是 15～30℃，適宜的溫度為 25～27℃，在適宜的溫度範圍內，子實體分化快、色澤好、密度高、品質好。溫度超過 35℃，靈芝生長發育速度加快，菌絲徒長，子實體質地疏鬆，品質差。

2. 濕度　濕度也是靈芝生長發育的重要條件，包括培養料的含水量和空氣相對濕度。菌絲生長階段，培養料的含水量以 60％為宜，空氣相對濕度為 60％～65％，過低或過高

均會影響菌絲生長。子實體生長階段，充足的水分有利於靈芝子實體的生長和發育，空氣相對濕度要求在 85％～90％，這樣可以促進子實體生長迅速，大朵型。空氣相對濕度低於 80％，子實體形成遲緩，顏色發黃，停止生長；高於 95％則易使子實體滋生病害。

3. 光照　靈芝菌絲生長階段需要黑暗條件，子實體形成階段需要一定的散射光，無光不能分化成子實體。子實體生長階段，每天應給予一定時間的散射光才可促進子實體的形成與生長，並能提高產量。光照不足易形成蓋薄柄長的畸形菇。同時靈芝具有趨光性，子實體常向光源方向生長，所以不要輕易改變出菇場的光源方向。

4. 空氣　靈芝是好氧型真菌，在發菌階段，室內空氣應始終保持新鮮，在保證濕度和溫度的同時，常通風換氣是發菌的關鍵。在子實體發育階段，新鮮的空氣可使子實體發育良好、個大形美。若通風不良，則會使靈芝發育不良，子實體難以形成，已形成的子實體會變得柄長蓋小，甚至長成鹿角狀靈芝。環境中 CO_2 濃度超過 1％則會使靈芝生長呈現出不規則形態。

5. pH　靈芝菌絲和子實體的生長均喜歡偏酸性的環境，菌絲在 pH 為 3～7 時能正常生長，以 pH 5～6 為適宜。在製作培養料時，可在培養料內加入硫酸鈣等物質使培養料呈微酸性。

專題 2　靈芝畦床栽培

1. 靈芝畦床栽培流程（圖 3-11-2）

培養料選擇 → 培養料配製 → 裝　袋 → 滅　菌 → 冷卻接種

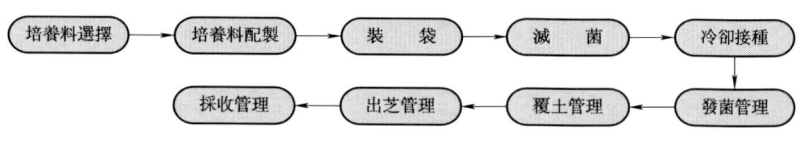

採收管理 ← 出芝管理 ← 覆土管理 ← 發菌管理

圖 3-11-2　靈芝畦床栽培流程

2. 靈芝畦床栽培技術（表 3-11-1）

表 3-11-1　靈芝畦床栽培技術

第 1 步：培養料選擇	常選擇硬雜木屑、棉籽殼、玉米芯等栽培原料作為主料來提供料內碳源；麥麩、稻糠等作為輔料來補充料內氮源。培養料應新鮮、無發霉，玉米芯等主料應在太陽下曝曬 2～3 d。此外還需要一些礦質營養，常利用的礦質營養有碳酸鈣、硫酸鎂、磷酸二氫鉀、石膏等。還可在料內添加微量的維他命和胺基酸等營養物質

（續）

 第 2 步：培養料配製	按常規拌料的乾混、濕混操作程序。乾混是指將栽培原料的主料和輔料中的不溶物，如麥麩、稻糠等在不加水的情況下攪拌混勻；濕混是將原料中可溶性物質，如硫酸鎂、磷酸二氫鉀等藥品溶於水中加入。其間應注意水分含量以 50% 左右為宜，還要保證培養料內各營養成分混合均勻。培養料拌好後，通常要悶堆 2～3 h，使原料吸水充分。大量原料可採用機械拌料
 第 3 步：裝袋	在裝袋之前最好先將培養料建堆預濕 1 d，使培養料吸水充分，尤其在使用大顆粒木屑時更要注意提前預濕木屑之後裝袋，一般選用塑膠袋規格為 35 cm×17 cm×0.04 cm，使袋壁周邊無空隙，裝料至袋口僅餘 7 cm 左右時紮好，一般每袋裝乾料 500～550 g。料袋口中部留有接種穴，之後紮活扣繫緊袋口
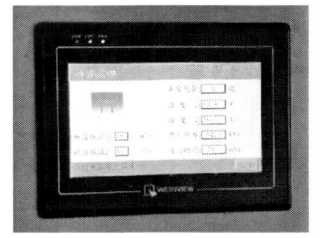 第 4 步：滅菌	將料袋裝筐後運於滅菌房內滅菌。溫度達 100℃，維持 8 h，通常一次性滅菌 3 000 袋以上時，每增加 1 000 袋，滅菌時間延長 1 h。若為高壓滅菌，則溫度達 121℃，維持 3 h 即可
 第 5 步：冷卻接種	滅菌結束後，料袋趁熱及時轉運至消毒後的冷涼室內降溫，料袋上可再噴一些殺菌藥。待袋內溫度降至 30℃ 以下時盡快接種。將料袋轉運至接種室，接種室進行燻蒸消毒並噴灑消毒液，待達到接種要求後及時接種。接種時採用一端接種法，接種量要大，盡量讓菌種塊占滿料面。之後換上塑膠頸圈，加海綿蓋蓋好

（續）

 第6步：發菌管理	培養場所應事先打掃乾淨並消毒，創造適宜發菌的環境條件。菌絲萌發時，溫度以 25℃ 為宜，場所內空氣相對濕度控制在 55％～65％。在菌絲生長階段暗光培養，空氣要新鮮。靈芝是好氧型菌類，在生長發育過程中，要始終保持場所內空氣新鮮，每天通風換氣 1～2 次，每次 30 min 左右以促進菌絲的生長。在菌絲培養過程中要定期檢查，料袋汙染要及時隔離或清除
 第7步：覆土管理	覆土材料要求有較好的吸水和保水能力，同時還要有良好的通氣性，最好選用含水量為 40％ 左右、具團粒結構的中性黏壤土。在出菇場地面修建畦床，深 15～20 cm，寬 120～150 cm，長不限。若在林間，則要在畦上搭建小拱棚。出菇場外側建排水溝。挖好畦床後，於畦內撒生石灰，並打殺蟲藥，之後將後熟好的靈芝菌棒脫袋，一分為二，斷面朝下放入畦床內排好，袋與袋間留有 5 cm 空隙，之後上覆消毒、殺蟲後的土壤，調節土壤含水量為 30％～45％，之後上部再鋪一層細沙或珍珠岩
 第8步：出芝管理	靈芝出芝前要對出芝棚進行溫、濕、光、氣各方面的調控。出芝場溫度在 25～27℃，空氣相對濕度控制在 85％～90％，散射光光照度要求達到 500 lx，以促使原基順利形成。每個菌棒料面出現多個芝蕾時，用剪刀剪去一些，只保留 1～2 個，便於集中養分，長出蓋大朵厚的子實體。子實體分化生長期間，要求較高的空氣相對濕度，一般為 85％～90％，不能低於 70％，必須使出芝環境有足夠的光照，並且光照要均勻，以避免子實體因向光性而扭轉。同時整個生育期要保持棚內空氣新鮮
 第9步：採收管理	靈芝子實體邊緣白色生長圈消失，轉變為褐色並且色澤一致時，表明已經成熟。成熟後應停止噴水，減少通風，增加 CO_2 濃度，使菌蓋增厚，維持 7～10 d，子實體開始散發孢子，當靈芝菌蓋表面孢子粉色澤一致，形成一層褐色粉末時，即可採收

3. 靈芝栽培知識拓展

（1）栽培季節選擇。因靈芝為中高溫型菌類，故常選擇在夏季栽培。在中國北方地區，出菇期一般為 5 月下旬至 9 月上旬。

（2）栽培品種選擇。目前中國常選用的靈芝栽培品種主要有信州靈芝、韓國靈芝、泰山靈芝、G801、植保6號、日本2號、臺灣1號、雲南4號、惠州靈芝等。各地應根據當地氣候特點及市場需求選用適合的菌種。

（3）常用配方選擇。

①棉籽殼40％、木屑（或甘蔗渣）40％、麥麩10％、玉米粉8％、紅糖1％、石膏1％，含水量60％左右。

②木屑（闊葉樹）40％、棉籽殼40％、麥麩10％、玉米粉8％、石膏1％、白糖1％，含水量65％左右。

③玉米芯70％、鋸木屑20％、麥麩（或米糠）8％、石膏粉1％、白糖1％，含水量65％左右。

④木屑78％、麥麩（或米糠）20％、石膏粉1％、白糖1％，含水量65％左右。

⑤雜木屑35％、棉籽殼40％、麥麩20％、玉米粉3％、蔗糖1％、石膏1％，含水量65％左右。

實踐應用

實踐專案（靈芝盆景製作）：以小組為單位，要求每組同學按照所學知識完成靈芝盆景製作的實踐，過程包括材料準備、造景設計、黏接、固定、美化等環節。重點對團隊合作、靈芝盆景造景進行考查。【建議0.5 d】。

要求：實踐專案結束後，均需完成實驗報告。實驗報告內容包括實驗目的、實驗材料準備、實驗設備準備、工藝流程、實驗過程、總結等。

教師考評表如下：

學生姓名	所在科系、班級	考核評價時間	技能考核得分	素養評價得分	盆景效果評價得分	最後得分	教師簽名

複習思考

請根據所學知識，並結合查閱網路，總結一下林下仿野生栽培靈芝的工藝流程、技術要點和注意事項。

第十二節　蛹蟲草栽培

> **知識目標**
> - 了解蛹蟲草營養需求規律。
> - 了解蛹蟲草環境需求規律。
> - 熟悉蛹蟲草常用的栽培模式、栽培工藝流程和技術要點。
>
> **能力目標**
> - 能夠熟練按照標準進行蛹蟲草液體搖瓶種培養。
> - 能夠熟練進行蛹蟲草米粒培養基的製作。
>
> **素養目標**
> - 培養熱愛食用菌行業的興趣和積極實踐精神。
> - 培養工作一絲不苟的工匠精神。

專題 1　認識蛹蟲草

一、蛹蟲草分類及營養

蛹蟲草〔*Cordyceps militaris*（L.）Link〕又稱北蟲草、北冬蟲夏草，屬真菌界子囊菌亞門核菌綱麥角菌目麥角菌科蟲草屬（圖 3-12-1）。最早見於《新華本草綱要》記載該菌「味甘、性平，益肺，補精髓，止血化痰」。蛹蟲草的培養液中能分離出蟲草菌素，該活性產物具有抑制 DNA 和 RNA 合成，促進細胞分化，改變細胞骨架分布，抑制蛋白質激酶活性，抑制膀胱癌、結腸癌、肺癌、纖維肌瘤、艾氏腹水瘤、喉癌、皮膚癌及子宮頸癌等生物活性的作用。人工栽培的蛹蟲草中除了含蟲草菌素外，還富含蛋白質和各種人體必需的胺基酸，並含有鋅、硒、錳、銅、鈣、磷等多種微量元素，同時還含有核苷、蟲草酸、

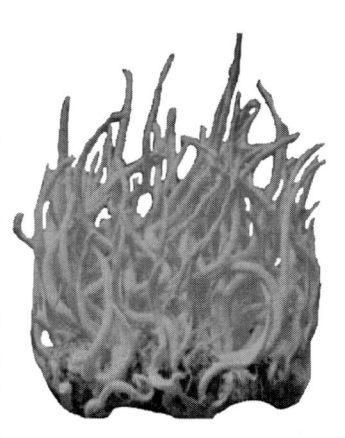

圖 3-12-1　蛹蟲草

蛹蟲草多醣、超氧化物歧化酶（SOD）、亞油酸和軟脂酸等。研究證明，蛹蟲草具有抗疲勞、鎮靜、抗衰老和抗肝纖維化等功能，具有明顯的增強非特異性免疫系統的作用。1950年代以來，中國眾多科學研究機構、開發部門投入了大量的人力、物力，對蛹蟲草的人工培養技術進行了研究，到1980年代中期就成功實現了蛹蟲草的人工栽培，使中國成為世界上首次利用蟲蛹等作為原料批量培養蛹蟲草子實體的國家。1990年代以稻米、小麥等原料作為培養基代替蟲蛹培養基培育蛹蟲草技術獲得了成功，使蛹蟲草可以實現規模化生產。目前該項栽培技術已經在中國許多地區得到普及。經過多年的研究，中國蛹蟲草種植規模不斷擴大，近幾年已經實現規模生產，並加工成多種保健品。中國2021年蛹蟲草產量達8.42萬t。

二、蛹蟲草的生物學特性

（一）形態特徵

蛹蟲草由菌絲體和子實體兩種基本形態組成。蛹蟲草菌絲是一種子囊菌，其菌體成熟後可形成子囊孢子（繁殖單位），孢子散發後隨風傳播，落在適宜的蟲體上，便開始萌發形成菌絲。菌絲一邊不斷地發育，一邊開始向蟲體內蔓延，於是蟲蛹就會被真菌感染，蛹體內的組織被分解，以蛹體內的營養作為其生長發育的物質和能量來源，最後將蛹體內部完全分解。當蛹蟲草的菌絲把蛹體內的各種組織和器官分解完畢後，或是將人工培養基內營養吸收後，菌絲發育由營養生長轉為生殖生長，最後從蛹體空殼的頭部、胸部、近尾部等處伸出，或是在人工培養基料面上形成橘黃色或橘紅色的頂部略膨大呈棒狀的子實體，全長5～10 cm。

（二）營養需求

1. 碳源 碳源是蛹蟲草合成醣類和胺基酸的基礎，也是重要的能量來源。人工栽培時，蛹蟲草可利用的碳源有葡萄糖、紅糖、蔗糖、麥芽糖、澱粉、果膠等，其中尤以葡萄糖、蔗糖等小分子醣類的利用效果較好。

2. 氮源 蛹蟲草能利用的有機氮來源很多，如酵母膏、牛肉膏、胺基酸、蛋白腖、豆餅粉、玉米粉、蠶蛹粉等。無機氮來源主要有氯化銨、硝酸鈉、磷酸氫二銨等。有機氮的利用效果較好。蛹蟲草在營養生長階段C/N以（4～6）∶1為宜，而在生殖生長階段C/N以（10～15）∶1為宜。

3. 礦質營養 蛹蟲草的生長發育也需要磷、鉀、硫、鈣、鎂、鍺、硒等礦質元素。常利用的礦質營養有碳酸鈣、硫酸鎂、磷酸二氫鉀、石膏等。

4. 生長因子 蛹蟲草生長常利用的生長因子有維他命、胺基酸、赤黴素、生長素等。因蛹蟲草自身不能合成維他命B群，故常在蛹蟲草栽培中添加維他命B_1和維他命B_2。

（三）環境需求

1. 溫度 溫度是蛹蟲草生長發育的重要條件，蛹蟲草屬中溫型變溫結實型菌類，菌絲在5～30℃可生長，適宜的溫度為18～25℃，30℃以上菌絲生長受到抑制，菌絲纖細、無力，低於5℃菌絲生長緩慢，但可忍受一定低溫。環境有較大溫差變化時可促進蛹蟲草原基的形成與生長。子實體形成與生長的溫度為10～30℃，適宜的溫度為15～25℃，在適宜的溫度範圍內，子實體分化快、密度高、品質好。溫度超過30℃，蛹蟲草生長發育速度加快，菌絲徒長，子實體難以發生。

2. 濕度 濕度也是蛹蟲草生長發育的重要條件，包括培養料的含水量和空氣相對濕

度。菌絲生長階段，培養料的含水量以 60％ 為宜，空氣相對濕度要求在 60％～65％，過低或過高均會影響菌絲生長。子實體生長階段，充足的水分有利於蛹蟲草子實體的生長和發育，空氣相對濕度要求在 85％～90％，這樣可以促進子實體生長迅速，菇叢密。

3. 光照 蛹蟲草菌絲生長階段需要黑暗條件，子實體形成階段需要一定的散射光，無光不能分化成子實體。子實體生長階段，每天應給予一定時間的散射光照才可促進子實體的形成與生長，並可使菌絲色澤深、品質好，能夠提高子實體產量。

4. 空氣 蛹蟲草是好氧型真菌，在發菌階段，室內應適當通風換氣。在子實體發育階段要適當通風，增加新鮮空氣，否則 CO_2 積累過多子實體不能正常分化，影響生長發育。

5. pH 蛹蟲草喜歡偏酸性的環境，菌絲在 pH 為 5～7 時都能正常生長，以 pH 5.5～6.5 為宜。

專題 2　蛹蟲草瓶式栽培

1. 蛹蟲草瓶式栽培流程（圖 3-12-2）

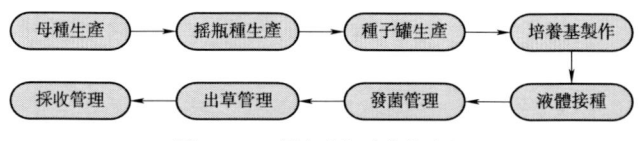

母種生產 → 搖瓶種生產 → 種子罐生產 → 培養基製作
採收管理 ← 出草管理 ← 發菌管理 ← 液體接種

圖 3-12-2　蛹蟲草瓶式栽培流程

2. 蛹蟲草瓶式栽培技術（表 3-12-1）

表 3-12-1　蛹蟲草瓶式栽培技術

步驟	說明
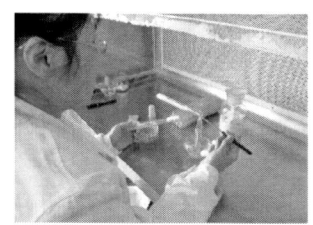 第 1 步：母種生產	選擇好適宜的母種培養基後，常規製作、滅菌、接種，於 20～25℃ 條件下暗光培養蛹蟲草菌絲，及時挑出汙染母種試管，一定要嚴格挑選，因為下一環節要進行液體搖瓶培養，微小的汙染會導致全軍覆沒。7～10 d 菌絲長滿母種培養基斜面。長好的蛹蟲草母種菌絲呈濃白色，菌絲生長旺盛，一些品種還略帶金黃色，為正常的菌絲色澤
 第 2 步：搖瓶種生產	選擇好適宜的搖瓶培養基，用電飯鍋煮製，過濾好營養液，其間注意一定要過濾乾淨營養液，讓其不殘留雜質，否則以後培養中會形成大的菌絲團。之後將營養液裝入 500 mL 三角瓶中，每瓶裝 150 mL 營養液，拿新棉塞封口，上覆一層防潮紙，之後 120℃ 高壓滅菌 30 min，冷卻後接入 1 cm×1 cm 的母種塊，於 20～25℃ 條件下暗光靜置培養 1～2 d，之後將其移入振盪培養箱，頻率為 120～140 r/min，4～6 d 後完成培養。此時菌液清澈、蟲草香味濃、有大量菌絲球。若菌液混濁、有異味則放棄使用該搖瓶種

第三章　食用菌栽培

（續）

 第 3 步：種子罐生產	5 d 左右菌絲球即可培養好，經檢查無汙染後即可進一步透過種子罐擴大蛹蟲草菌絲球的數量。種子罐有 50 L、100 L、150 L 等不同規格，在其內注入適量營養液後，120℃ 高壓滅菌 30 min，待冷涼至 25℃ 即可接種。利用火圈將搖瓶接種入種子罐內，於 25℃、空氣流量調至 1.2 m³/h 以上、罐壓在 0.02～0.04 MPa 條件下，4～5 d 後即完成培養
 第 4 步：培養基製作	蛹蟲草栽培培養基常用原料主要有優質稻米、麥粒、穀粒等，每 500 mL 罐頭瓶按要求分別放入 30 g 稻米、45～50 mL 鹼水（原則上要求每瓶放入 30 g 稻米、45 mL 鹼水，但要在批量生產前少量蒸製幾瓶培養基，以根據米質確定最準確的加水量），然後封紮聚丙烯塑膠膜。封口塑膠選用規格為 12 cm×12 cm×0.05 cm 的高壓聚丙烯塑膠薄膜。切忌使用低壓聚乙烯封口塑膠，否則封口弄破會造成大量汙染。封好瓶後於 121℃ 下滅菌 1.5～2 h 或 100℃ 下滅菌 10～12 h。也可選擇盆式和筐式栽培，但米量要調整
 第 5 步：液體接種	培養好的液體菌種在菌絲球數量較多、活力強時應及時使用。觀察菌種生長和萌發情況，一般檢查菌液澄清度、氣味、菌球數量、是否汙染等，培養週期為 72～96 h。使用前應在無菌環境下用無菌水將其稀釋 3～5 倍。小型生產時使用連續針筒，每栽培瓶注入 15 mL 左右液體菌種，亦可使用接種勺類工具，規模化生產單位應使用專用液體接種器，或自動接種裝置。應注意使料面黏附菌種的面積盡量大並且均勻，以使發菌均勻一致
 第 6 步：發菌管理	接種後栽培瓶直立放置培養 1～2 d，控制溫度在 20～22℃，使菌絲萌發，定植後再上架培養。由於蛹蟲草具有一定的趨光性，因此在擺放時要將瓶口朝向光進入的一面，每層架上擺放 5 層栽培瓶為宜，層架之間設置日光燈補充光照。菌絲培養階段，溫度以 18～24℃ 為宜，空氣相對濕度以 65%～70% 為宜，通風量可根據培養室內所放的栽培瓶數確定，以保證培養室內空氣清新。蛹蟲草的菌絲生長不需要光照，當菌絲完全吃透培養料以後，光照刺激使菌絲進入生殖生長階段，過早見光會影響產草量

（續）

第 7 步：出草管理

經 10～15 d，料面白色菌絲濃密，菌絲穿透並長滿培養基，氣生菌絲表面出現一些小隆起，此時表明需要增加光照，促進轉色。可完全用日光燈照射，轉色溫度以 21～23℃ 為宜，空氣相對濕度 75% 左右，保持良好的通氣條件，5 d 左右即可出現米粒狀原基並轉成橘黃色。出草階段溫度控制在 18～22℃，保持空氣清新，室內要求每天通風一次，空氣相對濕度在 80%～90%，光照度以 200～500 lx 為宜，用日光燈補光即可，後期隨著子實體分化和生長，可延長通風換氣時間。

第 8 步：採收管理

經過 15 d 左右，蛹蟲草子實體高度可達 7 cm 以上，當子實體上部出現橘紅色小點時進入採收階段。當子實體高達 8 cm 左右，上部有黃色凸起物出現以及頂端長出許多小刺，整個子實體呈橘紅色或橘黃色並且不再生長時，表明已經成熟，這時就可以採收了，蛹蟲草一般只採收 1 潮。草體採收後，除鮮銷外，一般都烘乾後進行包裝。

3. 蛹蟲草栽培知識拓展

（1）栽培季節選擇。因蛹蟲草為中低溫型菌類，故常選擇春、秋兩季栽培。若為工廠化生產，則不受栽培季節限制，可實現週年生產。

（2）栽培品種選擇。目前中國常選用的蛹蟲草栽培品種為農大 cm-001、cm-0298、川 1、川 2、東方 9 號、HJ-2 等。

（3）常用母種生產配方。

①馬鈴薯 200 g，葡萄糖 20 g，瓊脂 18～20 g，蛋白腖 10 g，蠶蛹粉 5 g，水 1 000 mL。

②馬鈴薯 200 g，葡萄糖 20 g，瓊脂 18～20 g，水 1 000 mL，pH 自然，另外添加麥麩 20 g、玉米麵粉 5 g、黃豆粉 5 g、磷酸二氫鉀 2 g、硫酸鎂 2 g、維他命 B_1 10 mg。

③米湯浸提液 200 g，葡萄糖 20 g，瓊脂 18～20 g，蛋白腖 10 g，蠶蛹粉 5 g，水 1 000 mL。

④馬鈴薯 200 g，葡萄糖 10 g，蛋白腖 10 g，瓊脂 20 g，磷酸二氫鉀 5 g，硫酸鎂 3 g，維他命 B_1 10 mg，水 1 000 mL。

（4）常用搖瓶種/種子罐配方。

①葡萄糖 20 g，可溶性澱粉 30 g，磷酸二氫鉀 2 g，硫酸鎂 2 g，蛋白腖 5 g，維他命 B_1 10 mg，水 1 000 mL，pH 用檸檬酸調至 6。

②葡萄糖 20 g，酵母膏 5 g，磷酸二氫鉀 2 g，硫酸鎂 2 g，蛋白腖 5 g，蠶蛹粉 5 g，維他命 B_1 10 mg，水 1 000 mL，pH 用檸檬酸調至 6。

（5）常用栽培種培養基配方。

①優質稻米 78%，玉米粉 10%，蠶蛹粉 8%，蔗糖 1.5%，蛋白腖 0.5%，維他命 B_1

微量，料水比 1∶1.5。

②優質稻米 70％、碎玉米粒 20％、麥麩 8％、蔗糖 1.5％、蛋白腖 0.5％、維他命 B_1 微量，料水比 1∶1.5。

③麥粒 78％、玉米粉 10％、蠶蛹粉 4％、稻糠 6％、酵母粉 0.5％、蔗糖 1％、蛋白腖 0.5％、維他命 B_1 微量，料水比 1∶1.5。

（6）其他栽培容器。蛹蟲草除瓶式栽培外，還可筐式栽培或盒式栽培（圖 3-12-3、圖 3-12-4）。

圖 3-12-3　蛹蟲草筐式栽培　　　　圖 3-12-4　蛹蟲草盒式栽培

（7）蛹蟲草分級標準。蛹蟲草分為以下 4 個等級：特級子實體長 7 cm 以上，淡紅棕色、粗細均勻、無根基、無雜質、無烤焦、無發霉、無蟲蛀、無異味；一級子實體長 7～8 cm，金黃色、無白色、無根基、無雜質、無烤焦、無發霉、無蟲蛀、無異味；二級子實體長 6～7 cm，紅黃色、上粗下細、邊皮修剪粗細均勻、無根基、無雜質；等外子實體為長 5 cm 以下的剪貨、渣皮、碎貨等。

實踐應用

實踐專案（蛹蟲草瓶栽）：以小組為單位，要求每組同學按照所學知識完成 50 瓶瓶栽蛹蟲草的實踐，過程包括材料準備、裝瓶滅菌、接種、培養、出草管理等環節。重點對團隊合作、接種品質、出草效果進行考查。【建議 1 d，其餘建議課後完成】

要求：實踐專案結束後，均需完成實驗報告。實驗報告內容包括實驗目的、實驗材料準備、實驗設備準備、工藝流程、實驗過程、總結等。

教師考評表如下：

學生姓名	所在科系、班級	考核評價時間	技能考核得分	素養評價得分	出草效率評價得分	最後得分	教師簽名

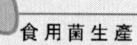

複習思考

自然界的蟲草常寄生於鱗翅目幼蟲的繭和蛹上，多出現於林地枯枝落葉層中。請根據所學知識，並結合查閱網路，總結一下利用蠶蛹培育蛹蟲草的工藝流程、技術要點和注意事項。

第四章
食用菌病蟲害防治

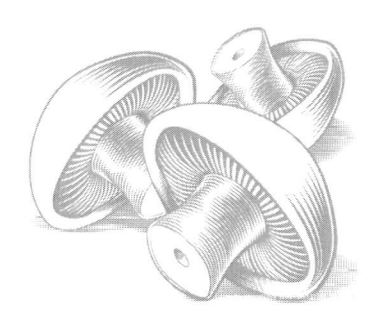

第一節　食用菌病害防治

> ┌ 知識目標 ┐
>
> 🍄 了解食用菌常見病害的類型、發生原因。
> 🍄 了解食用菌病害常用的防治措施，掌握食用菌綠色生產的一般原則。
>
> ┌ 能力目標 ┐
>
> 🍄 能夠診斷食用菌的常見病害類型。
> 🍄 能夠針對病害設計出可行的防治措施並應用。
>
> ┌ 素養目標 ┐
>
> 🍄 樹立安全責任意識。
> 🍄 培養生產一線調查等相關科學研究能力。
> 🍄 構建食用菌綠色生產思維。

專題 1　食用菌綠色生產背景、意義

中國是世界上最大的食用菌生產、消費和出口國。然而，根據中國食用菌商務網的統計，至2017年中國食用菌工廠化生產企業數量已由最高峰2012年時的788家減少至599家。導致企業倒閉轉型的因素很多，其中經營管理不善、環保指標不達標是兩大主要原因。食用菌工廠化生產是一個比較特殊的產業，企業從選址建廠、原料供應、生產過程控制、人員設備、產品包裝、儲藏運輸到銷售，都不同於其他的農業產業，涉及的環節多、領域廣，對產品新鮮度、衛生安全性要求高。根據調查，目前食用菌從業者對食用菌生產中應該執行的法規了解並不多。食用菌生產加工執相關規範標準，生產出高品質、安全有保證的產品，贏得消費者的信任，獲得很好的社會和經濟效益，是食用菌生產管理者的重要課題。

食用菌生產不可避免會涉及病蟲害防治，綠色食品標準要求以預防為主，以物理防治為主，選用抗性較強的菌種生產，加強環境衛生控制。食用菌工廠化生產過程並不涉及直接施用於食用菌的農藥，但對於環境消毒、人員消毒、設備清理消毒、倉庫蟲鼠防疫等必須使用的化學品，須有相應的管理規程。食用菌生產中，種植戶或企業如果不加注意，則

第四章　食用菌病蟲害防治

會引起環境中無處不在的病原微生物的侵害，結果導致食用菌菌種、產品發生各種病症、汙染，造成大面積的損失。如有的企業由於原材料選擇不當，或是滅菌不徹底，或是環境消毒不徹底等原因，造成了整批料袋的汙染報廢、子實體產量降低、品質受損，結果這些企業又將汙染的菌棒、生產廢料、汙染料、下腳料、帶蟲卵料堆積在廠區沒及時處理，造成病原雜菌快速增殖、蔓延，又給廠區環境帶來了巨大的隱患，以後的生產狀況可想而知。病蟲害已成為食用菌生產中非常突出的問題，如何有效控制、預防病蟲雜菌的危害是保證食用菌高產、穩產、質優的重要環節。

專題 2　食用菌病害類型及發生原因

食用菌病害可分為侵染性病害和生理性病害。侵染性病害的特點是有害微生物生長在培養基基質中與食用菌菌絲爭奪養分和生長空間，往往它的繁殖和擴散速度遠高於食用菌菌絲，結果導致大面積菌絲和子實體受損害。侵染性病害主要包括真菌病害、細菌病害和病毒病害。食用菌生理性病害不是由於受到有害微生物的侵害造成的，而是由於生態環境、營養條件等不適合食用菌生長、發育時，就會發生生理性病害。

一、侵染性病害類型及成因

1. 真菌性病害　真菌性病害名稱、形態特徵及發生原因見表 4-1-1。

表 4-1-1　真菌性病害名稱、形態特徵及發生原因

名稱、形態	形態特徵	發生原因
木黴	初期產生灰白色棉絮狀的菌絲；中期從菌絲層中心開始向外擴展；後期菌落出現粉狀的分生孢子，菌落為淺綠色、黃綠色、藍綠色等顏色	木黴菌絲繁殖迅速，常在短時間內爆發，對多種食用菌造成嚴重的危害。孢子萌發適溫為 25～30℃，空氣相對濕度為 95%。分生孢子可在空氣中傳播，培養料、覆土和養菌操作都可將木黴孢子帶入栽培場和培養室
青黴	與食用菌菌絲相似，不易區分，菌落初為白色；中期菌落很快轉為松棉絮狀，氣生菌絲密集；後期逐漸出現疏鬆單個的淺藍色至綠色粉末狀菌落，大部分呈灰綠色	菌絲生長適溫為 20～30℃，適宜的空氣相對濕度為 80%～90%，其主要由孢子隨空氣飛散而傳播。食用菌製種如消毒不嚴、棉塞潮濕、培養料偏酸，或培養室溫度高、濕度大、通風不良等都易感染此菌

205

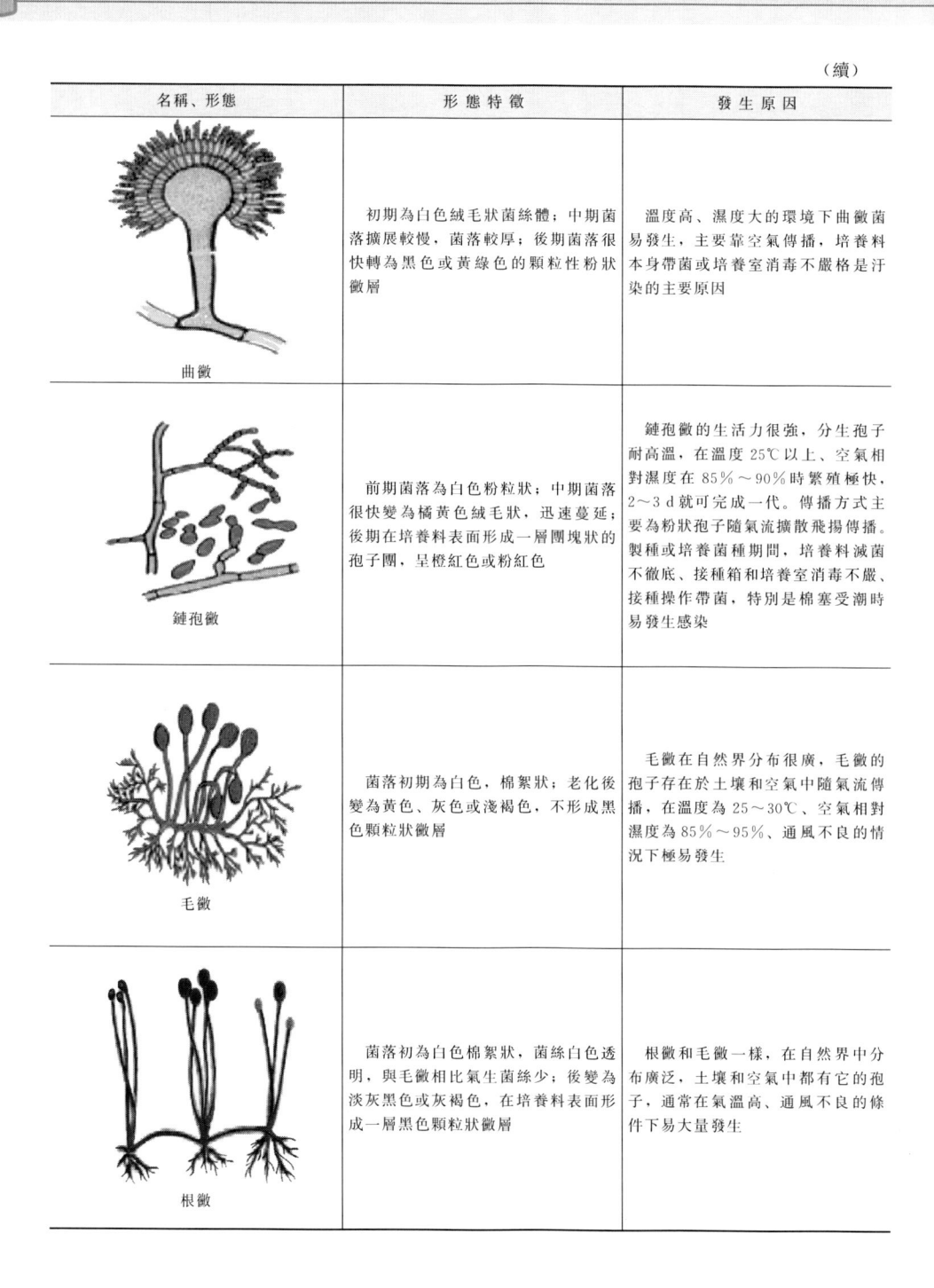

（續）

名稱、形態	形態特徵	發生原因
曲黴	初期為白色絨毛狀菌絲體；中期菌落擴展較慢，菌落較厚；後期菌落很快轉為黑色或黃綠色的顆粒性粉狀黴層	溫度高、濕度大的環境下曲黴菌易發生，主要靠空氣傳播，培養料本身帶菌或培養室消毒不嚴格是汙染的主要原因
鏈孢黴	前期菌落為白色粉粒狀；中期菌落很快變為橘黃色絨毛狀，迅速蔓延；後期在培養料表面形成一層團塊狀的孢子團，呈橙紅色或粉紅色	鏈孢黴的生活力很強，分生孢子耐高溫，在溫度25℃以上、空氣相對濕度在85%～90%時繁殖極快，2～3 d就可完成一代。傳播方式主要為粉狀孢子隨氣流擴散飛揚傳播。製種或培養菌種期間，培養料滅菌不徹底、接種箱和培養室消毒不嚴、接種操作帶菌，特別是棉塞受潮時易發生感染
毛黴	菌落初期為白色，棉絮狀；老化後變為黃色、灰色或淺褐色，不形成黑色顆粒狀黴層	毛黴在自然界分布很廣，毛黴的孢子存在於土壤和空氣中隨氣流傳播，在溫度為25～30℃、空氣相對濕度為85%～95%、通風不良的情況下極易發生
根黴	菌落初為白色棉絮狀，菌絲白色透明，與毛黴相比氣生菌絲少；後變為淡灰黑色或灰褐色，在培養料表面形成一層黑色顆粒狀黴層	根黴和毛黴一樣，在自然界中分布廣泛，土壤和空氣中都有它的孢子，通常在氣溫高、通風不良的條件下易大量發生

第四章　食用菌病蟲害防治

（續）

名稱、形態	形態特徵	發生原因
酵母	酵母菌是一類單細胞真菌，圓形或卵圓形，個體比細菌大，酵母菌菌落與細菌的菌落相似，但比細菌菌落大而肥厚，多為圓形，有黏稠性，不透明，多數呈乳白色，少數呈粉紅色	接種過早、氣溫較高、培養料內含水量偏高時容易發生。污染嚴重時散發出酒酸氣味
疣孢黴	子實體形成表面覆蓋白色絨毛狀菌絲的馬勃狀組織塊並逐漸變褐，滲出暗褐色汁液，嚴重感染時形成畸形菇。感染部位出現角狀淡褐色斑點，病菇變褐腐爛滲出褐色的汁液並散發惡臭氣味	菌蓋疣孢黴菌的厚垣孢子可在土壤中休眠數年，初侵染主要來源於土壤、菇棚內的病菇造成再侵染。出菇室高溫、高濕、通風不良時發病嚴重
輪枝黴	菌蓋產生許多不規則針頭大小褐色斑點，逐漸擴大產生灰白色凹陷。菌柄加粗變褐，病菇乾裂枯死，菌蓋歪斜畸形，菇體腐爛速度慢，不分泌褐色汁液，無特殊臭味	初侵染來源主要是覆土及周圍環境中的菌生輪枝黴孢子。菇床發病後，透過噴水孢子濺向四周傳播。昆蟲、人和工具、氣流也可傳播。菇房內氣溫高於20℃、濕度較大時利於此病發生
白色石膏黴	在土壤表面，白色菌斑外緣絨毛狀，中心粉狀，有光澤，似塗抹石灰；中期菌斑轉成深黃色麵粉樣；後期菌絲自溶，培養料變黑、變黏，產生惡臭味	病原菌透過土壤、空氣、培養料中的糞土、昆蟲等進行傳播。高溫、高濕、培養料發酵不徹底、鹼性過強等條件利於此病的發生

（續）

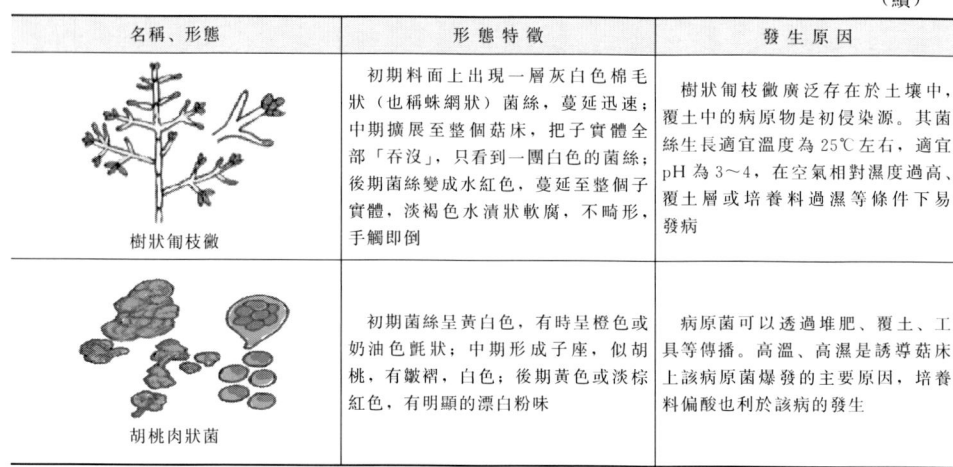

名稱、形態	形態特徵	發生原因
樹狀葡枝黴	初期料面上出現一層灰白色棉毛狀（也稱蛛網狀）菌絲，蔓延迅速；中期擴展至整個菇床，把子實體全部「吞沒」，只看到一團白色的菌絲；後期菌絲變成水紅色，蔓延至整個子實體，淡褐色水漬狀軟腐，不畸形，手觸即倒	樹狀葡枝黴廣泛存在於土壤中，覆土中的病原物是初侵染源。其菌絲生長適宜溫度為25℃左右，適宜pH為3～4，在空氣相對濕度過高、覆土層或培養料過濕等條件下易發病
胡桃肉狀菌	初期菌絲呈黃白色，有時呈橙色或奶油色氈狀；中期形成子座，似胡桃，有皺褶，白色；後期黃色或淡棕紅色，有明顯的漂白粉味	病原菌可以透過堆肥、覆土、工具等傳播。高溫、高濕是誘導菇床上該病原菌爆發的主要原因，培養料偏酸也利於該病的發生

2. 細菌性病害 細菌性病害名稱、形態特徵及發生原因見表4-1-2。

表4-1-2 細菌性病害名稱、形態特徵及發生原因

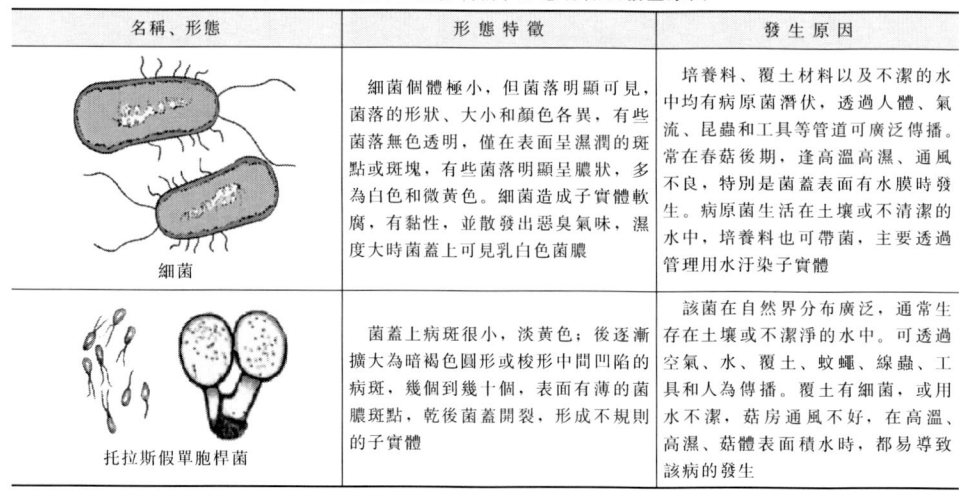

名稱、形態	形態特徵	發生原因
細菌	細菌個體極小，但菌落明顯可見，菌落的形狀、大小和顏色各異，有些菌落無色透明，僅在表面呈濕潤的斑點或斑塊，有些菌落明顯呈膿狀，多為白色和微黃色。細菌造成子實體軟腐，有黏性，並散發出惡臭氣味，濕度大時菌蓋上可見乳白色菌膿	培養料、覆土材料以及不潔的水中均有病原菌潛伏，透過人體、氣流、昆蟲和工具等管道可廣泛傳播。常在春菇後期，逢高溫高濕、通風不良，特別是菌蓋表面有水膜時發生。病原菌生活在土壤或不清潔的水中，培養料也可帶菌，主要透過管理用水汙染子實體
托拉斯假單胞桿菌	菌蓋上病斑很小，淡黃色；後逐漸擴大為暗褐色圓形或梭形中間凹陷的病斑，幾個到幾十個，表面有薄的菌膿斑點，乾後菌蓋開裂，形成不規則的子實體	該菌在自然界分布廣泛，通常生存在土壤或不潔淨的水中。可透過空氣、水、覆土、蚊蠅、線蟲、工具和人為傳播。覆土有細菌，或用水不潔，菇房通風不好，在高溫、高濕、菇體表面積水時，都易導致該病的發生

3. 病毒性病害 病毒性病害名稱、形態特徵及發生原因見表4-1-3。

表4-1-3 病毒性病害名稱、形態特徵及發生原因

名稱、形態	形態特徵	發生原因
病毒	病毒個體極小，需用電子顯微鏡才能看到。宏觀上引起食用菌子實體顏色變異，導致條斑、子實體畸形、抗病性降低等情況發生	菌種未經去毒、昆蟲傳播、長期使用同一品種造成病毒積累

二、生理性病害

食用菌生理性病害不是由於受到有害微生物的侵害造成的，而是由於生態環境、營養條件等不適合食用菌生長、發育時，就會發生生理性病害，這屬於非侵染性病害。在菌絲階段表現為菌絲萎縮或徒長，在子實體階段則表現為畸形（表 4-1-4）。

表 4-1-4　常見生理性病害發生原因及主要症狀

發生原因	主要症狀
CO_2濃度高	菌絲發黃死亡；子實體只長菌柄不長菌蓋
溫度過低	菌絲生長緩慢；子實體菌蓋表面形成瘤狀物或分化畸形
溫度過高	菌絲徒長，甚至燒菌；子實體徒長、品質差
濕度過高	氣生菌絲濃密；菌蓋上又長出小菇蕾，出現二次分化現象
光照不足	對菌絲無影響；香菇和秀珍菇出現菌柄偏長、菌蓋過小的「高腳菇」
C/N 不合理	C/N 高，只長菌絲不出菇；C/N 低，菌絲細弱，菇產量不高

專題 3　食用菌病害防治措施

食用菌的病害防治應以預防為主，注意栽培場所的環境衛生，降低環境雜菌數量；嚴格食用菌生產環節，選用健壯、高品質的菌種，提高菌種抗病能力；規範無菌操作規程，避免接種汙染；規範菌種培養環節，強化菌種檢查，及時清理汙染菌袋，維護環境清潔。

一、環境上防治

培養室內及周圍環境必須潔淨，經常通風換氣保持空氣新鮮，培養室內空氣相對濕度保持在 55%～60%。室內地面要撒施生石灰粉吸潮，並定期打殺菌藥和殺蟲藥。所有的門窗和通風口要設有細紗窗，所用工具和器皿應保持潔淨並及時用二氧化氯液體徹底消毒。菇棚或者生產工廠建於遠離飼養場、垃圾場、汙水溝的位置。最大限度地清理菇棚周邊衛生，包括糞堆、腐草堆、臭水溝以及垃圾堆、廁所等，並用藥物噴灑。所有清除出棚的汙染料、廢料等，均應遠離菇棚 100 m 外，進行藥物噴灑，然後堆埋、發酵處理。生產企業應建立相應的衛生規程，包括人員、設備、廠房、容器、廁所、潔具間、清洗間、管路的清潔和消毒等。

二、人員上防治

閒雜人員不得進入培養室和接種室等無菌房間。工作人員嚴格遵守食用菌標準化生產規定，同時應定期培訓。工作人員還需養成良好衛生習慣，工作服（包括衣、褲、帽、鞋、短襪等）應定期消毒。

三、原料上防治

避免使用受潮發霉原材料，要選擇新鮮、乾燥、無發霉的培養料，用前曝晒 2～3 d。

若生產綠色食用菌產品，還要對原材料產地進行考察，不能盲目選用原材料。

四、生產環節上防治

食用菌生產是一個系統性的工作，我們要從拌料、裝瓶（袋）、滅菌、接種、培養等環節進行防控。有些農戶在調配培養料時含水量過大，結果造成料袋（瓶）內缺氧，菌絲不易生長，有的還形成拮抗線，這樣沒有長菌絲的料面極易被汙染。所以培養料含水量要適宜，料要拌勻。

在製作料瓶（袋）時，有的料袋紮口不嚴，有的料袋裝的過緊造成袋壁上扎眼，有的料袋封閉不嚴、品質不好，結果給雜菌營造了很好的入侵條件，所以我們在裝瓶（袋）後，一定要仔細檢查。有些農戶、企業由於滅菌不徹底，料袋裝量過多或擺放不合理，結果造成料袋大量汙染。在接種環節，由於接種場所消毒不徹底，或接種時無菌操作不嚴格，或接種設備選擇不當，或接種速度太慢，結果造成雜菌很容易侵入料袋。因此，接種時要嚴格無菌操作，接種動作要迅速準確，防止雜菌侵入。

培養室環境不衛生、培養條件控制不當、棉塞受潮等原因均可引起汙染。因此，培養室要定期清理，並要嚴格消毒，培養過程中要加強通風換氣，嚴防高溫、高濕環境。在菌種培養過程中要定期檢查，及時處理汙染料袋。儲藏時也要注意環境衛生，同時注意濕度不宜過高，避免引起棉塞受潮。

五、藥劑防治

藥劑防治是應用最普遍的病害防治手段，用藥前要了解藥物的作用及使用方法等（表4-1-5）。

六、物理防治

食用菌病害防治要注意「防重於治」，平時的預防工作好，則會降低以後的汙染率。隨著人們對食用菌品質的要求越來越高，食用菌生產要盡可能少用藥，而多採用一些物理防治措施。如基質處理上要經過太陽曝曬、建堆發酵等；菇棚、培養室、層架要定期清潔消毒等；培養室要控制好溫度、濕度、光照、通風等條件，使子實體處於健康生長狀態。食用菌栽培、製種的入口處可設置緩衝間，內部可安放臭氧消毒器和紫外線燈等消毒裝置。

表 4-1-5　常見病害的藥劑防治

藥劑名稱	使用方法	防治對象
苯酚（石炭酸）	3%～4%溶液環境噴霧	細菌、真菌
新潔爾滅	0.25%溶液浸泡、清洗	真菌
高錳酸鉀	0.1%溶液浸泡消毒	細菌、真菌
波爾多液	1%溶液環境噴灑	真菌
生石灰	2%～5%溶液環境噴灑，1%～3%比例拌料	真菌
漂白粉	0.1%溶液環境噴灑	細菌
來蘇兒	0.05%～0.1%溶液環境噴霧；1%～2%溶液清洗	細菌、真菌

（續）

藥 劑 名 稱	使 用 方 法	防治對象
多菌靈	稀釋800倍液噴灑，0.2％比例拌料	真菌
Ca、Mg等中量元素水溶肥料	拌料、噴霧	木黴
二氧化氯	0.1％溶液浸泡消毒；也有燻蒸劑	細菌、真菌
二氯異氰尿酸鈉	燻蒸	細菌、真菌
酒精	70％～75％溶液，局部擦塗	細菌、真菌

實踐應用

實踐專案（食用菌病害診斷）：以學生個體為單位，要求每名同學按照所學知識在食用菌基地進行食用菌病害診斷的實踐，過程包括病害觀察、採集樣本、顯微鏡鏡檢、記錄等環節。重點對鏡檢效果進行考查。【建議0.5 d】

要求：實踐專案結束後，均需完成實驗報告。實驗報告內容包括實驗目的、實驗材料準備、實驗設備準備、工藝流程、實驗過程、總結等。

教師考評表如下：

學生姓名	所在科系、班級	考核評價時間	技能考核得分	素養評價得分	鏡檢效果評價得分	最後得分	教師簽名

複習思考

有的農戶在栽培黑木耳的過程中，發現長出的黑木耳在很小的時候耳片就發生腐爛，菇農們稱這種現象為「流耳」。請你根據所學知識，並結合查閱網路，總結一下黑木耳流耳發生的原因、防治技術要點等。

第二節　食用菌害蟲防治

> **知識目標**
> 🍄 了解食用菌生產中常見害蟲的種類、發生原因。
> 🍄 了解食用菌蟲害常用的防治措施；掌握食用菌綠色生產的一般原則。
>
> **能力目標**
> 🍄 能夠診斷食用菌生活中常見的害蟲種類。
> 🍄 能夠針對蟲害設計出可行的防治措施並應用。
>
> **素養目標**
> 🍄 樹立安全責任意識。
> 🍄 培養生產一線調查等相關科學研究能力。
> 🍄 構建食用菌綠色生產思維。

專題 1　食用菌害蟲類型及發生規律

食用菌害蟲是危害食用菌生產的重要原因，這些害蟲的成蟲或幼蟲很喜歡取食食用菌的菌絲或子實體，被危害的菌袋內常常慘不忍睹、千瘡百孔，菌絲幾乎被啃食殆盡。栽培環境裡飛的菇蠅、菇蚊等，潮濕的地縫中爬滿了的跳蟲、鼠婦、蟎類、馬陸等，還有在牆壁上偶見的蛞蝓、蝸牛等都會對食用菌造成危害（表 4-2-1）。因此採取合適的方法去防治蟲害是食用菌生產中的重要工作。

表 4-2-1　食用菌害蟲類型、形態特徵及發生規律

名稱、形態	形態特徵	發生原因
菇蚊	幼蟲蛆狀，乳白色，頭部黑色，肉眼可見，可取食培養料、菌絲和子實體，造成菌絲萎縮，導致「退菌」，並使料面發黑，變成鬆散渣狀。成蟲為黑褐色小蚊，有趨光性，活動性強，不直接危害	在 13～20℃ 的溫度下能正常生活和繁殖，一年可發生數代。卵 3～5 d 即可孵化為幼蟲

212

第四章　食用菌病蟲害防治

（續）

名稱、形態	形態特徵	發生原因
菇蠅	幼蟲為白色半透明小蛆；成蟲為黑色或黑褐色小蠅，白天活動，行動迅速，不易捕捉	氣溫在16℃以上時成蟲比較活躍，氣溫在13℃以下時活動少
癭蚊	癭蚊成蟲形似小蚊子，微小細弱，肉眼很難看到；幼蟲頭部、胸部、背部深褐色，其他部位為橘紅色	癭蚊主要以幼蟲繁殖，幼蟲可連續進行無性繁殖，一般8～14 d繁殖1代
線蟲	線蟲是一種體形細長、兩端稍尖的線狀小蟎蟲，肉眼看不到，蟲體多為無色	在菇體內繁殖很快，25℃左右幼蟲經過2～3 d即可發育成熟，並再生幼蟲。一般10～20 d繁殖1代
蟎類	蟎類個體很小，白色、半透明，肉眼不容易看見，牠的軀體和足上有許多毛。牠們直接取食菌絲，造成「退菌」現象。子實體階段可造成菇蕾死亡、萎縮或畸形	繁殖力極強，卵呈圓形或橢圓形，淡黃色，殼薄，產出後經3～5 d孵化為幼蟲。幼蟲經蛻皮變為成蟲。完成1代生活史需8～17 d
蛞蝓	蛞蝓為軟體動物，無殼，有一對觸角。直接取食菇蕾、幼菇或成熟的子實體。子實體被啃食處留下明顯的缺刻或凹陷斑塊，影響菇蕾發育和子實體的商品價值	喜陰潮環境，夜間覓食，每年發生1代
跳蟲	體形很小，1.2～1.5 mm，成堆密集時似煙灰，以跳躍方式活動。分布廣且危害重。其危害食用菌的菌絲和子實體，導致菌絲消失，子實體遍布褐斑、凹點或孔洞，同時傳播蟎類和病原菌	氣溫在20℃以上時成蟲比較活躍，大量發生。每年發生6～7代

專題 2　食用菌害蟲防治措施

食用菌害蟲防治也要注意「防重於治」，有些菇農前期生產環節不注意，有輕微害蟲時不加以防治，結果就是這些看似微小的害蟲卻在以驚人的速度大量繁殖，幾個月後發展到了難以控制的局面。有些農戶噴了大量殺蟲藥去防治，結果效果不是很好，連食用菌的品質也受到了影響。因此，要從食用菌生產的各個環節防治害蟲。

一、環境上防治

棚室內及周圍環境必須潔淨，最大限度地清理周邊衛生，包括糞堆、腐草堆、臭水溝以及垃圾堆、廁所等，並用藥噴灑。室內地面要撒施生石灰粉吸潮，並定期打殺蟲藥。所有的門窗和通風口要設有細紗窗。菇棚或者生產工廠建於遠離飼養場、垃圾場、汙水溝的地方。菌種生產廠區、培養場所應與原料倉庫隔離，避免害蟲的傳播。高溫季節正是各種蚊蟲的適宜繁殖期，要及時、徹底處理栽培廠區的汙染物。

二、人員上防治

閒雜人員不得進入培養室和接種室等無菌房間。工作人員嚴格遵守食用菌標準化生產規定，同時應定期培訓。工作人員還需養成良好衛生習慣，工作服（包括衣、褲、帽、鞋、短襪等）應定期消毒。工作人員不隨意四處扔東西，養成及時清理周邊雜草、積水和其他有機肥料的習慣。工作期間，處理感染廢棄菌棒、蟲卵等人員不得隨意進入緩衝間、接種室、培養室等場所。

三、原料上防治

原料在使用前要採取陽光曝晒、發酵處理等措施，對於使用覆土和廢料的基質，不僅要採取陽光曝晒、發酵處理等措施，還要用殺蟲藥進行燻蒸。

四、生產環節上防治

我們也要從拌料、裝袋（瓶）、滅菌、接種、培養等環節進行防控。拌料時注意選用潔淨的水源，有蟲子的水源要經過處理。培養料要預先經過陽光曝晒、發酵等處理後再進行拌料。在製作料袋（瓶）時，要紮緊料袋口，不要造成袋壁上扎眼、破損等現象。料袋一定要滅菌徹底，以殺死袋內殘留蟲卵。在接種環節，接種場所要徹底消毒，地面要經常清洗。接種環境窗口要安防蟲網。培養室要定期清理，並定期噴灑殺蟲藥。在菌種培養過程中發現菇蠅、菇蚊等害蟲應及時滅殺。通風窗口要安防蟲網。在菇房內可安裝黑光燈或白熾燈，燈下置一盆加入敵百蟲的菌湯，誘整合蟲並殺死。儲藏時也要注意環境衛生，同時注意空氣相對濕度不宜過高，為防止鼠害可安放老鼠夾等器具，外部廠區可飼養幾隻貓。

五、藥劑防治

藥劑防治是應用最普遍的蟲害防治手段，用藥前要了解藥物的作用及使用方法等（表 4-2-2）。

表 4-2-2　常見蟲害的藥劑防治

藥劑名稱	使用方法	防治對象
苯酚（石炭酸）	3％～4％溶液環境噴霧	成蟲、蟲卵
漂白粉	0.1％溶液環境噴灑	線蟲
50％二嗪磷	1 500～2 000 倍液噴霧	雙翅目昆蟲
45％氧戊·馬拉松	2 000 倍液噴霧	雙翅目昆蟲、跳蟲
10％氯氰菊酯	2 000 倍液噴霧	雙翅目、鞘翅目昆蟲
50％辛硫磷	1 000 倍液噴霧	雙翅目
80％敵百蟲	1 000 倍液噴霧	雙翅目
除蟲菊	20 倍液噴霧	雙翅目
魚藤酮	1 000 倍液噴霧	雙翅目昆蟲、跳蟲、鼠婦
氨水	小環境噴霧	雙翅目昆蟲、蟎類
73％炔蟎特	1 200～1 500 倍液噴霧	蟎類
食鹽	5％～10％溶液噴霧	蛞蝓、蝸牛
氟蟲腈	5％懸浮劑 2 000 倍液噴霧	昆蟲、蟎類等

六、物理防治

（1）利用空調等製冷設備調節環境溫度使害蟲處於不舒適的環境中以抑制其繁殖、生長。這個過程要選擇好食用菌子實體生長溫度和抑制害蟲發生的最佳結合點。

（2）於菌種培養室、出菇室的通風換氣口設置高密度防蟲網，有效阻擋菇蚊、菇蠅等害蟲的進入。

（3）充分利用太陽能、地熱、生物熱等資源滅殺培養料內蟲卵。

（4）安裝黑光燈，利用成蟲趨光性的特點加以誘殺。

（5）利用黃板進行誘殺，對菇蚊、菇蠅、癭蚊等的成蟲有一定防治效果。

（6）有的科學研究單位利用電磁、電離輻射對環境中的病蟲害進行防治。

🍄 實踐應用

實踐專案（食用菌蟲害診斷）：以學生個體為單位，要求每名同學按照所學知識在食用菌基地進行食用菌蟲害診斷的實踐，過程包括蟲害觀察、採集樣本、顯微鏡鏡檢、記錄等環節。重點對鏡檢效果進行考查。【建議 0.5 d】

要求：實踐專案結束後，均需完成實驗報告。實驗報告內容包括實驗目的、實驗材料準備、實驗設備準備、工藝流程、實驗過程、總結等。

教師考評表如下：

學生姓名	所在科系、班級	考核評價時間	技能考核得分	素養評價得分	鏡檢效果評價得分	最後得分	教師簽名

複習思考

　　一個企業利用廢棄的養雞場種植食用菌，結果第 1 年菇房內出現很多蚊蟲。請根據所學知識，並結合查閱網路，總結一下造成這一現象發生的原因，並分析下一步應採取什麼樣的科學防治措施。

第五章
食用菌加工

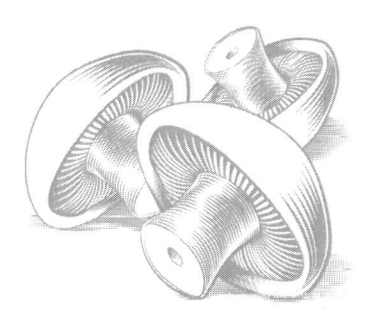

第一節　食用菌保鮮

> **知識目標**
> - 了解食用菌保鮮的原理和類型。
> - 掌握食用菌保鮮的工藝和加工要點。
>
> **能力目標**
> - 能夠對常規食用菌進行保鮮分級操作。
> - 能夠熟練分裝待保鮮的食用菌並進行封膜操作。
>
> **素養目標**
> - 樹立安全責任意識。
> - 培養小組團結合作的能力和精益求精的工作態度。
> - 培養綠色健康食品生產理念。

專題 1　食用菌保鮮原理及類型

食用菌採收後，由於細胞仍然具有生命力，進行著呼吸作用和各種生化反應，會出現菌蓋開傘、褐變、自溶、腐爛等現象，嚴重影響了食用菌的外觀和品質。這種情況下，就需要對新鮮食用菌採取一定手段使食用菌的商品價值和食用價值得以保持較長的時間，以此來增加商品菇的市場競爭力。

一、食用菌保鮮原理

食用菌保鮮的原理就是採取有效措施降低食用菌子實體的新陳代謝速度，抑制病原微生物繁殖，使子實體較長時間處於新鮮、品質不變的狀態。食用菌保鮮常採用冷藏、真空保鮮、氣調保鮮、輻射保鮮、化學藥劑保鮮、負離子保鮮等方法，透過這些方法可使食用菌代謝進程緩慢，或是抑制食用菌機體內的化學反應，或是殺滅了新鮮食用菌表面病原雜菌，從而使食用菌機體內部的營養損耗降到最低。

二、食用菌保鮮類型

1. 冷藏保鮮　冷藏保鮮是透過冰塊或機械製冷，使食用菌子實體通常處於 3～5℃ 低

溫條件下，食用菌在該條件下生理代謝減弱，從而達到保鮮的目的。對於一些特殊的菌類應根據其特點設定冷藏的溫度，如草菇通常在15℃條件下進行保鮮。

2. 氣調保鮮 氣調保鮮是透過增加新鮮子實體周圍CO_2和N_2的含量，減少O_2的含量，使食用菌機體內部由於缺少O_2不能進行正常的生理代謝，同時子實體外部微生物由於缺少O_2，其活性和繁殖力急遽降低，從而達到保鮮的目的。

3. 輻射保鮮 輻射保鮮是透過高能量的射線，如γ-射線、鈷60等，每天以一定劑量一定時間對菇體進行輻射，以減慢菇體內代謝反應速度，抑制褐變及增加持水。同時，還可抑制或殺死腐敗微生物或病原菌。

4. 化學藥品保鮮 化學藥品保鮮是透過往菇體上定量噴施生長抑制劑、酶鈍化劑、防腐劑、去味劑、除氧劑、pH調節劑等化學藥品來減慢菇體內代謝反應速度，抑制褐變及腐敗等變化。

專題 2　食用菌保鮮工藝

1. 食用菌保鮮工藝流程（圖 5-1-1）

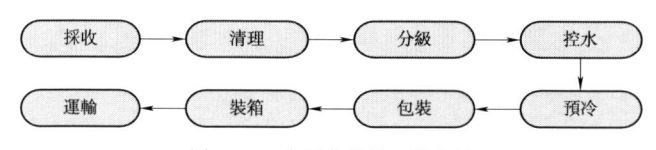

採收 → 清理 → 分級 → 控水 → 預冷 → 包裝 → 裝箱 → 運輸

圖 5-1-1　食用菌保鮮工藝流程

2. 食用菌保鮮技術（表 5-1-1）

表 5-1-1　食用菌保鮮技術

步驟	說明
 第 1 步：採收	食用菌子實體於6～7分成熟時應及時採收。不要選擇已老化、彈射完孢子、有破損和病蟲害的子實體進行保鮮。對於一些特殊的菌類，如雞腿菇應在其菌蓋和菌柄之間連接緊密、尚未鬆動時採收。另外採收標準也要根據市場需求和訂單要求等來進行制定
 第 2 步：清理	金針菇基部的褐色部分應剪去2～3 cm；竹蓀則應在採摘後去除菌蓋。覆土栽培菌類應除去菌柄基部沙土，如雞腿菇、雙孢蘑菇、大球蓋菇等；代料栽培菌類應適當切除基部菌柄，如杏鮑菇、秀珍菇、榆黃菇、白靈菇、滑菇。對於其他一些長在沙土裡的菌類，如塊菌、茯苓、冬蟲夏草等還應進行清洗

食用菌生產

（續）

 第3步：分級	鮮銷的食用菌，由於銷售地點、消費族群的不同，市場需求也不同，故應根據各地市場狀況進行分級整理。如果屬訂單銷售，則應按訂單要求進行分級；如果產品用於出口，除按合約要求進行分級外，還應對產品進行抽樣送檢，檢驗其藥物殘留等指標
 第4步：控水	分級後利用太陽能或熱風將食用菌子實體表面水分稍烘乾，使其含水量控制在75％～85％。這樣食用菌子實體表面含水量降低，可以抑制一些病原微生物在其表面生長，使保鮮時間得以延長。但一定要注意適度乾燥，以免水分散失過多而影響到菇體的形態和色澤等
 第5步：預冷	鮮菇含水量在75％左右時將其裝入周轉箱中，運至2～3℃的包裝工廠進行預冷，冷卻至菇體內部2～3℃時，移入包裝工廠進行分級包裝。在該過程中，一定要將菇體內部完全冷卻徹底，否則容易造成在保鮮過程中熱平衡不穩定，從而影響到食用菌的保鮮時間
 第6步：包裝	預冷好的菇體可採用低壓聚乙烯泡沫盒200 g裝或300 g裝。之後封好保鮮膜、貼好標籤。薄膜的透氣性對保鮮效果有重要影響，市售包裝薄膜是0.04～0.06 mm厚的聚乙烯薄膜。在泡沫盒內還可放紙板盒以吸收冷凝水，這種保鮮期可達10 d。也可在膜壁上鑲一塊矽橡膠膜作為氣體交換窗，保鮮效果更好
 第7步：裝箱	長途運輸時，可裝小包裝後再裝入大保溫箱內，密封後裝運即可。現在也可以使用聚丙乙烯泡沫保鮮包裝箱進行裝箱，該材料無毒、環保、導熱性低，可進一步提高食用菌的保鮮效果

(續)

	氣溫過高時應使用冷藏車運輸。使用一般廂貨時，應在保溫箱內加入冰塊，再裝入小包裝直接裝箱。無論使用哪種方式，一定要結合路程遠近和市場需求，及時將食用菌保鮮產品銷售出去，盡可能縮短庫存期。運輸前應確認下述事項：最佳溫度設定；新鮮空氣換氣量設定；空氣相對濕度設定；運輸總時間；貨物體積；採用的包裝材料和包裝尺寸；所需的文件和單證等
第 8 步：運輸	

專題 3　常見菌類保鮮方法

一、香菇低溫保鮮

　　選 7～8 分熟未彈射孢子的香菇子實體，要求菇形完整、菌肉厚實、菌膜未開裂，採前不要噴水。採收時捏住菌柄基部輕輕轉動採下，盡量少帶培養料。從採收的香菇中剔除形狀、大小、色澤等不符合品質要求的和開傘過度的菇，同時清理菌柄基部的培養料。一般按香菇菌蓋大小分為三級：菌蓋直徑在 5.5 cm 以上的為大（L）級；菌蓋直徑在 4.5～5.5 cm 的為中（M）級；菌蓋直徑在 3.5～4.5 cm 的為小（S）級。分級後利用太陽能或熱風將香菇子實體表面水分稍烘乾，使其含水量控制在 75％～85％，表面用手觸碰光滑不黏手。香菇表面水分經適度乾燥後，將其裝入周轉箱中，運至 2～3℃ 的冷庫進行預冷，冷卻至菇體內部 2～3℃ 時，及時移入包裝工廠進行分級包裝。預冷好的菇體可採用低壓聚乙烯泡沫盒 200 g 裝或 300 g 裝。之後封好保鮮膜、貼好標籤，及時銷售。若不能及時銷售，應繼續在低溫環境中保藏，不可拿到溫度高的環境中造成過大的溫度反差而不利菇體保藏。香菇保鮮包裝材料以塑膠製品為主，除可用普通塑膠真空包裝及網袋包裝外，也可用托盤式的拉伸膜包裝。托盤大小隨包裝量多少而異，有 100 g 裝、200 g 裝和 300 g 裝等類型。長途運輸時，可裝小包裝後再裝入大保溫箱內，密封後裝運即可。氣溫過高時應使用冷藏車運輸。使用一般廂貨時，應在保溫箱內加入冰塊，再裝入小包裝直接裝箱（圖 5-1-2）。

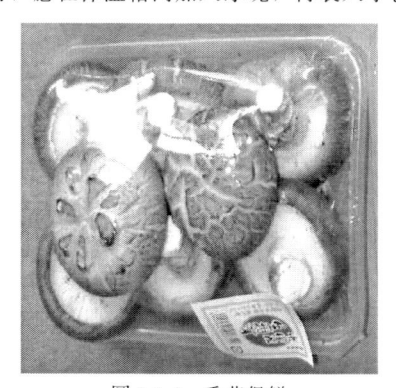

圖 5-1-2　香菇保鮮

二、金針菇低溫保鮮

金針菇採收前 1 d 嚴禁噴水。將菌柄長 10～15 cm、菌蓋直徑 0.8～1.5 cm、邊緣內捲未開傘、無病蟲害者整叢拔起、採收。從採收的金針菇中剔除形狀、大小、色澤等不符合品質要求和開傘過度的菇，同時剪去菌柄基部 1～2 cm。金針菇通常分為四級：一級菇品質標準為菌蓋未開傘，直徑小於 1.3 cm，菌柄長 15 cm，子實體色正、新鮮，無腐敗變質；二級品質標準為菌蓋未開傘，直徑小於 1.5 cm，菌柄長 13 cm，下部 1/3 為黃色或茶褐色，新鮮，無腐爛變質；三級品質標準為菌蓋未開傘，直徑小於 2.5 cm，菌柄長小於 11 cm，下部 1/2 茶色、褐色，無腐爛變質；不具備 1～3 級標準的為等外品。分級後將金針菇紮捆，利用太陽能或熱風將金針菇子實體表面水分稍烘乾，使其含水量控制在 75％～85％，表面用手觸碰光滑不黏手。金針菇表面水分經略微乾燥後，將其裝入周轉箱中，運至 0～1℃的冷庫進行預冷，冷卻至菇體內部 0～1℃時，及時移入包裝工廠進行分級包裝。預冷好的菇體可採用厚為 0.02 mm 的聚乙烯薄膜袋 250 g 裝或 500 g 裝。之後貼好標籤，及時銷售。若不能及時銷售，應繼續在低溫環境中保藏，不可拿到溫度高的環境中造成過大的溫度反差而不利菇體保藏。長途運輸時，可裝小包裝後再裝入大保溫箱內，密封後裝運即可。氣溫過高時應使用冷藏車運輸。使用一般廂貨時，應在保溫箱內加入冰塊，再裝入小包裝直接裝箱（圖 5-1-3）。

圖 5-1-3　金針菇保鮮

三、杏鮑菇低溫保鮮

選 7～8 分熟未彈射孢子的杏鮑菇子實體，要求菇形完整、菌柄粗壯厚實、菌蓋邊緣平展，採前不要噴水。採收時捏住杏鮑菇菌柄基部，利用鋒利的刀片沿菌柄基部輕輕割下，盡量少帶培養料。從採收的杏鮑菇中剔除形狀、大小、色澤等不符合品質要求和開傘過度的菇，同時適當削切杏鮑菇菌柄基部。一般按杏鮑菇子實體大小、品質分為三級：一級菇標準為菌蓋直徑與菌柄直徑一致，或略小於菌柄直徑，菌柄長在 6 cm 以上，粗 3～5 cm，無病蟲害、無破損；二級菇標準為菇體形狀較一級菇小，其他標準同一級菇；三級菇菇形基本完整，允許有殘缺或彎曲，菇間形狀大小基本一致，其餘指標同一級菇；其餘為等外菇。分級後利用太陽能或熱風將杏鮑菇子實體表面水分稍烘乾，使其含水量控制

在 75%～85%，表面用手觸碰光滑不黏手。杏鮑菇表面水分經適宜乾燥後，將其裝入周轉箱中，運至 2～3℃ 的冷庫進行預冷，冷卻至菇體內部 2～3℃ 時，及時移入包裝工廠進行分級包裝。預冷好的菇體可採用低壓聚乙烯泡沫盒 200 g 裝或 300 g 裝，之後封好保鮮膜、貼好標籤。也可以使用真空封裝機進行真空封裝，置於 8℃ 低溫環境下，這樣杏鮑菇可以保鮮長達 2 個月以上。保鮮後的杏鮑菇應及時銷售。若不能及時銷售應繼續在低溫環境中保藏，不可拿到溫度高的環境中造成過大的溫度反差而不利於菇體保藏。杏鮑菇保鮮包裝材料以塑膠製品為主，除可用普通塑膠真空包裝及網袋包裝外，也可用托盤式的拉伸膜包裝。托盤大小隨包裝量多少而異，有 200 g 裝和 300 g 裝等類型。長途運輸時，可裝小包裝後再裝入大保溫箱內，密封後裝運即可。氣溫過高時應使用冷藏車運輸。使用一般廂貨時，應在保溫箱內加入冰塊，再裝入小包裝直接裝箱（圖 5-1-4）。

圖 5-1-4　杏鮑菇保鮮

四、雙孢蘑菇低溫保鮮

雙孢蘑菇採收前 1 d 嚴禁噴水。當達到採收要求後，選取菇形完好、內菌幕未破裂、無病蟲害、無破損者及時採收。從採收的雙孢蘑菇中，剔除形狀、大小、色澤等不符合品質要求和開傘過度的菇，同時切去菌柄基部 1～2 cm。雙孢蘑菇通常分為三級：一級菇菌蓋直徑 2～4 cm，菌柄長小於 1.5 cm，菇形圓整，自然純白色，菌蓋內捲，菌幕無開裂、破損跡象，菌柄切削平整無白心、無空心，菇體無硬斑點、無蟲蛀、無破碎菇；二級菇菌蓋直徑 3～4.5 cm，菌柄長小於 1.5 cm，菇形外觀圓整，但允許有少部分畸形，自然純白色，菌蓋內捲，菌幕無開裂、破損跡象，菌柄粗壯，中部疏鬆，無空心，切削欠平，允許有少量汙斑，無蟲蛀、無破碎菇；三級菇菌蓋直徑 4～5.5 cm，菌柄長度小於 2 cm，純白色或略有斑點，無開傘菇，允許有厚皮菇、空心菇及少量破碎菇；其餘為等外菇。分級後將雙孢蘑菇平攤晾晒於網架上，利用太陽能或熱風將雙孢蘑菇子實體表面水分稍烘乾，使其含水量控制在 85%～90%，表面用手觸碰光滑不黏手。之後將其裝入周轉箱中，運至 2～4℃ 的冷庫進行預冷，冷卻至菇體內部 2～4℃ 時，及時移入包裝工廠進行分級包裝。預冷好的菇體可採用厚為 0.02 mm 的聚乙烯薄膜袋 250 g 裝或 500 g 裝。也可放入矽窗袋中，由於袋內 CO_2 濃度高達 25% 左右，在這種保藏條件下，雙孢蘑菇的呼吸作用極弱，故可達到保鮮的目的。若不能及時銷售，應繼續在低溫環境中保藏，不可拿到溫度高的環

境中造成過大的溫度反差而不利菇體保藏。長途運輸時，可裝小包裝後再裝入大保溫箱內，密封後裝運即可。氣溫過高時應使用冷藏車運輸。使用一般廂貨時，應在保溫箱內加入冰塊，再裝入小包裝直接裝箱（圖5-1-5）。

圖 5-1-5　雙孢蘑菇保鮮

五、草菇低溫保鮮

草菇採收前1 d嚴禁噴水，當草菇菌球呈典型的雞蛋狀，頂部黑褐色、下部灰白色，直徑達3～5 cm，外菌幕未破裂時及時採收。草菇通常分為三級：一級菇菌球直徑1.5～3 cm，草菇卵球形完好、緊密有彈性、色澤自然，頂部黑褐色、下部灰白色，菌幕無開裂、破損跡象，子實體無硬斑點、無蟲蛀、無破碎菇；二級菇菌球直徑2～4 cm，草菇卵球形完好、有彈性、色澤自然，頂部黑褐色、下部灰白色，菌幕無開裂、破損跡象，子實體無硬斑點、無蟲蛀、無破碎菇，但允許有少部分畸形菇；三級菇菌球直徑3～5 cm，草菇卵球形基本完好，外菌幕略有發空跡象，色澤自然，頂部黑褐色、下部灰白色，菌幕無開裂、破損跡象，子實體無硬斑點、無蟲蛀、無破碎菇；其餘為等外菇。分級後將草菇裝入周轉箱中，運至14～16℃的冷庫進行預冷，冷卻至菇體內部14～16℃時，及時移入包裝工廠進行分級包裝。預冷好的菇體可採用厚為0.02 mm的聚乙烯薄膜袋250 g裝或500 g裝。也可放入矽窗袋中，由於袋內CO_2濃度高達25%左右，在這種保藏條件下，草菇的呼吸作用較弱，故可達到保鮮的目的，然後即可在14～16℃條件下儲藏或運輸。之後貼好標籤，及時銷售（圖5-1-6）。

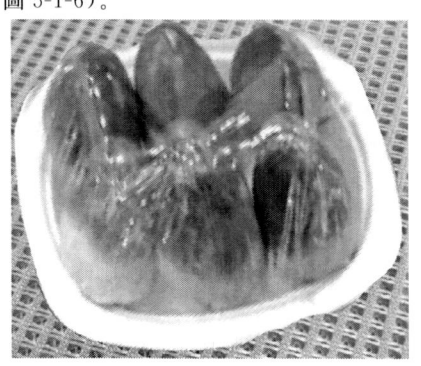

圖 5-1-6　草菇保鮮

實踐應用

實踐專案（金針菇、香菇、杏鮑菇保鮮）：以學生個體為單位，要求每名同學按照所學知識進行金針菇、香菇、杏鮑菇的保鮮實踐，過程包括材料準備、菇體清洗、整理、包裝等環節。重點對包裝效果進行考查。【建議 0.5 d】

要求：實踐專案結束後，均需完成實驗報告。實驗報告內容包括實驗目的、實驗材料準備、實驗設備準備、工藝流程、實驗過程、總結等。

教師考評表如下：

學生姓名	所在科系、班級	考核評價時間	技能考核得分	素養評價得分	包裝效果評價得分	最後得分	教師簽名

複習思考

1. 請總結食用菌保鮮的工藝流程和技術要點。
2. 請思考不同食用菌保鮮方法的異同。
3. 某農戶前一晚採摘的秀珍菇放到第 2 天發現秀珍菇菌蓋好多有開裂和翻捲的現象，請你分析導致這一現象的原因，並透過本節所學知識幫助這位農戶制訂一個秀珍菇保鮮方案。

第二節　食用菌乾製

> **知識目標**
> - 了解食用菌乾製的原理和類型。
> - 掌握食用菌乾製的工藝和加工要點。
>
> **能力目標**
> - 能夠對常規食用菌進行乾製操作。
> - 能夠熟練操作烘乾機。
>
> **素養目標**
> - 樹立安全責任意識。
> - 培養小組團結合作的能力和精益求精的工作態度。
> - 培養綠色健康食品生產的理念。

專題1　食用菌乾製原理及類型

食用菌乾製是食用菌初加工中的一個重要手段，目前市場上食用菌乾品種類也較多，如黑木耳、銀耳、香菇、猴頭菇、靈芝、杏鮑菇、鬆口蘑、黃傘等的乾製品。食用菌經乾製後，保存期延長、不易變質、營養豐富、口感風味獨特，深受市場青睞。食用菌乾製品可用於食用菌市場生產淡季，解決週年市場供應問題。

一、食用菌乾製原理

食用菌乾製的原理就是利用外界熱源降低食用菌子實體內部含水量，使食用菌機體內部由於含水量極低而使代謝進程停止，同時由於菇體表面乾燥阻止了病原雜菌的繁殖，從而使食用菌乾製品得以長期保藏。

二、食用菌乾製類型

1. 自然乾製　自然乾製是在水泥地面或地上鋪塑膠膜後，將鮮菇單層排放，利用太陽能或自然界熱風將鮮菇內所含水分蒸發出去，使之變乾，東北地區的地栽木耳和福建古田的銀耳即是採用該方法。但該法適宜於氣候乾燥地區或高溫季節，受氣候影響較大，不

適宜大規模商品化生產。

2. 機械烘乾 需利用一些烘乾設備，如迴轉熱風爐、烘房、炭火熱風、電熱以及紅外線等熱源。用排氣扇將迴轉熱風爐內高溫熱量強行吹入到兩側烘乾室底部，透過排濕筒將鮮菇的水排出，達到強制烘乾的目的（圖 5-2-1）。

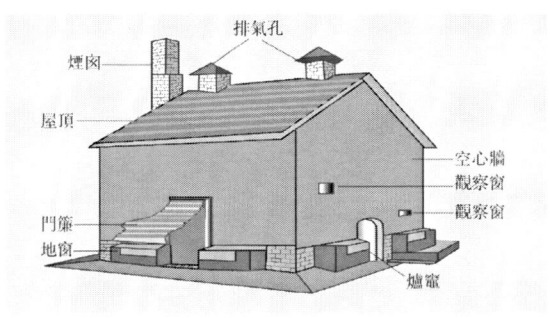

圖 5-2-1　簡易烘房結構

3. 凍乾技術 食用菌凍乾是先將菇體進行快速低溫凍結，之後在 40～55℃ 的高真空狀態下將菇體內部的水分直接昇華出去。該技術不但不改變物料的物理結構，使其基本保持原有形狀，而且其化學結構變化也甚微。昇華時，可溶性無機鹽就地析出，避免無機鹽因水分向表面擴散而被攜帶出去，造成物料表面硬化。因此，凍乾食品復水後容易恢復原有的性質和形狀，不但保住了食品特有的色、香、味、形及營養成分，還延長了產品儲藏期和商品的貨架壽命，保存期限可達 3～5 年。

專題 2　食用菌乾製工藝

1. 食用菌乾製工藝流程（圖 5-2-2）

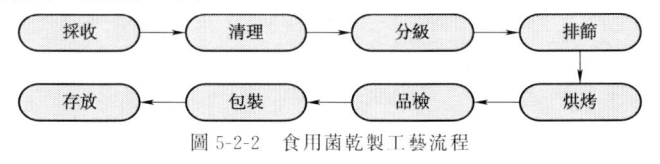

採收 → 清理 → 分級 → 排篩 → 烘烤 → 品檢 → 包裝 → 存放

圖 5-2-2　食用菌乾製工藝流程

2. 食用菌乾製技術（表 5-2-1）

表 5-2-1　食用菌乾製技術

第 1 步：採收	食用菌子實體於成熟時及時採收。選擇適合乾製的菇進行烘烤，如口蘑、杏鮑菇、香菇、猴頭菇、木耳、銀耳、靈芝、竹蓀等。不要選擇已老化、彈射完孢子、有破損和病蟲害的菇進行乾製。對於一些特殊的菌類，如雞腿菇應在其菌蓋和菌柄之間連接緊密、尚未鬆動時採摘為宜。另外採收標準也要根據市場需求和訂單要求等來進行制定

食用菌生產

（續）

 第2步：清理	去除菇體表面雜質，切除基部菌柄，體型大的食用菌可切片或撕條處理。覆土栽培菌類應除去菌柄基部沙土，如雞腿菇、雙孢蘑菇、大球蓋菇等；代料栽培菌類應適當切除基部菌柄，如杏鮑菇、秀珍菇、榆黃菇、白靈菇、滑菇等。對於其他一些長在沙土裡的菌類，如塊菌、茯苓、冬蟲夏草等還應進行清洗
 第3步：分級	乾製的食用菌，由於銷售地點、消費族群的不同，市場需求也不同，故應根據各地市場狀況進行分級整理。如果屬訂單銷售，則應按訂單要求進行分級；如果產品用於出口，除按合約要求進行分級外，尚應對產品進行抽樣送檢，檢驗其藥物殘留等指標。可以人工手工分級，也可使用篩分機進行分級
 第4步：排篩	在烘乾篩上鮮菇應單層排放，不能重疊，菌褶朝下，大菇、厚菇置於下層、小菇、薄菇置於上層，均勻排放在篩架上。不可擺放過厚，以免影響烘乾速度和品質，或者造成菇體黏連。一次不可放入過多，以免影響乾製效果
 第5步：烘烤	子實體表面水分稍烘乾，使鮮菇含水量在75%左右，將之裝入周轉箱中，運至2～3℃的包裝工廠進行預冷，冷卻至菇體內部2～3℃時，移入包裝工廠進行分級包裝。在該過程中，一定要將菇體內部完全冷卻徹底，否則容易造成在保鮮過程中熱平衡不穩定，從而影響到食用菌的保鮮時間
 第6步：品檢	烘乾的食用菌含水量應在13%以下，菇體菌褶淡黃色，香味濃，乾品搖晃時有嘩嘩的聲音。並進一步檢查食用菌乾製產品的乾濕比是否合格、含水量是否超標、重金屬和二氧化硫殘留量是否超標等

228

（續）

第 7 步：包裝	烘乾的子實體要及時密封並包裝相應規格的塑膠袋，以避免乾菇返潮。之後將其裝入硬質紙盒箱。包裝盒外觀設計要求主題突出、寓意深刻；表現要求簡約、大氣、高檔，突顯綠色、有機食品包裝風格
第 8 步：存放	產品若不能及時銷售，應提前存放於乾燥、潔淨、無汙染的倉庫中進行儲藏。倉庫內部也要注意提前消毒、殺蟲、防鼠。儲藏場所條件應與產品儲藏標準相適應，如必要的通風、防潮、溫控、清潔、採光等條件，應規定入庫驗收、保管和發放的倉庫管理制度或標準，定期檢查庫存品的狀況，以防止產品在使用或交付前受損壞或變質

專題 3　常見菌類乾製方法

一、黑木耳乾製技術

　　選擇耳片充分展開、耳根收縮、顏色變淺的黑木耳及時採摘，剔去渣質、雜物，按大小分級。將分級後的黑木耳均勻排放在烤篩上，排放厚度不超過 5 cm，避免烘烤過程中互相黏連或不易乾燥。為了節約能源，烘烤前可將已採收的黑木耳薄薄地均勻撒攤在晒席上，先在烈日下曝晒 1～2 d，用手輕輕翻動，約 5 分乾後，再將其放於烤篩上烘烤。烘烤溫度先低後高，初溫 10～15℃，然後逐漸升溫至 30℃ 左右，升溫速度掌握每隔 3 h 升高 5℃，當烘至七分乾時，再將溫度升到 40℃ 左右，繼續烘乾到木耳的含水量在 13% 左右，其間注意室內通風換氣，並不斷翻動耳片，使耳片烘乾得更均勻，更迅速。翻動耳片，有清脆的嘩嘩聲，含水量在 13% 左右，片薄、腹背顏色分明、沒有形成拳耳即視為烘乾完成。烘乾後要及時包裝於無毒塑膠袋中，輕輕壓出袋內的空氣，紮緊袋口，密封放置在木箱或紙箱內。乾木耳屬易碎產品，又易回潮，故存放的木箱或紙箱不要擠壓或劇烈碰撞，同時箱內應放置乾燥劑，存放環境也應注意防潮（圖 5-2-3）。

二、香菇乾製技術

　　當子實體長至 7～8 分成熟，菌蓋邊緣仍向內捲呈銅鑼邊狀時及時採摘，剔去渣質、雜物，按大小分級。將分級後的香菇菌褶朝下，大菇、厚菇置於下層，小菇、薄菇置於上層均勻排放在篩架上。烘烤溫度先低後高，初溫 30～35℃，之後每隔 2 h 升高 5℃。10 h 後升溫至 50～55℃，保持此溫度直至烘乾，其間始終打開排風口，最後 1 h 關閉排風口。

圖 5-2-3　黑木耳乾製

烘乾的香菇含水量應在 13% 以下，菇體保持原有形態，菌褶淡黃，香味濃。烘乾後要及時包裝於無毒塑膠袋中，輕輕壓出袋內的空氣，紮緊袋口，密封放置在木箱或紙箱內。乾香菇屬易碎產品，又易回潮，故存放的木箱或紙箱不要擠壓或劇烈碰撞，同時箱內應放置乾燥劑，存放環境也應注意防潮（圖 5-2-4）。

圖 5-2-4　香菇乾製

三、杏鮑菇乾製技術

當杏鮑菇子實體長至 8～9 分成熟，菌柄粗 3～5 cm、長 10～15 cm 時及時採摘，剔去渣質、雜物，適當切去基部，之後縱向切成 1 cm 左右的厚片均勻排放在篩架上。烘烤溫度先低後高，初溫 30～35℃，之後每隔 2 h 升高 5℃，10 h 後升溫至 50～55℃，保持此溫度直至烘乾，其間始終打開排風口。最後 1 h 關閉排風口。烘乾的杏鮑菇片含水量應在 13% 以下，菇片間碰撞有嘩嘩聲。烘乾後要及時包裝於無毒塑膠袋中，輕輕壓出袋內的空氣，紮緊袋口，密封放置在木箱或紙箱內。乾杏鮑菇屬易碎產品，又易回潮，故存放的方法同乾香菇（圖 5-2-5）。

第五章　食用菌加工

圖 5-2-5　杏鮑菇乾製

實踐應用

實踐專案（黑木耳乾製）：以小組為單位，要求每組同學按照所學知識進行黑木耳的烘乾實踐，過程包括材料準備、菇體清洗、烘乾機排篩、烘烤調溫、含水量檢測、包裝等環節。重點對含水量檢測和包裝效果進行考查。【建議 0.5 d】

要求：實踐專案結束後，均需完成實驗報告。實驗報告內容包括實驗目的、實驗材料準備、實驗設備準備、工藝流程、實驗過程、總結等。

教師考評表如下：

學生姓名	所在科系、班級	考核評價時間	技能考核得分	素養評價得分	乾製效果評價得分	最後得分	教師簽名

複習思考

1. 某農戶採摘的黑木耳在乾製中出現黑木耳縮成「球耳」的現象，請分析導致這一現象的原因，並透過本節所學知識幫助這位農戶制訂一個黑木耳乾製的方案。

2. 請思考，從野外採集野生菌進行乾製的過程中可能會遇到的情況有哪些？如何解決？

第三節　食用菌罐藏

> **知識目標**
> - 了解食用菌罐藏的原理和類型。
> - 掌握食用菌罐藏的工藝和加工要點。
>
> **能力目標**
> - 能夠使用食用菌罐藏生產的設備。
> - 能夠完成檢驗罐藏食用菌產品品質操作。
>
> **素養目標**
> - 樹立安全責任意識。
> - 培養小組團結合作的能力和精益求精的工作態度。
> - 培養綠色健康食品生產的理念。

專題 1　食用菌罐藏原理及類型

食用菌採收後，由於細胞仍然具有生命力，仍進行著呼吸作用和各種生化反應，會出現菌蓋開傘、褐變、自溶、腐爛等現象，嚴重影響了食用菌的外觀和品質。這種情況下，就需要對新鮮食用菌採取一定手段使食用菌的商品價值和食用價值可以保持較長的時間，以此來增加商品菇的市場競爭力。

一、食用菌罐藏原理

食用菌罐藏原理主要是由於密封的罐藏容器隔絕了外界的空氣和各種微生物的侵害，同時它經過了殺菌處理，罐內微生物被完全殺死，因此罐內的食用菌不會受到外界不良的影響從而得以長期保藏。

二、食用菌常見罐頭類型

1. 根據原料種類

（1）單一食用菌罐頭。以一種食用菌為主要原料製成的罐藏食品。如雙孢蘑菇罐頭、香菇罐頭等。

（2）混合食用菌罐頭。以兩種或兩種以上食用菌為主要原料製成的罐藏食品。

2. 根據加工工藝

（1）清水食用菌罐頭。以一種或多種食用菌為主要原料，添加或不添加食用鹽及其他食品添加劑製成的罐藏食品。具體名稱應結合食用菌種類命名，如雙孢蘑菇罐頭（整）、雙孢蘑菇罐頭（片）、香菇罐頭（整）、香菇罐頭（絲）、混合食用菌罐頭等。

（2）調味食用菌罐頭。以一種或多種食用菌為主要原料，經加工、處理、調味製成的罐藏食品。具體名稱應結合食用菌種類命名，如調味雙孢蘑菇罐頭（整）、調味雙孢蘑菇罐頭（片）、調味香菇罐頭（整）、調味香菇罐頭（絲）、調味混合食用菌罐頭等。

（3）食用菌醬罐頭。以一種或多種食用菌為主要原料，添加或不添加豆瓣醬等輔料製成的醬狀或顆粒狀的罐藏食品。具體名稱應結合食用菌種類命名，如雙孢蘑菇醬罐頭、香菇醬罐頭、混合食用菌醬罐頭等。

專題 2　食用菌罐藏工藝

1. 食用菌罐藏工藝流程（圖 5-3-1）

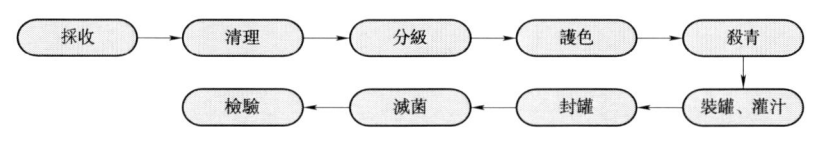

採收 → 清理 → 分級 → 護色 → 殺青 → 裝罐、灌汁 → 封罐 → 滅菌 → 檢驗

圖 5-3-1　食用菌罐藏工藝流程

2. 食用菌罐藏技術（表 5-3-1）

表 5-3-1　食用菌罐藏技術

步驟	說明
 第1步：採收	選出 7~8 分熟未開傘、適宜製罐的鮮菇作為加工對象。將其菌柄基部剪去，並除去菇體上其他吸附雜質。不要選擇已老化、彈射完孢子、有破損和病蟲害的菇進行罐藏。對於一些特殊的菌類，如雞腿菇應在其菌蓋和菌柄之間連接緊密、尚未鬆動時採摘為宜。另外採收標準也要根據市場需求和訂單要求等來進行制定
 第2步：清理	去除菇體表面雜質，切除基部菌柄。形體大的食用菌可切片或撕條處理。覆土栽培菌類應除去菌柄基部沙土，如雞腿菇、雙孢蘑菇、大球蓋菇等；代料栽培菌類應適當切除基部菌柄，如杏鮑菇、秀珍菇、榆黃菇、白靈菇、滑菇等。對於其他一些長在沙土裡的菌類，如塊菌、茯苓、冬蟲夏草等還應進行清洗

（續）

 第3步：分級	將食用菌子實體按照市場要求或出口標準進行分級，通常不同食用菌的分級標準不同。同時還要考慮品種、栽培基質、栽培設備、設施、栽培環境、是否是綠色產品、生長的形態指標、營養成分含量等來綜合確定食用菌的分級類別
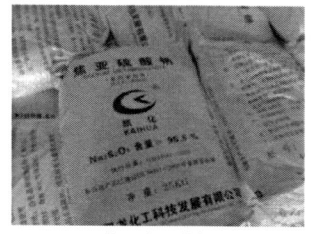 第4步：護色	對於一些色澤潔白的食用菌，為防止其在加工過程中變色，常用0.6%～2%食鹽水、0.1%檸檬酸、300 mg/kg 亞硫酸鈉溶液或 500 mg/kg 硫代硫酸鈉溶液浸泡 2 min 護色，以防褐變。護色後及時使用流動清水進行清洗。此外還有熱燙法、氧氣驅除法和酸處理法等
 第5步：殺青	在鋁鍋、不鏽鋼鍋或工廠中專用殺青鍋內用0.07%～0.1%檸檬酸液沸煮 5～8 min（煮透為準），殺青後的菇體放入冷水槽中用流水快速冷卻，挑出碎菇、破菇。不同的食用菌形態、大小、質地均不同，選擇合適的方法、時間對菇體進行煮製，時間不可過短或過長。此過程中不能用鐵鍋，否則易發生變色
 第6步：裝罐、灌汁	容器清洗消毒後，按照罐頭標準加入適量的食用菌和湯汁。一般應裝至罐高的3/4處，或軟包裝裝至1/2處。實際應按定量進行計量。湯汁調配要根據食用菌品種和產品口味等要求，調配各種不同的湯汁，並燒開，趁熱於90℃以上時注入罐內。注意灌汁量，低於罐口1 cm即可
 第7步：封罐	測罐內溫度80℃以上時，可趁熱封蓋，低溫時應加熱處理。規模化企業生產時應使用真空機抽空後再封罐；軟包裝可直接使用真空封罐機封口。封罐一般用封罐機進行，封罐機型號很多，有自動、半自動和真空封罐機3種，基本原理和部件都是一樣的，即透過2個滾輪，第1個滾輪的作用是將罐身與罐蓋緊密捲5層，第2個滾輪的作用是將形成的縫線壓平，形成嚴密封閉狀態

第五章　食用菌加工

（續）

	封蓋後的罐頭採用高壓滅菌，不同的食用菌產品對應不同的滅菌方式，應根據需求靈活選擇。根據不同的罐頭型號應採取不同的殺菌方式，殺菌後迅速冷卻至 37～40℃
第 8 步：滅菌	
 第 9 步：檢驗	為了檢查罐頭產品是否合格，要將罐頭送入保溫室進行培養，培養溫度 37℃ 左右，不低於 35℃。經 1 週左右保溫，即可進行檢驗及抽樣，確認合格與否，是否有變質和不良氣味等發生。確認合格的罐頭，黏貼標籤，裝箱入庫。正品罐頭按產量的 1%～3% 隨機抽樣進行開罐檢查，凡湯汁清亮、菇體色澤淡黃、菇柄脆嫩、菇蓋軟滑、具有食用菌固有風味的罐頭為上品

專題 3　常見菌類罐藏方法

一、草菇罐頭製作

選出新鮮、無發霉、無蟲害、無病變的鮮草菇作為加工對象。將其菌柄基部修剪乾淨，並除去菇體上其他吸附雜質。草菇按直徑 27～40 mm、21～26 mm、15～20 mm 分為大、中、小 3 個級別，並剔除開傘破裂菇（破裂菇可用於片裝）。拿流動清水對分級後的草菇進行清洗。預煮時水與菇之比為 2∶1，第 1 次預煮時間為 8～10 min，換水再煮 8～10 min，之後將殺青後的草菇放入冷水槽中流水快速冷卻，挑出碎菇、破菇。通常選用罐型為 7113[a] 百口鐵空罐（具體規格為容量 425 g/罐，其面蓋、罐身、底蓋和罐高分別為 76.2 mm、76.2 mm、76.2 mm 和 112.7 mm），清洗後經 90℃ 以上熱水消毒，

圖 5-3-2　草菇罐頭

瀝乾水分，每罐裝入 280 g 草菇。用熱水 49 L，加入 1 kg 食鹽、25 g 檸檬酸，待食鹽充分溶化後過濾，湯液的溫度控制在 70～80℃，加至低於罐口 1 cm 即可。測罐內溫度 80℃ 以上時，以 0.03～0.04 MPa 抽真空封口。殺菌公式為 15′～60′～10′反壓冷卻/121℃，含義為滅菌器應在 15 min 達到 121℃，並在該溫度下恆溫 60 min，之後在 10 min 反壓冷卻

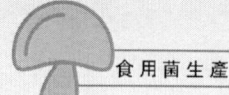

至 38℃ 左右。為了檢查罐頭產品是否合格，要將罐頭送入保溫室進行培養，培養溫度 37℃ 左右，不低於 35℃。經 1 週左右保溫，即可進行檢驗及抽樣，合格草菇罐頭呈茶褐色，湯汁較清亮，有鮮草菇的鮮味和滋味。草菇顆粒大小一致，每罐 425 g，固形物含量 ≥60%，氯化鈉含量 0.6%～1.0%。確認合格的罐頭黏貼標籤，裝箱入庫（圖 5-3-2）。

二、雙孢蘑菇罐頭製作

選擇菇形圓整、質地細密、菇色潔白、富有彈性、菌蓋直徑 1.5～4.0 cm、無機械損傷和病蟲害、菌柄切面平整的鈕扣菇和整菇作加工原料。當天採收當天加工為佳，以確保罐頭產品的品質。將菌柄基部修剪乾淨，並除去菇體上其他吸附雜質。雙孢蘑菇採用滾筒式分級機進行分級，小廠也可採用人工分級、挑選、修整和切片，分成鈕扣蘑菇、整菇、片菇、碎菇 4 個規格。一級菇標準為菌蓋直徑 1.8～4 cm，菌柄長<1.5 cm，菌蓋直徑<3 cm 時，其菌柄長度不得超過菌蓋直徑的 1/2，菇形圓整，自然純白色，菌蓋內捲，無開傘及開傘跡象，菌柄切削平整，菌柄無白心、無空心，菇體無硬斑點、無蟲蛀、無破碎菇。拿流動清水對分級後的雙孢蘑菇進行清洗。預煮時雙孢蘑菇與水之比為 1：1.5，用夾層鍋以 0.1% 檸檬酸液沸煮 6～10 min，之後用流動清水冷卻，挑出碎菇、破菇。按照不同規格、等級分別秤重和裝罐，同一罐內要大小均勻、擺放整齊，並且要按各種罐頭的規定重量秤重裝足。湯液一般為 2%～3% 食鹽水，內含 0.1%～0.2% 檸檬酸。所用的水中鐵含量應<100 mg/kg，氯含量應<0.2 mg/kg，以防止產品變黑。注液時，先將精製食鹽溶解在水中煮沸，經沉澱後再使用。為保持雙孢蘑菇罐頭色澤明亮，可在每 500 g 罐頭中添加 0.5～0.6 g 維他命 C。測罐內溫度 80℃ 以上時，以 0.03～0.04 MPa 抽真空封口。殺菌公式為 10′～40′～17′ 反壓冷卻/121℃。為了檢查罐頭產品是否合格，要將罐頭送入保溫室進行培養，培養溫度 37℃ 左右，不低於 35℃。經 1 週左右保溫，即可進行檢驗及抽樣，合格的雙孢蘑菇罐頭呈淡黃色，湯汁較清亮，有雙孢蘑菇的鮮味和滋味，無異味。確認合格的罐頭黏貼標籤，裝箱入庫（圖 5-3-3）。

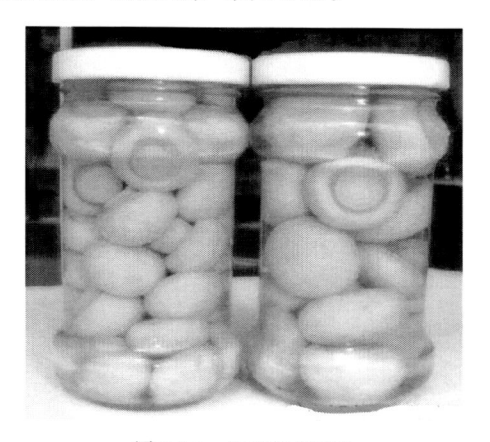

圖 5-3-3　雙孢蘑菇罐頭

實踐應用

實踐專案（食用菌罐頭市場調查研究）：以小組為單位，去周邊市場考察食用菌罐頭的種類、包裝。【建議 0.5 d】

要求：實踐專案結束後，均需完成實驗報告。實驗報告內容包括實驗目的、實驗地點、實驗過程、總結等。

教師考評表如下：

學生姓名	所在科系、班級	考核評價時間	調查方法得分	素養評價得分	總結效果評價得分	最後得分	教師簽名

複習思考

1. 某農戶用家中的大鐵鍋燒開水後給雙孢蘑菇、杏鮑菇殺青，結果發現菇體顏色發黑，請分析導致這一現象的原因，並透過本節所學知識闡述正確的殺青方法。

2. 請思考食用菌罐頭發生脹罐的因素有哪些？如何解決？

第四節　食用菌鹽漬

> **知識目標**
> 🍄 了解食用菌鹽漬的原理和類型。
> 🍄 掌握食用菌鹽漬的工藝和加工要點。
>
> **能力目標**
> 🍄 能夠使用食用菌鹽漬生產的設備。
> 🍄 能夠完成檢驗食用菌鹽飽和度操作。
>
> **素養目標**
> 🍄 樹立安全責任意識。
> 🍄 培養小組團結合作的能力和精益求精的工作態度。
> 🍄 培養綠色健康食品生產的理念。

專題 1　食用菌鹽漬原理及類型

目前中國食用菌市場上鹽漬產品種類有很多，如鹽漬杏鮑菇、鹽漬草菇、鹽漬雞腿菇、鹽漬滑菇等。食用菌經鹽漬後，儲藏期極大延長，同時具有其特有的風味和營養，因此食用菌鹽漬技術也是非常實用的一項技術。

一、食用菌鹽漬原理

食用菌鹽漬是利用高濃度食鹽水產生較大滲透壓對食用菌周圍微生物細胞脫水造成其生理乾旱，導致細胞死亡或處於休眠狀態，透過這種手段達到抑制有害微生物的作用。被鹽漬的食用菌可以長期保持其營養，並且不會變質。

二、食用菌常見鹽漬類型

1. 水池鹽漬　利用磚和混凝土砌成一定大小的水池，水池內壁黏貼瓷磚，這樣便成為鹽漬池。該法操作便捷、效率高，且一次性鹽漬量大。但鹽漬過程中不太好調整鹽飽和度，發生汙染不好控制。

2. 水缸鹽漬　利用陶瓷缸進行食用菌鹽漬。該法操作便捷、簡單，因此常被採用。

3. 專用塑膠桶鹽漬　利用符合要求的食品級塑膠桶進行食用菌鹽漬。桶的規格通常有 25 kg、50 kg 等。該法適合工廠化生產,操作便捷、簡單,鹽漬過程易於控制。

專題 2　食用菌鹽漬工藝

1. 食用菌鹽漬工藝流程（圖 5-4-1）

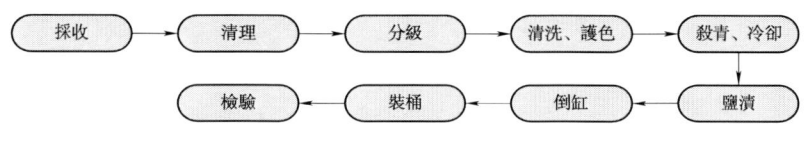

採收 → 清理 → 分級 → 清洗、護色 → 殺青、冷卻 → 鹽漬 → 倒缸 → 裝桶 → 檢驗

圖 5-4-1　食用菌鹽漬工藝流程

2. 食用菌鹽漬技術（表 5-4-1）

表 5-4-1　食用菌鹽漬技術

步驟	說明
 第 1 步:採收	選出 7～8 分熟未開傘、適宜鹽漬的鮮菇作為加工對象。不要選擇已老化、彈射完孢子、有破損和病蟲害的菇進行鹽漬。對於一些特殊的菌類,如雞腿菇應在其菌蓋和菌柄之間連接緊密、尚未鬆動時採摘為宜。另外採收標準也要根據市場需求和訂單要求等來進行制定
 第 2 步:清理	採後的食用菌要及時修剪其菌柄基部,並除去菇體上其他吸附雜質,以達到鹽漬標準
 第 3 步:分級	食用菌鹽漬產品多以幼嫩菇為主,不同的食用菌種類分級標準不同,往往因地區消費習慣、出口標準限制等而有不同的分級標準。同時還要考慮品種、栽培基質、栽培設備、設施、栽培環境、是否是綠色產品、生長的形態指標、營養成分含量等來綜合確定食用菌的分級

（續）

 第4步：清洗、護色	將分級後的食用菌及時使用流動的清水進行清洗，注意清洗時水流不可過大、過急，動作要輕，以防對菇體造成破壞。對於一些色澤潔白的食用菌，為防止其在加工過程中變色，常用 0.6%～2% 食鹽水、0.1% 檸檬酸、300 mg/kg 亞硫酸鈉溶液或 500 mg/kg 硫代硫酸鈉溶液浸泡 2 min 護色，以防褐變。護色結束後及時使用流動的清水進行清洗
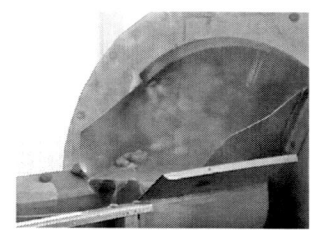 第5步：殺青、冷卻	於不鏽鋼鍋或工廠大型殺青槽中，將鮮菇在開水中快速煮熟，使其機體機能喪失，以菇體中心煮熟為宜，但不能煮過度。煮熟後的菇能在冷水中沉底、不黏牙、無白心。殺青後的菇體放入冷水槽中用流水快速冷卻，挑出碎菇、破菇。不同的食用菌形態、大小、質地均不同，選擇合適的方法、時間對菇體進行煮製，時間不可過短或過長。此過程中不能用鐵鍋，否則易發生變色
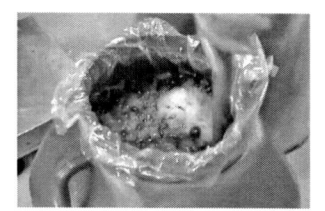 第6步：鹽漬	菇鹽比按 100 kg 鮮菇用鹽量為 25 kg，鋪一層菇撒一層鹽，最上面撒一層食鹽封頂，然後拿竹蓋蓋嚴，用乾淨石塊壓實。缸裝滿後，灌入飽和食鹽水，用檸檬酸調 pH 至 3～3.5，讓鹽水淹沒菇體。注意食鹽水要用沸水製作
 第7步：倒缸	環境溫度為 25℃ 以上時，第 3 天應倒缸一次，溫度偏低時，可第 5～7 天倒缸一次。操作中要測量缸中鹽水波美度，當其 <20 波美度時，應注入新的飽和食鹽水。其間若有汙染，則要將鹽水重新煮沸後使用

（續）

第8步：裝桶

一般經15~20 d可完成鹽漬，即裝桶銷售。鹽漬好的菇體色澤符合品種自身顏色特點，菇體完整、不破碎，菇質細嫩、不老化、無蛆蟲、無雜質、無汙染的產品為合格鹽漬品，之後裝桶至額定重量後，再灌入pH為3的飽和食鹽水，再撒一層食鹽封口，旋緊桶蓋，即為食用菌鹽漬成品，其保藏期約為1年

第9步：檢驗

加工鹽漬菇的最後一道工序是檢測鹽水的pH和鹽含量。鹽含量偏低時可加飽和食鹽水調整，pH可用檸檬酸調節。凡外銷的鹽漬菇，需經有關部門抽檢複查合格後，方可出廠上市

專題3　常見菌類鹽漬方法

一、小秀珍菇鹽漬

適時採收8~9分熟、新鮮、無病蟲害、無破損、無機械損傷的小秀珍菇作為加工對象。採後的小秀珍菇要及時修剪其菌柄基部，使其符合鹽漬標準。小秀珍菇出口標準如下：S級，菌蓋直徑為2.0~2.5 cm，菌柄長度<3 cm；M級，菌蓋直徑為2.6~3.5 cm，菌柄長度<3 cm；L級，菌蓋直徑>3.6 cm，菌柄長度<3 cm。分級好的小秀珍菇用0.6％食鹽水直接清洗，洗去泥土、雜質等小顆粒。於不鏽鋼鍋或鋁鍋中，將小秀珍菇在開水中快速煮熟，以菇體中心煮熟為宜，但不能煮過度。煮熟後的小秀珍菇能在冷水中沉底、不黏牙、無白心、色澤鮮亮。殺青過的小秀珍菇投入冷卻槽中用流動冷水快速冷卻，之後撈出置於竹筐中瀝乾水分。100 kg鮮菇用鹽量為40 kg，先在缸底撒一層鹽，然後倒入一層菇再撒一層鹽，菇層厚度<15 cm，如此反覆操作，最上面撒一層食鹽封頂，然後拿竹蓋蓋嚴，用乾淨石塊壓實。缸裝滿後灌入飽和食鹽水，用檸檬酸調pH為3~3.5，讓鹽水淹沒菇體。注意飽和食鹽水要用沸水製作。每隔3~5 d倒缸一次。操作中要測量缸中鹽水濃度，當其濃度低時，應注入新的飽和食鹽水。其間若有汙染，則要對飽和食鹽水重新煮沸後使用。為保證鹽漬效果，每100 kg飽和食鹽水中加入檸檬酸和偏磷酸各0.15 kg。一般15~20 d可完成鹽漬，即裝桶銷售。合格的鹽漬品菇體色澤黃褐色至黃白

色，菇體完整、不破碎，菇質細嫩、不老化，無蛆蟲、無雜質、無汙染。之後裝桶至額定重量後，再灌入 pH 為 3 的飽和食鹽水，再撒一層食鹽封口，旋緊桶蓋，即為食用菌鹽漬成品，其保藏期約為 1 年（圖 5-4-2）。

圖 5-4-2　小秀珍菇鹽漬

二、大球蓋菇鹽漬

適時採收 6～7 分熟、新鮮、無病蟲害、無破損、菌蓋呈鐘形、菌膜尚未破裂時的大球蓋菇作為加工對象。採後的大球蓋菇要及時修剪其菌柄基部，拿竹片刮去泥沙、雜質等。大球蓋菇分級標準如下：S 級，菌蓋直徑為 2.0～3.5 cm，菌柄長度＜5 cm；M 級，菌蓋直徑為 3.6～4.5 cm，菌柄長度＜10 cm；L 級，菌蓋直徑＞4.5 cm，菌柄長度＜15 cm。分級好的大球蓋菇用 0.6％食鹽水直接清洗，洗去泥土、雜質等小顆粒。於不鏽鋼鍋或鋁鍋中，將大球蓋菇在開水中煮製 8～10 min，以剛剛煮熟為宜，但不能煮過度。煮熟後的大球蓋菇能在冷水中沉底、不黏牙、無白心、蓋柄間不脫落。殺青過的大球蓋菇投入冷卻槽中用流動冷水快速冷卻，之後撈出置於竹筐中瀝乾水分。100 kg 鮮菇用鹽量為 40 kg，先在缸底撒一層鹽，然後倒入一層菇再撒一層鹽，菇層厚度＜15 cm，反覆操作，最上面撒一層食鹽封頂，然後拿竹蓋蓋嚴，用乾淨石塊壓實。缸裝滿後灌入飽和食鹽水淹沒菇體。注意飽和食鹽水要用沸水製作。大約一週後倒缸一次。操作中要測量缸中鹽水濃度，當其濃度低時，應注入新的飽和食鹽水。其間若有汙染，則要對飽和食鹽水重新煮沸後使用。一般 15～20 d 可完成鹽漬，即裝桶銷售。合格的鹽漬品菇體完整、不破碎，菇質細嫩、無蛆蟲、無雜質、無汙染。之後裝桶至額定重量後，再灌入 pH 為 3 的飽和食鹽水，再撒一層食鹽封口，旋緊桶蓋，即為大球蓋菇鹽漬成品，其保藏期約為半年（圖 5-4-3）。

三、杏鮑菇鹽漬

適時採收 5～6 分熟、新鮮、無病蟲害、無破損、無機械損傷的杏鮑菇作為加工對象，以保齡球狀杏鮑菇為佳。採後的杏鮑菇要及時修剪其菌柄基部，使其符合鹽漬標準，亦可將其縱向切成約 1 cm 厚的片進行鹽漬。根據市場要求對杏鮑菇進行分級，之後將分級好的杏鮑菇用 0.6％食鹽水直接清洗，洗去泥土、雜質等小顆粒。於不鏽鋼鍋或鋁鍋中，將

圖 5-4-3　大球蓋菇鹽漬

杏鮑菇在開水中快速煮熟，以菇體中心煮熟為宜，但不能煮過度。煮熟後的杏鮑菇能在冷水中沉底、不黏牙、無白心、色澤鮮亮。殺青過的杏鮑菇投入冷卻槽中用流動冷水快速冷卻，之後撈出置於竹筐中瀝乾水分。100 kg 鮮菇用鹽量為 40 kg，先在缸底撒一層鹽，然後倒入一層菇再撒一層鹽，菇層厚度＜15 cm，反覆操作，最上面撒一層食鹽封頂，然後拿竹蓋蓋嚴，用乾淨石塊壓實。缸裝滿後灌入飽和食鹽水，用檸檬酸調 pH 為 3～3.5，讓鹽水淹沒菇體。注意飽和食鹽水要用沸水製作。每隔 3～5 d 倒缸一次。操作中要測量缸中鹽水濃度，當其濃度低時，應注入新的飽和食鹽水。其間若有汙染，則要對飽和食鹽水重新煮沸後使用。為保證鹽漬效果，每 100 kg 飽和鹽水中加入檸檬酸和偏磷酸各 0.15 kg。一般經 15～20 d 可完成鹽漬，即裝桶銷售。合格的鹽漬品菇體呈黃白色、完整、不破碎，菇質細嫩、不老化，無蛆蟲、無雜質、無汙染。之後裝桶至額定重量後，再灌入 pH 為 3 的飽和食鹽水，再撒一層食鹽封口，旋緊桶蓋，即為食用菌鹽漬成品，其保藏期約為 1 年（圖 5-4-4）。

圖 5-4-4　杏鮑菇鹽漬

四、雙孢蘑菇鹽漬

適時採收 6～7 分熟、新鮮、無病蟲害、無破損、菌蓋完整、內菌幕尚未破裂時的雙孢蘑菇作為加工對象。採後的雙孢蘑菇要及時修剪其菌柄基部，拿竹片刮去泥沙、雜質

等。雙孢蘑菇分級標準如下：一級菇，菇蓋直徑 1.5 cm，柄長 1～1.2 cm，菇形完整，菌膜緊包，色澤潔白，切削平整，無泥汙、無蟲蛀、無空根、無白心、無斑點、無死根、無機械損傷、無異味、無薄皮菇；二級菇，菇蓋直徑 1.5～2.5 cm，柄長 1～1.2 cm，菇形完整，略有小畸形，其餘同一級菇；三級菇，菇蓋直徑 2.5～3.5 cm，柄長 1.5 cm，菇形基本完整，菌膜未破，色澤潔白，有小畸形，其餘同一級菇；次品菇，菇蓋直徑＜1.2 cm 或＞4.5 cm，菌蓋大小不等，有大畸形菇、開傘菇、脫柄菇、特大菇等。分級好的雙孢蘑菇用 0.5％食鹽水直接清洗，洗去泥土、雜質等小顆粒。於不鏽鋼鍋或鋁鍋中，將雙孢蘑菇在開水中煮製 10～12 min，以剛剛煮熟為宜，但不能煮過度。煮熟後的雙孢蘑菇能在冷水中沉底、不黏牙、無白心、蓋柄間不脫落。殺青過的雙孢蘑菇投入冷卻槽中用流動冷水快速冷卻，之後撈出置於竹筐中瀝乾水分。將殺青後充分冷卻的雙孢蘑菇放入缸內或水池中以 15％～16％定色鹽水泡 3～5 d，使菇體顏色逐漸變成黃白色。隨後進行入缸鹽漬，100 kg 鮮菇用鹽量為 40 kg，先在缸底撒一層鹽，然後倒入一層菇再撒一層鹽，菇層厚度＜15 cm，反覆操作，最上面撒一層食鹽封頂，然後拿竹蓋蓋嚴，用乾淨石塊壓實。缸裝滿後灌入飽和食鹽水淹沒菇體。注意飽和食鹽水要用沸水製作。大約一週後倒缸一次。操作中要測量缸中鹽水濃度，當其濃度低時，應注入新的飽和食鹽水。其間若有汙染，則要對飽和食鹽水重新煮沸後使用。一般 15～20 d 可完成鹽漬，即裝桶銷售。合格的鹽漬品菇體完整、不破碎，菇質細嫩，無蛆蟲、無雜質、無汙染。之後裝桶至額定重量後，再灌入 pH 為 3.5 的飽和食鹽水，再撒一層食鹽封口，旋緊桶蓋，即為雙孢蘑菇鹽漬成品，其保藏期約為半年（圖 5-4-5）。

圖 5-4-5　雙孢蘑菇鹽漬

五、草菇鹽漬

選擇在卵球期、外菌幕未破裂、質地緊實、新鮮、無病蟲害、無破損、無機械損傷的草菇作為加工對象。採收的草菇要及時清洗，修剪其卵球基部，使其符合鹽漬標準。根據市場要求對草菇進行分級，之後將分級好的草菇用 0.6％食鹽水直接清洗，洗去泥土、雜質等小顆粒。於不鏽鋼鍋或鋁鍋中，加水量為草菇的 2 倍，將草菇在開水中快速煮熟，以

菇體中心煮熟為宜，但不能煮過度，常為水開後煮 4～6 min。煮熟後的草菇能在冷水中沉底、不黏牙、色澤鮮亮。殺青過的草菇投入冷卻槽中用流動冷水快速冷卻，之後撈出置於竹筐中瀝乾水分。100 kg 鮮菇用鹽量為 40 kg，先在缸底撒一層鹽，然後倒入一層菇再撒一層鹽，菇層厚度＜15 cm，反覆操作，最上面撒一層食鹽封頂，然後用潔淨紗布覆蓋，再用竹蓋蓋嚴，用乾淨石塊壓實。缸裝滿後灌入飽和食鹽水，用檸檬酸調 pH 為 3～3.5，讓鹽水淹沒菇體。注意飽和食鹽水要用沸水製作。每隔 3～5 d 倒缸一次。操作中要測量缸中鹽水濃度，當其濃度低時，應注入新的飽和食鹽水。其間若有汙染，則要對飽和食鹽水重新煮沸後使用。為保證鹽漬效果，每 100 kg 飽和食鹽水中加入檸檬酸和偏磷酸各 0.15 kg。一般 15～20 d 可完成鹽漬，即裝桶銷售。合格的鹽漬品菇體色澤清亮、完整不破碎、菇質細嫩、不老化、無蛆蟲、無雜質、無汙染。之後裝桶至額定重量後，再灌入 pH 為 3 的飽和食鹽水，再撒一層食鹽封口，旋緊桶蓋，即為杏鮑菇鹽漬成品，其保藏期約為 3 個月（圖 5-4-6）。

圖 5-4-6　草菇鹽漬

實踐應用

實踐專案（小秀珍菇鹽漬）：以小組為單位，要求每組同學按照所學知識鹽漬 5 kg 秀珍菇。【建議 0.5 d，其餘檢測課後完成】

要求：實踐專案結束後，均需完成實驗報告。實驗報告內容包括實驗目的、實驗地點、實驗材料、工具儀器、實驗過程、總結等。

教師考評表如下：

學生姓名	所在科系、班級	考核評價時間	調查方法得分	素養評價得分	鹽漬效果評價得分	最後得分	教師簽名

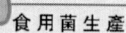

複習思考

在食用菌鹽漬的過程中，發現鹽漬桶內的菇總易被汙染，表面常長白色、黃色或綠色的黴菌。請分析導致這一現象的原因，並透過本節所學知識闡述正確的食用菌鹽漬方法。

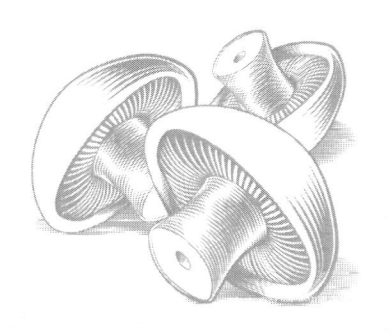

第六章
特色菌類產品開發

第一節　菌糠綜合利用

> **知識目標**
> 🍄 了解菌糠的營養價值。
> 🍄 掌握菌糠利用的工藝和加工要點。
>
> **能力目標**
> 🍄 能夠設計菌糠的基本加工方案。
> 🍄 能夠熟練掌握菌糠再發酵操作。
>
> **素養目標**
> 🍄 樹立綠色環保的生態循環理念。
> 🍄 培養小組團結合作的能力和精益求精的工作態度。

專題 1　飼料加工

一、菌糠的營養價值

菌糠，即食用菌廢棄培養料。隨著食用菌生產的發展，菌糠的數量日益增多，而菌糠中含有豐富的營養物質，可以做成飼料、餌料或其他添加劑（表 6-1-1、表 6-1-2）。

表 6-1-1　菌糠成分檢測報告

測定成分	成分含量（％）
粗纖維	4.5
粗蛋白質	9.8
粗灰分	19.4
鈣	2.9
磷	0.22
總能量	3 380.56 J/g

表 6-1-2　菌糠飼料胺基酸含量測定

種類	含量（％）	種類	含量（％）	種類	含量（％）
天門冬胺酸	0.60	異白胺酸	0.30	胱胺酸	0.17
蘇胺酸	0.30	白胺酸	0.54	纈胺酸	0.45
絲胺酸	0.30	酪胺酸	0.19	甲硫胺酸	0.14
麩胺酸	0.96	苯丙胺酸	0.30	精胺酸	0.22
甘胺酸	0.36	離胺酸	0.30	脯胺酸	0.42
丙胺酸	0.45	組胺酸	0.24	胺基酸總量	6.24

二、菌糠飼料的製作方法

1. 菌糠選擇　選用無汙染、無發霉、未失水的新鮮菌糠。

2. 主飼料選擇　選用較細麥麩或玉米粉，添加量為菌糠的10％～20％。

3. 轉化劑添加量　將250 g菌糠飼料轉化劑加入250 kg鮮菌糠中就可以處理成優質的生物飼料。

4. 操作方法　菌糠飼料製作及使用方法流程見圖6-1-1。

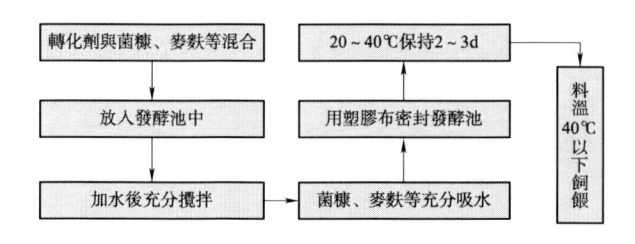

圖6-1-1　菌糠飼料製作流程及使用方法

5. 飼餵比例　一般按仔豬先從5％的添加量開始，直至肉豬生長至75 kg時菌糠飼料可添加至25％。母豬配種後20 d內添加量不超過50％，配種後20～90 d，添加量可增至70％，產仔前20 d再將添加量降低至50％。

專題2　肥料加工

菌糠中含有豐富的有機質、礦質元素和植物激素，是優質的農田有機肥料（表6-1-3、表6-1-4）。

一、菌糠的肥效

表 6-1-3　菌糠肥料與廄肥營養含量的比較

肥料種類	有機質（％）	全氮（％）	全磷（％）	全鉀（％）	速效磷（mg/kg）
菌糠肥料	14.44	0.742	0.205	1.08	144.8
廄肥	7.13	0.462	0.164	1.45	41.8

表 6-1-4　菌糠肥料的增產效果

增產幅度	小麥		玉米		大豆	
	菌糠肥料	廄肥	菌糠肥料	廄肥	菌糠肥料	廄肥
折產量（kg/hm^2）	2 962.5	2 302.5	9 206.3	8 310	1 695	1 297.5
增產（%）	28.7	—	10.6	—	30.6	—

二、菌糠肥料的製作工藝

菌糠肥料的製作工藝流程見圖 6-1-2。

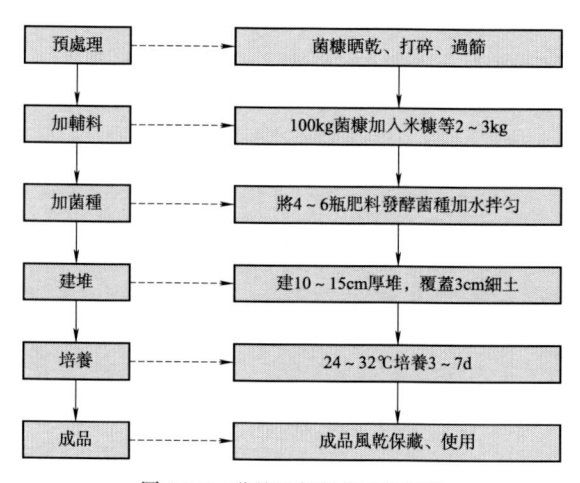

```
預處理 ----→ 菌糠晒乾、打碎、過篩
  ↓
加輔料 ----→ 100kg菌糠加入米糠等2~3kg
  ↓
加菌種 ----→ 將4~6瓶肥料發酵菌種加水拌勻
  ↓
建堆   ----→ 建10~15cm厚堆，覆蓋3cm細土
  ↓
培養   ----→ 24~32℃培養3~7d
  ↓
成品   ----→ 成品風乾保藏、使用
```

圖 6-1-2　菌糠肥料製作工藝流程

實踐應用

實踐專案（菌糠簡易肥料製作）：以小組為單位，要求每組同學按照所學知識加工 50 kg 食用菌菌糠，將其加工成肥料。【建議 0.5 d，其餘檢測課後完成】

要求：實踐專案結束後，均需完成實驗報告。實驗報告內容包括實驗目的、實驗地點、實驗材料、工具儀器、實驗過程、總結等。

教師考評表如下：

學生姓名	所在科系、班級	考核評價時間	調查方法得分	素養評價得分	肥料效果評價得分	最後得分	教師簽名

複習思考

　　隨著食用菌生產的迅猛發展，食用菌廢棄培養料（菌糠）的數量日益增多，這些栽培各種食用菌後剩下的廢料如果處理不當，將會汙染環境，不僅有礙食用菌生產的發展，對人體健康也有不利影響。請結合自己家鄉的實際情況，分析菌糠的實用加工技術。

第二節　特色菌類保健品加工

> **知識目標**
> 🍄 了解食用菌保健品開發原則。
> 🍄 了解食用菌保健品開發族群選擇。
>
> **能力目標**
> 🍄 能夠根據消費群體設計基本食用菌保健品加工方案。
> 🍄 能夠進行食用菌保健品的市場調查研究。
>
> **素養目標**
> 🍄 樹立藥食同源的理念。
> 🍄 培養綠色健康食品生產的理念。

專題1　食用菌保健品開發原則

一、按照產品的功能特性進行選擇

不同的菌類保健食品都有特定的生理功能，如改善人體免疫系統機制，增強免疫功能的食品；提高抗過敏能力的食品；促進人體淋巴系統功能的食品；延緩衰老，抗脂質過氧化和抗自由基的食品；預防高血壓、糖尿病、心腦血管硬化、老年性骨質疏鬆、先天性代謝失調和抗腫瘤的食品；防治動脈粥樣硬化、控制膽固醇和防止血小板凝集的食品等。

二、適應不同的消費市場和消費層次

食用菌保健食品開發必需面向市場，開發適應不同消費族群的產品，如老年人、中老年腦力勞動者、婦女和兒童以及特殊消費族群。要注意產品的系列化開發，在產品結構中，不但要有技術含量高的中、高檔產品，還要注意發展能進入日常生活的大眾化產品。

三、充分發揮中醫食療學的傳統優勢，開發新型保健食品

中國傳統的食療、食補方和民間經驗方具有明顯的保健功能。按照中醫體質學說，人的體質分為氣虛、血虛、陰虛、陽虛、血瘀、氣瘀、痰濕、陽盛幾種類型。以這些體質類型為基礎，可以開發不同類型的保健食品。如以黑木耳等食用菌開發血虛體質型保健食

品；以冬蟲夏草等食用菌開發陽虛型體質保健食品；以銀耳、冬蟲夏草等食用菌開發陰虛型體質保健食品；以茯苓等食用菌開發痰濕型體質保健食品。

四、借鑑國際上保健食品開發的成功經驗，注意產品的多樣性

西方國家的保健食品開發，注意生理學、生物化學、營養學和醫藥科學的基礎研究，在確定保健食品功能和其生理功效的客觀評價方面有許多成功的經驗，並制定了各類特異生理活性物質的檢驗標準，尤其是聯合國糧食及農業組織（FAO）和世界衛生組織共同創立的國際食品法典委員會（CAC）制定的標準。要注意食用菌保健食品產品形式的多樣性，美國的健康食品產品形式琳瑯滿目，如片劑、膠囊、軟凝膠、粉狀物、提取液或其濃縮物等，中國的保健食品較偏重於營養口服液的現象急待改進。

五、充分利用當地特產資源和野生菌類資源的開發

中國的傳統名、優、特產，常與地方資源優勢有關，這是值得借鑑的歷史經驗，不但有利於形成有地方特色的產品，還有利於使資源優勢變成經濟優勢，推動地方經濟發展。中國食用菌資源十分豐富，世界上可食菌類有 1 000 餘種，而中國可食菌類就有 625 種，食、藥兼用的有 320 餘種。但是，目前中國菌類保健食品開發與資源狀況是極不相符的。在原料選擇上，過分集中在靈芝、冬蟲夏草等少數菌類上，對於許多具有生理活性的野生食、藥用菌的開發還沒有引起人們的重視。加強這方面的研究工作，對充實菌類保健食品市場有很大的潛在意義。

專題 2　菌類保健品適應族群

一、老年保健食品

目前，世界人口趨向老年化發展，因此，老年保健食品將成為保健食品開發的一個重要領域。老年人主要生理特點是代謝機能低，器官功能隨年齡增長而下降，老年性疾病發病率高，而這些疾病很大程度上與飲食有關。中國的老年保健食品開發主要集中在 3 個方面，包括老年滋補食品、老年預防食品和特殊老年功能食品。用菌類開發保健食品，可全部或部分兼有這些功能。老年人的食物營養構成中，需要胺基酸配比良好的優質蛋白質，以豆類蛋白和菌類蛋白為較好的蛋白來源。菌類又是膳食纖維的重要來源，具有多種生理功能。老年人的基礎代謝低，需要菌類這種低熱量食品。老年人對礦質元素的吸收率降低，由於真菌纖維中帶有羥基或羧基等側鏈基團，會結合某些礦質元素而影響機體對它們的吸收，起到調節作用。用這些生物技術為老年人補充所需要的微量元素是很有意義的。在食物基質中加入菌粉，或以菌種接種穀物進行培養，用來製造適合老年人的主食，這一途徑應該受到重視。

二、兒童保健食品

開發兒童保健食品，要著眼於增強兒童體質和提高兒童行為智力，商品形式要能為兒童所接受。菌類富含蛋白質，可作為兒童平衡膳食營養的蛋白質補充劑，能促進腦神經細

胞、神經膠質細胞發育和維持正常功能。食用菌的游離胺基酸中，酪胺酸、麩胺酸相對含量較高，前者可改善神經傳遞，提高思維能力，後者對腦組織具解毒作用。在中國傳統醫學著作中，如《種杏仙術》、《採艾編翼》、《類方準繩》等，有許多以茯苓為主的益智方，所用多為甘淡之品。這些方劑均有助於改善兒童消化功能、生化氣血，開發兒童健身益智食品時值得借鑑。

三、運動員食品

目前的運動員飲料，大多數只能起到補充水分和電解質的作用，尚無法達到提高耐力和抗疲勞的作用。最近發現，用金針菇開發的「新型運動員飲料」具有這種特性，並透過藥理研究初步證明其作用機制。金針菇能使試驗小鼠增強乳酸脫氫酶活力，可有效降低運動後血乳酸水準，即可提高機體免疫力。此外，金針菇還可提高肌糖原和肝糖原的儲備，對提高運動員速度耐力有重要的意義。金針菇還可以降低尿素氮水準，可使機體對運動負荷的適應性增強。這一發現對大多數菌類來說可能具有普遍的意義，它將吸引更多的人參與這一課題的研究。

專題 3　菌類功能型食品種類

一、抗衰老食品

這類食品之所以有別於老年保健食品，是因為衰老是在人體進入老年期以前便已經發生的生理過程，這類食品的功能成分則能增強機體的保護機制，推遲衰老的發生。目前有關衰老的學說幾乎全部都與自由基有關。清除人體內過多的自由基有兩種方法，一是增加人體內清除自由基的酶，如超氧化物歧化酶、過氧化氫酶、麩胱甘肽過氧化物酶等；二是補充非酶系統的天然抗氧化劑，主要是維他命 E、維他命 C、維他命 A 及胡蘿蔔素和輔酶，此外還有麩胱甘肽、半胱胺酸和肝素，微量元素中的鋅、硒、銅、錳以及金屬硫蛋白等。有許多菌類含有清除氧自由基的化合物，如金屬硫蛋白普遍存在於各種菌體中，具有高度可誘導性，能清除羥自由基，其提取並不太困難；再如麩胱甘肽過氧化物酶中有 4 個亞基，每個亞基都有 1 個原子硒，硒是清除體內自由基酶系統中的重要元素。而硒的獲得透過菌體的富硒培養，或利用富硒茶作為基料都不難解決。在目前已開發的菌類保健食品中，已有多種靈芝袋泡茶，有極強的抗氧化性，因此靈芝袋泡茶是一種很理想的抗衰老食品。

二、抗癌保健食品

惡性腫瘤是當代醫學未能解釋其全部奧祕的嚴重疾病。有研究表明，35%～40% 的惡性腫瘤都是由不適當的膳食引起的，因此人們對透過食物調理以增強抗瘤機制寄予很大希望。抗癌保健食品的功能成分必須具備以下條件：

1. 透過扶正固本的作用提高人體的免疫功能　免疫功能遭到破壞是誘發癌症的重要因素之一。真菌多醣能增強網狀內皮系統吞噬腫瘤細胞的作用，促進淋巴細胞的轉化和抗體的形成。腫瘤專家還認為，真菌多醣作為一種具有免疫型功能的食品，對於那些採用手

術治療或放射治療受到限制的白血病和淋巴瘤，在臨床上有更大的意義。由於這種多醣的製備比免疫球蛋白成本更低廉，因此日益受到重視。

2. 癌變的兩個階段（誘癌與促癌）都有自由基的參加 致癌物質必須經過物理與化學因素的作用使之成為自由基後才會致癌，生成自由基的能力與致癌能力之間成正相關，菌類能清除自由基，具有抑制腫瘤發生的活性成分。

3. 近年來，人們還開始寄希望於維他命和礦物質在抗腫瘤方面所起的作用 已有足夠的證據證明維他命 A 和 β-胡蘿蔔素能應用於皮膚癌的預防和治療。維他命 C 在防治食道癌和胃癌方面也顯示出重要作用。硒對細胞突變的有毒物質有抗衡作用，它與維他命 E 相結合能刺激機體產生對異常細胞的防禦系統。鍺雖然不是人體所必需的微量元素，但作為一種重要成分存在於麩胱甘肽過氧化物酶中，起到清除自由基的作用，也有較明顯的抗癌活性。

抗癌保健食品還應在改善病人體徵、消除或緩解某些症狀方面，如食慾不振、腹脹、發熱、出血、血象低、腫塊等起到作用，選用食品基質時應盡可能考慮到這些因素。

三、降血脂保健食品

動脈粥樣硬化以及由動脈粥樣硬化引起的心、腦血管疾病是國內外常見病，致死率較高。控制高脂血症是防治動脈粥樣硬化性心、腦血管疾病的重要途徑之一。長期人群觀察和動物試驗證明，天然蟲草及其發酵菌絲體的提取物均具有降低血清膽固醇、三酰甘油、低密度脂蛋白、極低密度脂蛋白以及過氧化脂質（LPO），提高高密度脂蛋白膽固醇（HDL-C）及超氧化物歧化酶的活性，能增加心肌與腦的供血，對心、腦組織有保護作用。香菇香味的主體成分「香菇素」，或被稱之為「香菇腺嘌呤」，是含有 5 個硫因子的環狀香味前體物質，目前已能進行人工合成，該化合物具有明顯的降血膽固醇的作用。在黑木耳中有一種水溶性成分，能阻止血小板的凝集，並能阻斷啟動的血小板釋放 5-羥色胺，有助於降低動脈粥樣硬化的發生機率。用菌類開發降血脂保健食品有著廣闊的前景。

四、糖尿病保健食品

糖尿病的發病機制是由於體內胰島素相對或絕對不足，糖尿病患者進食原則是使用緩慢釋放葡萄糖的低熱量食品。茯苓中的主要成分是 β-茯苓聚糖，約占乾重的 93％，另還有粗纖維 5.77％。茯苓聚糖的營養價值和纖維素相近似，有降低膽固醇和預防糖尿病、結腸癌的作用。茯苓中還含有卵磷脂等成分，能防止體內脂質氧化，增強血管彈性和通透性，從而阻止機體細胞壞死，改善胰島素分泌功能，增強胰島素活力，促使澱粉正常利用，抑制血糖和尿糖的不正常升高，並有輔助減緩糖尿病併發症的功效。

五、減肥保健食品

除少數人是因遺傳因素和內分泌失調而造成肥胖外，多數人的肥胖是由於營養失調所造成。其原因均在於營養代謝中熱量的攝取超過消耗而使人發胖。肥胖症雖然還未被列為一種嚴重的疾病，但長期肥胖帶來的後果是嚴重的。肥胖後不僅容易引發糖尿病、高血壓、冠心病、中風、腎臟病、脂肪肝等疾病，而且肥胖症發生率的升高與成年人群死亡率的升高成高度相關。在經濟發達的國家約有 15％的人因肥胖而危害健康，因此減肥保健

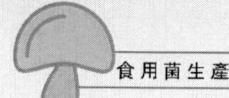

食品的研製開發在世界各國都很受重視。菌類中所含功能成分用於減肥保健食品開發是很有希望的。可溶性纖維素是一種良好的澱粉阻滯劑，它有阻止食物中醣類吸收的作用，且纖維在胃內吸水膨脹，能使人產生飽腹感從而有助於減少食量，控制體重；含硫化合物的混合物可減少血清膽固醇和阻止血栓的形成，有助於增加高密度脂蛋白；不飽和脂肪酸（如亞油酸）、維他命 E、卵磷脂和鈣、磷、硒等可降低血清膽固醇；三酰甘油可防止動脈粥樣硬化。菌類是著名的鹼性食品，含有豐富的鉀，可排除體內多餘的鈉鹽，使血壓維持正常。

菌類在預防腎臟病、老年痴呆、婦科病等方面也有一定功效。

六、增強免疫力食品

增強免疫力食品指在營養需求的層面上，要求食品具有調節代謝、保持機體平衡的功能，是菌類保健食品開發的一個重要領域。透過對長壽藥理學和抗衰老藥物研究發現，菌類中的多醣類成分是一種非特異性免疫促進劑，對人體機能具有雙向調節作用。目前，國內外都很重視多醣的開發，在中國已開發的菌類保健食品中，其主要功能成分都是一種或數種多醣。

七、健腦食品

中老年人隨著腦細胞的死亡和減少，出現記憶力衰退、反應遲鈍等現象，甚至出現老年痴呆症。大腦 60％ 以上的成分是脂質，而包裹著神經纖維稱作髓磷脂鞘和膠質的部位所含脂質更多。在構成脂質的成分中，顯得特別重要的是亞油酸、亞麻酸之類的必需脂肪酸（多為不飽和脂肪酸）。菌類的脂質含量雖然不太高，但都具有較高生理價值，如雙孢蘑菇中所含的亞油酸可與植物油中營養價值高的紅花油相媲美。人體蛋白質的攝取量若低於每公斤體重攝取蛋白質 0.7 g 水準，腦組織會迅速衰老，一般應保持在每公斤體重攝取蛋白質 1 g 左右，對於大多數菌類來說，這一水準不難滿足。此外，菌類含有豐富的維他命 C，其在促進腦細胞結構的堅固、消除腦細胞的鬆弛與緊縮方面發揮著重要的作用，充足的維他命 C 可使腦功能敏銳。維他命 E 能消除自由基，有降血脂和提高高密度脂蛋白的作用，有助延緩細胞衰老。維他命 B 群則是腦智力活動的重要輔助成分，可預防神經障礙。

八、美容食品

中國醫學古籍明確指出，靈芝、茯苓等能潤澤肌膚，使人容顏悅澤、輕身不老。現已發現靈芝的美容作用除與多醣等功能成分有關外，還與其含天然有機鍺有密切關係。這種化合物能有效地透過皮膚表面，促進皮膚血液微循環，增強皮膚營養供給水準和皮膚表面細胞抗氧化酶活力，抑制 γ 射線誘發產生的活性氧自由基，並抑制脂質過氧化的發生。此外，還能清除血液中的膽固醇、脂肪、血栓及代謝廢物，使血液不致過稠，保持暢通，增加皮膚的光澤；還能有效地保護皮膚的角質層，防止皮膚細胞角質化增厚而阻礙代謝機能，因而具有抗皺、消炎、清除色斑、保持白嫩的作用，並能使頭髮增加光澤。古方中還有不少利用茯苓、白殭蠶美容的方劑。

九、旅遊保健食品

隨著旅遊業日趨興旺，旅遊保健食品也應運而生。旅遊活動者經長途旅行，體力消耗大，易產生傷津、氣短、倦怠等氣虛之症；在旅遊過程中長期處於精神亢奮狀態，易導致氣血虧虛、睡眠不足、食慾不振、水土不服，易受外邪侵染，形成「旅遊症候群」。因此，旅遊保健食品的設計應選用靈芝、人蔘、枸杞、淮山藥等，以增強抗疲勞能力和提高機體免疫力；選用銀耳、百合等以滋補肺陰、生津止渴；選用茯苓、薏苡仁等以補益脾胃、凝心安神。在不違背有關法規的情況下，選用一些與菌類功能成分具有協調作用的地方名優特產，或與人文景觀有連繫的基料作為輔助成分，可增加商品的文化內涵，更能突出旅遊保健食品的商品屬性。

專題 4　菌類常見保健商品種類

目前，中國菌類保健食品已進行商業化生產的有 10 類：

一、營養口服液類

此類產品為近年開發焦點，其特點為技術含量高、產品附加值高、市場潛力大。比如市場上有利用猴頭菇、冬蟲夏草、靈芝等食用菌開發出來的口服液等。

二、保健飲料類

此類產品以其保健作用和獨特風味，比如市場上利用香菇、金針菇開發出來的飲料，不僅口感好，而且營養豐富，極具市場前景。

三、保健滋補酒類

此類產品有的採用傳統發酵工藝或浸漬勾兌技術，有的採用現代生物技術，所用酒基也有區別，因而顯現出不同風格，能適應不同消費群。比如市場上常見的有利用靈芝、蛹蟲草等浸泡於白酒中而加工成的滋補酒，具有一定養身保健的功效。

四、速溶茶類

此類產品也是當前開發焦點，具有較好的沖溶性、分散性和穩定性。將靈芝、冬蟲夏草、灰樹花、香菇等經超微粉碎，之後再同可溶性澱粉、甜味素等加工成可溶性的顆粒沖劑，在保健品市場具有很強的吸引力。

五、袋泡茶類

此類產品是以茶葉為基料，混合以菌類或其他中草藥成分的功能型保健飲品，且在加工過程中，其營養成分很少被破壞，其發展日益受到中國茶葉界的重視。

六、小食品類

此類產品種類繁多，適應面廣，是一個值得開發的新領域。目前已上市的有金針菇類

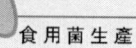

鹹菜、香菇果脯、香菇蜜餞、蟲草糖、猴頭菇餅乾等，都很受市場歡迎。

七、保健膠囊類

此類產品攜帶服用方便，穩定性好，是保健食品開發的新方向，在已投產品中，有些是被作為保健藥品申報的。如市場上常見的有靈芝膠囊、猴頭菇膠囊、灰樹花膠囊、冬蟲夏草膠囊等產品，它們都對人體健康有益。

八、滋膏糖漿類

此類產品為傳統滋補品，種類甚多，中華人民共和國成立前就有茯苓膏，近年新開發的有靈芝桂圓膏、蟲草止咳膏、猴頭菇開胃靈等。

九、精粉和菌粉類

菌粉是深層發酵菌絲體或其發酵的乾燥物，精粉是子實體經超低溫粉碎的超微細粉末，較之菌粉能更好地保留生理活性成分，故在保健食品製造中特別引人矚目。目前市面上的精粉有靈芝精粉、蟲草精粉、牛肝菌精粉、黑木耳精粉等。中國還有多家企業生產各種菌粉。精粉和菌粉除直接服用外，又是保健食品生產基料的重要來源。

十、片劑類

此類產品兼有保健和藥用價值，有些產品的商品屬性在今後可能會得到調整，更加強調其保健功能。這類產品有多醣蛋白片、蘑菇血凝片、香菇多醣片等，還有一些正在開發中的含片。據不完全統計，中國有 100 多家科學研究單位在從事這方面的研究，有近 300 家企業在從事菌類保健食品生產，其中約半數為專業性生產企業。已進入商品化生產階段或尚停留在中試階段的產品約有 500 種，尚有近 200 項產品已透過省級以上成果鑑定或已獲得專利發明認可。

專題 5　菌類保健品加工技術

隨著保健食品事業的發展，市場競爭的加強，傳統的食品加工工藝與檢測方法往往難以滿足新產品開發的技術要求，迫切需要採用食品加工新技術和新的檢測方法，這些新技術包括：

一、生物技術

包括酶技術、細胞融合、基因重組和生物反應器等，在菌類保健食品開發中已被廣泛採用。如導入外源性基因定向選育，可獲得高品味功能因子產物；採用發酵技術可在較短週期內獲得大量功能性食品基料；中國採用生物技術透過菌絲細胞內物質代謝轉化，將鍺元素結合於大分子多醣和少量蛋白質上，成為多醣鍺絡合物（高聚物）。據測定，產物中的鍺與多醣結合率高達 90.1%，還發現細胞膜內的鍺多醣亦可隨代謝分泌到發酵液中，形成胞狀鍺多醣，採用酶技術還可大幅度提高多醣得率。

二、膜分離技術

包括逆滲透、超濾、微濾、電滲析、膜乳化等，常用於功能成分的過濾、分離、濃縮與精製。如微濾可用於功能物提取液、活性酶及功能飲料的分離殺菌，能提高產品的活性及品質；超濾可用於提取液中功能成分及液狀食品的低溫、節能濃縮，並有助於防止功能成分在加工過程中的破壞損失；電滲析可用於淨化水質和液狀食物的脫鹽（如低鹽醬油）；膜乳化可用於製造穩定的乳化液等。

三、超臨界萃取技術

如植物性油脂中的不飽和脂肪酸的分離和濃縮，需採用超臨界氣體萃取技術；天然抗氧化劑的分離與精製，需採用超臨界液體提取技術。

四、超微細粉碎技術

將菌類或其他天然基料於脫水後冷卻到一定溫度，使原有結構非常緊密，容易斷裂，能將原料在瞬間粉碎成直徑 $3\sim5~\mu m$ 的超微細粉末。由於加工原料是在超低溫條件下的快速粉碎，因而能最大限度地保存食物中所含的各種營養成分，極易被人體吸收利用。研究證明，靈芝是以整體成分的效果來調節人體生理機能的，其所含功能成分和配合比例是非常合理的，直接服用靈芝子實體能發揮更大的效果。用這種新技術製成的靈芝精粉增大了表面積，能更好地被人體吸收利用。

五、微膠囊化技術

微膠囊化技術在國外始於1930年代，在中國，此技術從1980年後開始在食品、醫藥等領域有了長足發展。它是利用天然或合成高分子材料如桃膠、醋酸纖維素酞酸酯、羧甲基纖維素等多聚物與明膠等作為囊材，將天然原料提取物包埋成微型包囊，通常直徑為幾微米至幾十微米。微量的囊膜具有半滲透性，其包埋物可藉助壓力、pH、酶或溫度完全釋放。微膠囊化技術現已廣泛用於保健食品的素材製造，用於加工速溶茶、沖泡茶、混懸型飲料及食用膠囊的囊心。

六、冷凍乾燥技術

冷凍乾燥技術又稱昇華乾燥技術，是將物料先凍結至冰點以下，使水分變成固態冰，然後在較高溫度下，將冰直接汽化，從而使物料得到乾燥。此法有利於保存食品中的功能成分和固有的色香味，並能長期保存，因此已廣泛用於保健食品和保健食品基料的加工製造。

七、固體流態化技術

固體流態化技術又稱沸騰製粒技術，在密閉的容器內通入淨化空氣，可使提取物的濃縮液和粉末狀賦形劑在流體狀態下受熱交換，同時完成混合、造粒、乾燥、篩選全過程，造粒均勻，回收率高，具較好的分散性、沖溶性和穩定性，可用於製造各種速溶茶、沖泡

茶和膠囊劑，也可用於兒童保健食品包衣的製作。

八、組織化和重組合技術

組織化和重組合技術又稱加壓擠出成型技術，此法可改變食品內部組織結構，有利於提高膳食纖維的生理活性和加工特性，可利用天然食品的提取物加工製成新的工程食品。

九、真空油炸技術

真空油炸技術是食品膨化技術中的一門新工藝，其特點是將食品的脫水與真空油炸同步完成。它具有許多獨到的優點：由於真空油炸乾燥是在低壓狀態下使食品中的水分汽化、溫度降低，並在短時間內完成，因而可避免高溫對營養和功能成分的破壞，並能保持特有的色香味。在真空狀態下食物細胞間隙中的水分急遽汽化、膨脹，使間隙擴大，因而具有良好的膨化效果，產品酥脆可口，並具有良好的復水性能。此外，還能降低耗油率35％～50％，防止高溫使油脂變質，可避免使用抗氧化劑，提高耐儲性。該技術適於生產各種天然（如雙孢蘑菇、牛肝菌）果蔬脆片或人工配製各種功能食品的真空油炸脆片，也可作為製備具疏鬆性基料的一種方法。

十、冷殺菌技術

冷殺菌技術包括超高壓殺菌、輻射殺菌、超聲波殺菌、臭氧殺菌、磁力殺菌和電場殺菌等技術。冷殺菌特點在於殺菌過程中食品溫度並不升高，有利於保持食品中功能成分的生理活性和原有的色香味。超高壓殺菌也用於食品的物性修飾、微生物的高密度培養，還可利用超高壓下發生蛋白質的凝膠化、澱粉的糊化及脂質的乳化作用開發新的食品基料。對口服液採用輻射殺菌可延長其保存期限，並能防止對熱敏性物質的破壞或產生絮狀沉澱。

十一、無菌包裝技術

無菌包裝技術是將殺菌並已冷卻的物料在無菌狀態下裝入已滅菌的容器中密封儲存的方法，包括高潔淨的無菌環境和使用無菌裝填密封設備等。

十二、層析分離技術

層析分離技術是一種分離複雜混合物中極微量組分的有效方法，其特點是利用不同物質在固定相和流動相構成的體系中具有不同的分配係數而使各種物質達到分離。層析法常用於微量功能成分的分離與精製。

十三、現代分析檢驗技術

由於許多保健食品的功能成分含量甚微，對其進行定性、定量分析或進行功能評價、安全性評價時，常需要高精度、高解析度的現代分析檢測方法和儀器，包括氣相色譜儀（GC）、氣液色譜儀（GLC）、高效氣相色譜儀（HPGC）、色（譜）質（譜）聯用儀（GC-MS）、紅外線分光光度計（ISP）、原子吸收分光光度計（AAS）、螢光分光光度計

(FSP)、高解析度質譜儀（HRMS）、薄層掃描儀（TLS）、掃描電子顯微鏡（SEM）、薄層層析法（TLC）、氣液分配色譜法（GLPC）、核磁共振（NMR）和電子順磁共振（EPR）等。

實踐應用

實踐專案（食用菌保健品調查）：以小組為單位，要求每組同學按照所學知識有目的地調查食用菌保健品的市場。【建議 0.5 d】

要求：實踐專案結束後，均需完成實驗報告。實驗報告內容包括實驗目的、實驗地點、實驗過程、總結等。

教師考評表如下：

學生姓名	所在科系、班級	考核評價時間	調查方法得分	素養評價得分	調查總結評價得分	最後得分	教師簽名

複習思考

保健食品不但要有明顯的特定生理調節功能和對特定人群的作用程度，其保健作用還應有明確的營養學和醫學依據，而且營養學和醫學上的原則應該是相一致的，根據這一原則，請結合目前大學生族群的實際情況，制訂出一份食用菌保健食品的可行性計劃。

主要參考文獻

暴增海，張功，2010. 食用菌栽培學 [M]. 北京：中國農業科學技術出版社.
陳鳳艷，2014. 食用菌鹽漬加工技術 [J]. 新農村（1）：35.
陳士瑜，2003. 食用菌栽培新技術 [M]. 北京：中國農業出版社.
崔頌英，2007. 食用菌生產與加工 [M]. 北京：中國農業大學出版社.
崔頌英，2011. 食用菌生產 [M]. 北京：中國農業大學出版社.
丁艷霞，劉文華，2021. 北方山區滑菇栽培技術要點 [J]. 食用菌，34（2）：42-43.
丁智權，2011. 閩北滑菇栽培技術要點 [J]. 食用菌，33（2）：38-39.
杜雙田，賈探民，2002. 蛹蟲草灰樹花天麻高產栽培新技術 [M]. 北京：中國農業出版社.
方金山，2004. 食用菌的鹽漬技術 [J]. 當代蔬菜（6）：41-42.
黃年來，1993. 中國食用菌百科 [M]. 北京：中國農業出版社.
黃年來，1997. 18種珍稀美味食用菌栽培 [M]. 北京：中國農業出版社.
黃年來，1998. 中國大型真菌原色圖鑑 [M]. 北京：中國農業出版社.
黃年來，2001. 食用菌病蟲害防治（彩色）手冊 [M]. 北京：中國農業出版社.
黃毅，2008. 食用菌栽培 [M]. 3版. 北京：高等教育出版社.
賈身茂，2004. 白靈菇無公害生產技術 [M]. 北京：中國農業科學技術出版社.
李昊，2000. 蟲草人工栽培技術 [M]. 北京：金盾出版社.
李洪忠，牛長滿，2010. 食用菌高效優質栽培 [M]. 瀋陽：遼寧科學技術出版社.
李玉衡，2008. 保健食品良好生產規範詳解（上）：專訪北京市藥品監督管理局保健品化妝品監管處處長邢泉 [J]. 首都醫藥（5）：55-56.
李玉衡，2008. 保健食品良好生產規範詳解（下）：專訪北京市藥品監督管理局保健品化妝品監管處處長邢泉 [J]. 首都醫藥（7）：50-51.
李長田，範冬雨，田甜，等，2022. 優質輕簡高效生產技術（十一）杏鮑菇工廠化生產技術規程 [J]. 中國蔬菜，2（11）：118-121.
劉啟燕，戚俊，王卓仁，等，2021. 我國金針菇工廠化生產現狀與思考 [J]. 中國食用菌，40（12）：83-88.
盧磊，李文玲，吳曉玲，等，2022. 食用菌菌糠綜合利用現狀 [J]. 食用菌，44（5）：6-8.
卯曉嵐，1998. 中國經濟真菌 [M]. 北京：科學出版社.
牛長滿，2010. 食用菌生產分步圖解技術 [M]. 北京：化學工業出版社.
牛長滿，2012. 廢棄食用菌料多級利用模式 [J]. 食用菌，34（6）：27-28.
牛長滿，2014. 秀珍菇高產技術圖解 [M]. 北京：化學工業出版社.
牛長滿，2016. 黑木耳高產技術圖解 [M]. 北京：化學工業出版社.
牛長滿，2016. 名優食用菌原色圖鑑 [M]. 北京：化學工業出版社.
牛長滿，2016. 雙孢菇草菇杏鮑菇高產技術圖解 [M]. 北京：化學工業出版社.
蘇朝安，韓省華，2007. 規範操作規程加強食用菌的安全生產 [J]. 中國食用菌，26（4）：20-22.
王愛成，李柏，2002. 靈芝 [M]. 北京：中國科學技術出版社.
王波，2001. 最新食用菌栽培技術 [M]. 成都：四川科學技術出版社.

王波，鲜灵，2004. 图说灵芝高效栽培关键技术 [M]. 北京：金盾出版社.
王传福，2002. 新编食用菌生产手册 [M]. 郑州：中原农民出版社.
吴思，孙长龙，张倩楠，等，2020. 食用菌菌糠的综合利用现状 [J]. 生物化工，6（6）：133-135.
邢作山，李洪钟，陈长青，等，2009. 食用菌干制加工技术 [J]. 中国食用菌，28（3）：56-57.
杨新美，1988. 中国食用菌栽培学 [M]. 北京：中国农业出版社.
佚名，2000. 山东地区滑菇栽培技术 [J]. 山东蔬菜（3）：41-42.
张金霞，2002. 食用菌菌种生产与鉴别 [M]. 北京：中国农业出版社.
张金霞，2004. 食用菌安全优质生产技术 [M]. 北京：中国农业出版社.
张扬，钱磊，李凤美，等，2019. 以绿色食品技术标准规范食用菌工厂化生产 [J]. 食药用菌，27（3）：164-168.
朱晓琴，孙涛，张庆琛，等，2021. 食用菌菌糠在农业种植中的再利用现状 [J]. 北方园艺（16）：170-175.

附　　錄

附錄 1　食用菌常用術語

1　製種技術

1.1 真菌（fungus）　營異養生活，不進行光合作用，具有真核細胞，營養體為單細胞或絲狀，細胞壁含有幾丁質或纖維素，具有無性或有性繁殖特徵的菌體。

1.2 大型真菌（larger fungus）　能形成大型子實體的真菌。主要包括擔子菌和子囊菌的一些種類，子實體通常肉質、膠質、木質等，有些可以食用或藥用。

1.3 食用菌（edible fungus）　指可供人們食用的一些真菌。多數為擔子菌，如雙孢蘑菇、香菇、草菇、牛肝菌等。少數為子囊菌，如羊肚菌、塊菌等。

1.4 菌絲（hypha）　構成真菌菌絲體的絲狀單位，由孢子或組織萌發後形成。

1.5 菌絲體（mycelium）　菌絲的集合體。

1.6 子實體（fruit body）　產生孢子的真菌結構。

1.7 孢子（spore）　真菌經無性或有性過程所產生的繁殖體。

1.8 子囊菌（ascomycete）　指有性孢子著生在子囊內的菌類，如羊肚菌。

1.9 擔子菌（basidiomycete）　指有性孢子外生在擔子上的菌類，如香菇。

1.10 鎖狀聯合（clamp connection）　為雙核細胞形成分裂產生雙核菌絲體的一種特有形式，常發生在菌絲頂端，開始時在細胞上產生突出，並向下彎曲，與下部細胞連接，形如鎖狀。

1.11 腐生菌（saprophyte）　吸取無生命的有機質為養料的菌類。

1.12 寄生菌（parasite）　從其他生物體中吸取養料並賴以生存的菌類。

1.13 固體菌種（solid spawn）　培養基為固體狀態的菌種。

1.14 液體菌種（liquid spawn）　培養基為液體狀態的菌種。

1.15 菌種類型（types of spawn）　根據使用目的、生產特性和作用對食用菌菌種的區分。按照生產繁殖程序可以分為母種（也稱試管種、一級種）、原種（也稱二級種）、栽培種（也稱三級種、生產種）。

1.16 母種（stock spawn）　透過孢子分離或組織分離等方式獲得，並經鑑定為種性優良、遺傳相對穩定的純菌絲體。

1.17 原種（primary spawn）　由母種擴大繁殖培養而成的菌種。

1.18 栽培種（culture spawn）　由原種擴大繁殖培養而成的菌種。

1.19 消毒（disinfection）　使用物理或化學方法在一定範圍內殺滅物體表面或環境中部分有害微生物的措施。

1.20 滅菌（sterilization） 使用物理或化學方法在一定範圍內徹底殺滅物料及其容器中一切微生物的措施。

1.21 菌種保藏（spawn preservation） 菌種在儲藏期間，使新陳代謝降低到最低水準，以便保持其生活力。

1.22 生活史（life-cycle） 食用菌生活史一般是指孢子－菌絲－子實體－孢子的整個生長發育循環週期。

1.23 有性繁殖（sexual reproduction） 由擔孢子或子囊孢子形成的菌絲，經過配對的性結合而繁殖的過程。

1.24 無性繁殖（asexual reproduction） 沒有進行性結合的一切繁殖過程。

1.25 同宗配合（homothallism） 由同型孢子萌發的兩條菌絲間相互結合，經質配、核配可產生子實體的有性繁殖方式。

1.26 異宗配合（heterothallism） 由兩種不同型的菌絲相結合，經核配而產生子實體的有性繁殖方式。

1.27 菌蓋［pileus（cap）］ 生長在菌柄上產生孢子的部位，也是主要食用部分。一般呈帽狀。

1.28 菌柄（stipe） 支持菌蓋的柱狀體。

1.29 選種（the selection of spawns） 菌種選優除劣的過程，一般是進行栽培試驗來比較選擇。

1.30 育種（breeding） 培育食用菌新品種的過程，包括自然選育、誘變選育、雜交育種、細胞質融合等方法。

1.31 單孢分離（single spore isolation） 分離單個孢子獲得純培養物的方法。

1.32 多孢分離（multispore isolation） 將多個孢子接種在同一培養基上，讓它們萌發、自由交配來獲得食用菌純菌種的一種方法。

1.33 組織分離（tissue isolation） 挑取菌體組織獲得純培養物的方法。

1.34 菌株（品系）（strain） 種內或變種內在若干遺傳特性上有區別的菌類。

1.35 單孢雜交（monosporous hybridization） 利用單孢子分離物進行組合培養，透過兩個或幾個親株染色體片段的交換或重組而獲得新的遺傳性狀。

1.36 馴化（domestication） 將野生種經過分離、培養、選擇，使其成為生產上可以進行人工栽培的品種的過程。

1.37 菌種（spawn） 以保藏、試驗、栽培和其他用途為目的，具有繁衍能力，遺傳特性相對穩定的菌類孢子、組織或菌絲體及其營養性或非營養性的載體。

1.38 菌環（annulus） 菌蓋開傘後，環繞於某些傘菌柄上的內菌幕殘餘物。

1.39 菌托（volva） 外菌幕位於柄基的殘餘物，典型的呈杯狀。

1.40 內菌幕（veil） 某些傘菌菌蓋與菌柄間連接的包膜，覆蓋菌褶。

1.41 外菌幕（universalveil） 包裹在整個原基或菌蕾外面的膜狀物。

2 栽培技術

2.1 室內栽培（indoor cultivation） 在菇房內的栽培，如大多數食用菌的栽培方式。

2.2 室外栽培（outdoor cultivation） 露天環境條件下的栽培，如黑木耳露地栽培。

2.3 露地栽培（open air cultivation） 又稱露天栽培。利用室外氣候、土壤肥力、蔭蔽等條件對菇木、耳木或栽培袋進行人工管理，如露地葡萄套種雞腿菇。

2.4 發酵料栽培（fermented material cultivation） 利用發酵處理的培養料栽培食用菌的方法，如秀珍菇、雙孢蘑菇、雞腿菇栽培。

2.5 熟料栽培（clinker cultivation） 利用蒸汽處理（濕熱滅菌）過的培養料栽培食用菌的方法。

2.6 半熟料栽培（semi clinker cultivation） 培養料在100℃下經過2 h左右的短時間蒸製後進行食用菌栽培的方法，如滑菇、黃傘栽培。

2.7 代料栽培法（substitute cultivation method） 利用各種農業、林業、工業的產品或副產物，如木屑、紙屑、稭稈、甘蔗渣、廢棉、棉籽殼等為主料，添加一定比例的輔助材料來代替傳統的栽培材料生產各種食用菌的方法。

2.8 壓塊栽培法（Briquetting method） 目前滑菇春季栽培的主要模式，培養料經過半熟處理後，趁熱出鍋直接壓塊，冷卻後再在無菌的環境中進行接種的栽培方式。

2.9 床式栽培（bed cultivation） 搭架分層、鋪設床架的立體栽培方式。

2.10 袋栽（bag cultivation） 在塑膠袋內裝料栽培的方式。

2.11 發酵（fermentation） 培養料在微生物的作用下，引起有機質的分解腐熟同時產生熱量的過程。

2.12 白化現象（albinism） 在培養料前發酵期間，因高溫乾燥或發酵時間相對太長所出現的放線菌白色區域。

2.13 播種（sow） 將菌種種植在培養基上的過程。

2.14 發菌（spawn runing） 菌絲體在培養基內生長、擴散的過程，又稱定植。

2.15 桑椹期（mulberry-like phase） 秀珍菇出現米粒大小的原基如桑椹狀的生長期。

2.16 珊瑚期（coral-like phase） 秀珍菇菌柄已出現，菌蓋尚未分化的生長期。

2.17 蘑菇堆肥（mushroom compost） 用來栽培蘑菇的培養料。

2.18 堆料（composting） 將蘑菇的培養料按一定規格堆製發酵的過程。

2.19 室外發酵（outdoor fermentation） 又稱一次發酵、前發酵，培養料在室外堆製自然發酵的過程。

2.20 室內發酵（indoor fermentation） 又稱二次發酵、後發酵，經一次發酵的培養料，在室內控溫條件下進行巴斯德消毒發酵的過程。

2.21 覆土（casing soil） 將普通土粒或粗糠稀泥混合為材料，覆蓋在已長滿菌絲體培養料的表面，從而促使出菇。

2.22 轉色（colouring） 菌絲在培養基內生長到一定階段，代謝產生色素變色。

2.23 搔菌（myceliums timulation） 搔動培養料表面的菌絲層，進行機械刺激，促進生長，增加數量。

2.24 結菇水（cropping water） 覆蓋層內菌絲體完成生長階段以後，間歇向覆蓋層重噴水分，以促進進入生殖生長的菌絲體扭結，形成子實體原基。

2.25 出菇水（fruiting water） 當原基普遍形成綠豆、黃豆（0.4～0.7 cm）大小的菇蕾後，向覆蓋層間歇重噴水以促進子實體的生長發育，進而出菇。

2.26 吐黃水（yellow water exudation） 菌種培養期間，培養基內出現的黃色液體。雙孢蘑菇菌種在不良條件下，往往在菌絲萎縮後，出現黃色的液體。

2.27 補水（supplementing water） 架木前若菇木水分不足，採用噴灑或浸水方式，使菇木得到適量的水分。

2.28 翻堆（turning） 培養料在前發酵期間，為了調節水分、溫度和通氣以達到均勻發酵的目的而進行有規律地翻動交換位置的過程。

2.29 催蕾（bud pressing） 採用保溫、保濕、通風方法促進菇蕾的形成。

2.30 菌絲徒長（over growth of hypha） 菌絲在培養基中營養生長過於旺盛，以致影響子實體的形成。

3 病蟲害防治技術

3.1 雜菌（hybrid bacterium） 在培養某一食用菌時，汙染的其他微生物。

3.2 汙染源（source of contamination） 帶有滋生雜菌、害蟲及有毒物質的場所或物體。

3.3 汙染（contamination） 在培養過程中混有其他微生物或有毒物質。

3.4 侵染（infestation） 培養物受到其他微生物的侵入感染。

3.5 侵染性病害（infective disease） 食用菌受到其他生物的侵染而引起的病害。也稱非生理性病害。

3.6 生理性病害（physiological disease） 食用菌受不良環境條件影響而引起的病害。如高濃度二氧化碳引起的子實體畸形。也稱非侵染性病害。

3.7 病蟲害綜合防治（integrated control of disease and insect） 以農業防治為主，生物防治、物理防治和化學防治為輔的病蟲害防治措施。

3.8 真菌病害（fungal disease） 由真菌侵染引起的病害。

3.9 細菌病害（bacterial disease） 由細菌侵染引起的病害。

3.10 線蟲病害（nematode disease） 由線蟲侵染引起的病害。

3.11 病毒病害（viral disease） 由病毒侵染引起的病害。

3.12 畸形菇（malformed mushroom） 因受物理、化學、生物等不良因素影響形成的變形菇。

3.13 風斑菇（wind-blown spot mushroom） 子實體因受乾風吹襲而在表面出現褐斑的菇。

3.14 霉爛菇（spoiled mushroom） 有肉眼可見的黴菌或腐敗的菇。

3.15 黃斑菇（yellow-spotted mushroom） 有肉眼可見黃色病斑的菇。

3.16 泡水菇（soaked mushroom） 浸水後，使換水量超過規定標準的鮮菇。也稱浸水菇。

3.17 薄皮開傘（early opening） 雙孢蘑菇由於高溫導致子實體蓋薄，未成熟時即開傘的現象。

3.18 硬開傘（forced opening） 栽培中由於氣溫驟然降低，雙孢蘑菇的菌蓋與菌柄間裂開的現象。

3.19 空根白心（hollow stipe） 蘑菇菌柄內出現白色疏鬆的「菌髓」或變空的現象。

3.20 損傷（injury） 培養物或菇體受物理、化學、生物等因素的作用，使機體部分或整體受到傷害。

4　保鮮與加工技術

4.1 保藏（preservation） 使產品不腐敗不變質的儲藏方式。如罐藏、鹽漬、速凍、烘乾等。

4.2 冷藏（cold preservation） 將產品置於 0～5℃ 的低溫條件下的保藏過程。

4.3 罐藏（canning） 把新鮮產品裝入密閉容器內，注入適當濃度的液汁，密封後經滅菌處理來保藏產品。

4.4 速凍（quick freezing） 使產品在零度以下的低溫條件下迅速凍結，從而達到低溫長時間保藏目的。

4.5 烘乾（hot-air-drying） 採用加熱方法使產品含水量降低成為乾製品。

4.6 保鮮（refreshing） 抑制降低產品的新陳代謝，使之保持新鮮。

4.7 罐頭菇（canned mushroom） 以罐裝形式保存和出售的菇類。

4.8 鹽水菇（brine mushroom） 用鹽漬方法保存的菇類。

4.9 整菇（whole mushroom） 以整個菇做成的加工菇。

4.10 片菇（sliced mushroom） 縱切成片狀的罐頭菇或乾菇。

4.11 碎菇（pieces mushroom） 不規則菇碎片的加工菇。

4.12 保鮮期（refreshing time） 產品保持新鮮的時間範圍。

附 錄 F

食用菌生產

主　　　編：牛長滿，馬世宇		
發 行 人：黃振庭		
出 版 者：崧燁文化事業有限公司		
發 行 者：崧燁文化事業有限公司		
E - m a i l：sonbookservice@gmail.com		
粉 絲 頁：https://www.facebook.com/sonbookss/		
網　　　址：https://sonbook.net/		
地　　　址：台北市中正區重慶南路一段61號8樓		

8F., No.61, Sec. 1, Chongqing S. Rd., Zhongzheng Dist., Taipei City 100, Taiwan

電　　　話：(02)2370-3310
傳　　　真：(02)2388-1990
印　　　刷：京峯數位服務有限公司
律師顧問：廣華律師事務所 張珮琦律師

-版權聲明————————
本書版權為中國農業出版社所有授權崧燁文化事業有限公司獨家發行繁體字版電子書及紙本書。若有其他相關權利及授權需求請與本公司聯繫。
未經書面許可，不可複製、發行。

定　　　價：399元
發行日期：2025年03月第一版
◎本書以POD印製

國家圖書館出版品預行編目資料

食用菌生產 / 牛長滿，馬世宇 主編. -- 第一版 . -- 臺北市：崧燁文化事業有限公司，2025.03
面；　公分
POD版
ISBN 978-626-416-330-9(平裝)
1.CST: 食用菌 2.CST: 栽培 3.CST: 生產技術 4.CST: 產業發展
435.293　　　　　114002150

電子書購買

爽讀APP　　　　臉書